高职高专"十一五"规划教材

机械维护修理与安装

第二版

李士军　主编

苏阳　刘忠伟　副主编

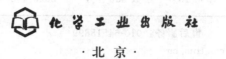

化学工业出版社

·北京·

本书共分六章。第一章机械维护与修理的基本知识，系统地介绍了摩擦学的基础知识、机械故障、零件的检测、故障诊断技术、机械维修制度；第二章机械的润滑，详细阐述了润滑原理、润滑材料、稀油润滑、干油润滑、典型零件润滑、桥式起重机润滑；第三章机械的拆卸与装配，详细阐述了机械拆装的一般工艺过程和典型零件的拆装工艺及方法；第四章机械零件修复技术，详细阐述了零件的多种修复技术；第五章机械设备的安装，简要介绍了机械设备安装的有关知识；第六章桥式起重机的修理，介绍了典型设备的修理技术。

本书内容系统，涉及面广，主次分明，既有机械维修的基础知识、管理知识，又有维护、修理与安装的详细内容，内容新颖，书中介绍了摩擦学的基础知识及先进的机械拆装与修复技术；实践性强，由理论到实践再到实例，由浅入深，易于学习。

本书可作为高职高专院校、本科院校、中专学校教材，也可供从事机修工作的技术人员、技师、技工及设备管理人员参考。

图书在版编目（CIP）数据

机械维护修理与安装/李士军主编. —2 版. —北京：化学工业出版社，2010.1（2023.3重印）
高职高专"十一五"规划教材
ISBN 978-7-122-07085-2

Ⅰ. 机… Ⅱ. 李… Ⅲ. ①机械维修-高等学校：技术学院-教材②机械设备-设备安装-高等学校：技术学院-教材 Ⅳ. TH17

中国版本图书馆 CIP 数据核字（2009）第 207077 号

责任编辑：高　钰　　　　　　　　　　　　　　装帧设计：周　遥
责任校对：陶燕华

出版发行：化学工业出版社（北京市东城区青年湖南街 13 号　邮政编码 100011）
印　　装：北京印刷集团有限责任公司
787mm×1092mm　1/16　印张 13¾　字数 356 千字　2023 年 3 月北京第 2 版第 9 次印刷

购书咨询：010-64518888　　售后服务：010-64518899
网　　址：http://www.cip.com.cn
凡购买本书，如有缺损质量问题，本社销售中心负责调换。

定　　价：34.00 元

第二版前言

本教材的第一版已使用了 6 年，根据各使用院校反映的情况，为更好地服务于广大师生和社会读者，作者对原教材进行了修订，改动的主要内容为：

1. 删除原教材第一章第五节机械故障诊断技术大部分内容，只保留油样分析技术部分。主要因为在维修现场应用少，而且内容抽象，对机械类专业学生难以真正掌握。

2. 增加了桥式起重机的润滑与修理内容，桥式起重机是各类生产车间最常见的设备，将该设备作为特例进行讲解能使学生增进理论与实践的结合，其中桥式起重机的润滑放在第二章机械润滑部分，桥式起重机的修理由于内容较多单独列为第六章，其主要内容有：起重机的状态检查与负荷试验、起重机桥架变形的分析及检测方法、起重机桥架变形的修复方法、车轮啃轨与小车"三条腿"的修理。

在修订过程中，王卫海、王鹏飞、赵海艳参加了修改章节的编写。

编者

2009. 11

第一版前言

本书根据全国高职高专冶金机械课程组 2002 年教材编写会议精神确定的编写大纲，在 2003 年高职高专规划教材审稿会议上，八所院校的专家们又对本书进行了审议，并提出了许多宝贵意见。

通过对该课程的学习应能使学生达到下列基本要求：建立磨损的概念，初步了解摩擦学理论；建立故障的概念，了解延长机械使用寿命的措施及故障诊断的方法，能对一般设备故障进行常规性理论分析；充分认识机械润滑的重要性，在掌握润滑原理的基础上，能够正确选用润滑方式、润滑材料，并能进行必要的润滑系统设计；掌握机械拆装的基本原理，学会常用设备部件的拆装步骤、方法，了解机械拆装的新技术；掌握机械修复的基本原理，学会常用设备部件的修复步骤、方法，了解机械修复的新技术；了解机械维护、检修与安装的现场管理方法；了解机械基础的施工，掌握设备基础验收的方法，能对机座进行正确的安装。

本书由李士军任主编，苏阳、刘忠伟任副主编，马保振任主审。苏阳编写第二章，刘忠伟编写第四章，李秀娜编写第三章，孟继申编写第一章第一节，其余内容由李士军编写。

在本书的编写过程中，编者参考了很多国内外相关资料和书籍，在此向有关资料与书籍的编者表示感谢。

限于编者的水平和经验，书中难免有欠妥或错误之处，敬请广大读者批评指正。

编者

2003. 11

目 录

绪　论

机械设备维修是设备维护和修理两类作业的总称。维护是一种保持设备规定的技术性能的日常活动，修理是一种排除故障恢复技术性能的活动。

设备在使用中，由于零部件发生各种磨损、腐蚀、疲劳、变形或老化等劣化现象，导致精度下降，性能降低，影响产品加工质量，情况严重时，会造成设备停机而使企业蒙受经济损失。设备维修就是通过对设备进行维护和修理，降低其劣化速度，延长使用寿命，保持或恢复设备规定功能而采取的一种技术活动，具体包括日常维护、设备检查、检修和修理等作业。

设备维修是保持设备固有实物形态的重要手段，而设备的实物形态又是正确反映设备使用价值的真实标志。同样的设备同时投入使用，按相同的折旧率计提折旧，虽然反映在账面上资产净值相同，但使用价值却往往因受到不同的使用条件和利用率而并不一样，所以评价一台设备的使用价值时，不能单从价值形态去衡量，而必须把实物形态结合在一起。有些设备其使用年限虽已超过折旧年限，但由于坚持了搞好设备维修的优良传统，严格进行日常维护和修理工作，所以仍能维持设备的正常运转，保证产品质量和产量，节约了购置新设备投资。这充分说明了重视设备维修的重要意义。

近年来，国际上已经把设备维修看作是一种投资，在维修作业方面也遵循价值工程的投入产出的经济原理。在这里，维修的投入是指工作中所消耗的劳动力、原材料和能源等，加上由于停产检修而造成的经济损失，计入维修费用项目，而产出是指设备经过维修后恢复和提高了可利用率和技术水平，反映出工厂由此而取得的生产率和经济效益，因而维修和生产一样，需要遵守投入产出的基本原理，追求最佳的技术经济效果。

维修方式是指导维修作业的策略性准则，通过技术上和经济上对应修设备进行分析，确定最适宜的维修时间、维修制度及修理内容。设备是由各种零部件组成的，每种零部件可以有几种维修方式。在研究设备维修方式时，首先以零部件为对象进行分析，选择最佳的维修方式，对不同的零部件可以采取不同的维修方式，然后加以综合。按照修理范围及工作量确定修理类别，作为制订修理计划的依据。

维修方式的选择原则是：通过维修，消除维修前存在的缺陷，保证设备达到规定的性能；力求维修费用和设备停修对生产的经济损失两者之和为最小。根据上述原则，对几种可能采用的维修方式进行最佳选择。

在现代工业企业里，设备的类型相当多，各种设备结构的复杂程度不同，在生产中的重要性也不同，必须认真加以分析，分别选择适合每种设备的维修方式。企业对所有设备采用统一的维修方式是不合理的。

维修方式主要有预防维修、故障维修和改善维修三种。预防维修与故障维修的划分是以设备故障发生前或发生后采取维修措施为界限。

传统的预防维修主要有定期维修和状态维修两种。定期维修制度的基本点是：对各类设备按规定修理周期结构及修理间隔期制订修理计划，到期按规定的修理内容进行检查和修理。状态维修是通过修前检查，按设备的实际技术状况确定修理内容和时间，制订出修理计划。这种维修方式比较切合实际，但必须做好设备技术状态的日常检查、定期检查和记录统计分析工作。

改善维修则从研究故障发生的原因出发，以消灭故障根源、提高设备性能和可靠性为目的而进行改造性修理采取的措施。由于设备拥有量大而构成落后，应十分重视设备的"修中有改"来提高工厂装备现代化水平。当前较普遍的方法是，在原有设备修理时，应用数控、数显、静压和动静压技术、节能技术等，改造老设备，这样不仅可以达到时间短、收效快、针对性强的效果，还能节约购买新设备的投资。

近年来，随着近代工业的发展，生产对维修的要求更加严格，设备的结构也日趋复杂，工业发达国家对维修理论与实践的研究更加深入。可靠性理论与故障物理以及质量保证等先进科学技术的问世，使维修领域通过努力探索，出现了以可靠性为中心的维修和质量维修等新的维修方式。

1. 以可靠性为中心的维修

20 世纪 70 年代美国航空领域产生的以可靠性为中心的维修（RCM，Reliablity Centred Mainte-nance）是 Howard F. Heap 于 1978 年接受美国国防部的委托，研究制订飞机的维修与检修大纲时创始的，目前已经广泛应用于美国波音飞机公司制造的 B-747、B-757、B-767、B-777 以及道格拉斯和洛克希德等飞机公司制造的飞机维修上，并已推广到核电站、石化工业等流程工业设备上应用。在中国，有关军事装备部门也开始使用 RCM。

RCM 大致可分为三步进行。

（1）确定重要功能项目　首先，对设备的系统或零部件进行功能故障分析（FFA，Functinal Failure Analysis），从中确定重要功能项目。属于重要功能项目的条件如下：

① 出现故障时，对设备的安全性有影响；

② 有功能隐患；

③ 出现故障时，对设备的使用性有明显影响；

④ 出现故障时，对设备费用有明显影响。

凡重要功能项目，都应进行预防维修，其他项目则可等到发生故障后才加以修复或排除。这样就可以大大减少不必要的预防维修工作量，节约维修费用，也不致影响设备可靠性。

（2）对重要功能项目进行故障模式及影响分析（FMECA）　故障模式及影响分析（Failure Mode Effect and Criticality Analysis）是对重要功能项目通过分析其故障模式和发生故障的原因，判断当这些项目的零部件发生故障时，将对系统、设备的功能产生的影响及造成危害的程度。

进行 FMECA 时，要求负责该项工作的技术人员对设备的性能结构、运行条件以及该设备和其他设备之间的相互关联等，都要具备丰富的知识与经验。

（3）实行逻辑决策，确定维修作业内容　应用逻辑树分析（LTA，Logic Tree Analysis）方法，回答逻辑决策图中的一系列提问，对相应设备的零部件发生故障的原因、影响以及设备的构造、材质、劣化环境数据，结合故障发生的现象，确定有效的维修作业，然后根据维修数据确定维修时间。如果缺乏维修数据时，可根据设备劣化的发展速度来确定维修时间。倘若没有有效的维修作业时，再考虑改变设计问题。

归纳起来，以可靠性为中心的维修方式（RCM），即通过选择设备的重要功能项目，进行功能故障与故障影响的整理分析，找出故障原因，并应用逻辑树分析（LTA），对不同的故障，采取不同的维修作业，它比原来的预防维修作业更为灵活多样。而且，对安全性影响不大的项目，可以采取事后维修作业。这样，就能避免过剩维修，节约维修费用，有利于保证重点维修项目。此外，RCM 可供采用的维修种类较多，也有利于选择。因此，对可靠性和安全性要求比较高的设备，很有应用推广 RCM 的价值。

2. 保证产品质量的维修程序

保证产品质量的维修程序简称质量维修（QM，Quality Maintenance），是从发现产品加工的质量不良着手，找出设备缺陷，采取对策，加以消除，并制定巩固措施，保证产品质量不良不再发生的维修方法。换句话说，它是一种把产品质量与设备维修直接联系起来的维修方法。日本于 1984 年提出了质量维修，其含义是"为确保加工物或产品质量而考虑确保设备处于良好状态的一种基本方法。具体制定不出现质量不良的设备条件，按条件安排一系列定期点检和测定，确定其测定值经常保证在基准值以内，以预防质量不良，并通过测定值的变化预测发生质量不良的可能性。"随着机器制造水平的不断提高，特别是在批量生产中，产品加工质量对设备的精度、性能的依赖性更大。质量维修这一新的维修方式的出现，对保证产品质量具有更大的作用。

质量维修是通过对保证产品质量的重要因素（如人、设备、材料、工艺方法、信息）进行分析和管理，从而发现和消除因设备原因造成的产品缺陷，使产品质量特性全部保持最佳状态，以预防不合格产品的发生。在这里，产品质量特性是指反映产品质量所用的各种技术参数，如温度、速度、振动、精度保持性、安全性、可靠性、使用寿命、平均故障间隔期、能耗等，其要求值都具体规定在产品质量标准上。

质量维修是根据可靠性工程的理论和方法，应用了质量管理常用的排列图法、因果分析图法、直方图法、分层法、散布图法、统计分析表法等统计分析方法。

质量维修必须在以下前提条件才能使用：设备是在自然劣化条件下发生的故障，而不是受外界因素造成的强制劣化；操作者对负责操作的设备具有足够的点检技能。

综上所述，质量维修是把设备故障分析直接应用到产品质量分析上，针对影响产品质量的重点项目，从单台设备到零部件，逐层深入分析，找出造成产品质量不良的设备原因，采取对策，加以复原，并建立常规的管理制度。这种做法，具有全面性、系统性和现代科学根据。回顾改革开放以来中国维修体制的改革，经历了维修与生产结合，维修与经营结合的变革与充实，取得了显著成果。当前，中国机电产品的质量不能不令人担忧，某些企业的领导对维修与产品质量的关系缺乏明确认识。质量维修方式从技术管理的软件角度出发，有利于改进设备的技术状况，保证产品质量，针对性强，也经济实用，在机械制造企业中，具有应用推广价值。

设备维修是一种投资，它和企业经营总体经济效益有直接联系，所以要按照衡量投资效益的投入、产出比来计算，消除长期以来在工作中存在的导致效率降低的消极因素。

影响维修工作的重要因素如下。

① 设备维修性设计的优劣。维修性是"可修复系统、设备、元器件维修的难易程度或特性"。维修性是可靠性的组成部分，维修性设计是可靠性设计必须考虑的因素。因此，在产品设计阶段进行可靠性设计时，就要考虑到设备使用时易于维修，减少维修工作量，缩短修理停机时间；在满足产品性能精度及可靠性的前提下，力求结构简单，零件数量少，采用积木式或插入式组件，便于拆卸更换；在关键部件备有监测装置，以便及时发现设备异常的信息。提高维修设计水平往往需要在设备使用维修的工作实践中积累经验，注意信息反馈并加以吸收和改进，而维修性设计水平的提高，又能使维修工作更趋方便，两者相辅相成。

② 维修人员技术水平的高低。维修工作是一种技术性很强、兼有脑力和体力的劳动。不但要具有熟练的技能和长期实践中积累的经验，还要有近代科学技术理论和知识作指导。例如，在判明故障部位和原因时，要应用故障物理理论和故障分析方法；对高度自动化和机电一体化的高技术设备的维修，要掌握好液压、气动、数控、数显技术；进行科学的修理工作时，要学会和运用修理工艺学；开展零件修复工作，采用堆焊、喷涂和刷镀工艺的修理工

作时，要懂得表面工程基础知识；预测故障发生时，要应用设备诊断技术；搞好设备润滑工作，要研究摩擦学理论……随着工厂装备技术水平的不断提高，维修工作也面临着很多尚未攻克的技术难关，这些都与设备部门对维修科学技术理论的研究工作不重视、不注意维修技术人员和维修工人的培训有关，这种情况必须迅速改变。

③ 维修组织系统及装备设施的完善程度。设备维修是工厂的后勤工作，这和战争一样，只有后勤措施得到巩固和完备，才能保证维修工作效率。维修组织大致分为集中制、分散制和混合制；修理工作方式分为本厂自行修理和外委修理；设备管理与设备维修单位的领导体制分为垂直领导与同属于厂部领导下的并列关系，所有这些都有各自的优点和缺点，究竟如何选择和配置，都要根据精简、效率和科学合理的原则，结合工厂的规模、车间分布的地理条件和生产条件来考虑，不宜生搬硬套，更不能以任何理由使机构和人员受到削弱，其结果只会使生产蒙受不应有的损失，这种情况是有过多次沉痛历史教训的。

维修工作虽然多半属于单项的和以手工劳动为主的，但仍需依赖完善的装备设施来保证，才能提高工作效率，缩短修理工期。机修车间（分厂）要配备必要的维修和修配件的加工设备，大中型工厂要有备件库和润滑站等设施，对高精度设备和数控设备要有精密的检验器具和测试设备等计量检测手段。配备时一定要考虑适用和经济，做到逐步完善，避免求大求全，不切实际。

本课程是机械专业及机电设备类专业的主干课程之一，该课程的任务是使学生系统地掌握设备维修与安装的基本知识和方法。其主要内容如下。

① 机械维修的基本知识：故障概念、分类、检测，维修制度等。

② 摩擦学的有关知识：摩擦、磨损、润滑。其中，摩擦与磨损放在机械维修的基本知识中简要介绍；机械润滑是机械维护的主要内容，将在第二章详细介绍。

③ 机械拆卸、装配、修复：这部分内容是机械修理的主要内容，主要介绍机械拆装工艺与方法，典型零件的拆装及常用的几种机械修复方法。

④ 机械安装：机械基础、机械安装工艺与方法。

本课程实践性较强，必须在学生有一定感性认识的基础上讲授，教学中应紧密联系现场实际；必须在学生有一定机械理论的基础上讲解，并联系有关机械设备类课程进行教学，但要注意分工，避免不必要的重复；必要时可将部分内容在生产实习中讲授。

第一章　机械维护与修理的基本知识

第一节　机械磨损

一、机械磨损的理论

两相互接触产生相对运动的摩擦表面之间的摩擦将产生阻止机件运动的摩擦阻力，引起机械能量的消耗并转化而放出热量，使机件产生磨损。

关于机件在摩擦情况下磨损过程的本质问题至今尚在探讨中，对摩擦、磨损曾有诸种学说，下面仅介绍目前常用的干摩擦"黏着理论"和"分子-机械理论"。

（一）黏着理论和分子-机械理论的一些假设

1. 接触表面凹凸不平

两个物体相对运动的接触表面（即摩擦表面）有一定的粗糙度，无论怎样精密细致的加工、研磨、抛光，总是存在凹凸不平，如图 1-1 所示。不同加工方法时表面的最大粗糙高度见表 1-1。

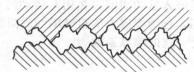

图 1-1　摩擦表面凹凸不平及其接触情况

表 1-1　不同加工方法时表面的最大粗糙高度

加　工　种　类	最大粗糙高度/μm
精车和精镗、中等精度的磨光、刮（0.5～3 点/cm²）	6～16
用硬质合金刀精车和精镗、精磨、刮（3～5 点/cm²）	2.5～6
用金刚石刀车光和镗光、超精磨	1～2.5
抛光、研磨、光磨	≤1

2. 真实接触面积很小

由于零件表面存在着凹凸不平，因此当两表面接触时，接触区就不是一个理想的平面，而是在某些个别点（微小面积）上发生接触。真实接触面积 a（即在接触区域内，接触各点实际微小面积的总和，即 $\sum a_i = a$），远比接触区域或名义接触面积 A 小得多，即 $a \ll A$。其比值因接触材料的力学性能、接触表面的粗糙度和接触时垂直载荷的大小等情况的不同而不相同，其变动约在下式范围内，即

$$\frac{\sum a_i}{A} = \frac{a}{A} = \left(\frac{1}{10} \sim \frac{1}{10^5}\right) \tag{1-1}$$

3. 真实接触面积上的压强很大

真实接触面很小，即使垂直载荷 N 很小的时候，在真实接触面积上，也将受到很大的压强。

（二）黏着理论

基于上述假设，当在很大的单位压力（压强）下，即使硬而韧的金属也将发生塑性变

形，塑性变形接触点的应力，等于金属的压缩屈服极限强度。这时，金属开始塑性变形，如同开始流动一样，所以又将这时的压强称为流动压强，用 σ_s 表示。真实接触面积 a 等于垂直载荷与流动压强之比，即

$$a = \frac{N}{\sigma_s} \tag{1-2}$$

有摩擦时，在接触点产生瞬时高温（达 1000℃ 以上且可持续千分之几秒的时间），引起两种金属发生"黏着"（冷焊）；当机件间有相对移动时，黏着点将被剪掉，使两金属产生"滑溜"。摩擦的产生，就是由于黏着与滑溜交替进行的结果。这种过程使运动受到阻力，其值等于各接触点被切断的阻力的总和，即 $\sum F_i = F$。它是构成摩擦阻力的主要原因，被称为摩擦力的剪切项，其值等于剪切面积（真实接触面积 a）与材料剪切强度（$\tau_{剪}$）的乘积，即

$$F = a\tau_{剪} \tag{1-3}$$

此外，该理论还认为，当摩擦副表面较粗糙，且两摩擦表面的硬度不同时，则硬的突点可嵌入软的表面，在相对运动时，部分表面金属也将被剪掉，这是产生摩擦力的另一个原因，称为摩擦力的粗糙项（或刨削项），用 $\tau_{粗}$ 表示。当表面不太粗糙时，粗糙项可忽略不计。这时摩擦系数为

$$f = \frac{F}{N} = \frac{a\tau_{剪}}{a\sigma_s} = \frac{\tau_{剪}}{\sigma_s} \tag{1-4}$$

即摩擦系数 f 等于剪切强度 $\tau_{剪}$ 与屈服强度 σ_s 之比。

每当摩擦时，接触点形成的黏着与滑溜不断相互交替的结果，造成表面的损伤，这就是磨损。

（三）分子-机械理论

分子-机械理论认为，摩擦副接触是弹性与塑性的混合状态，摩擦表面的真实接触部分在较大的压强作用下，表面凸峰相互啮合，同时相互接触的表面分子也有吸引力。在相对运动时，摩擦过程一方面要克服表面凸峰的相互机械啮合作用，另一方面还要克服分子吸引所产生的阻力的总和。

因此，分子-机械理论所定义的摩擦系数（f'）就是摩擦力 F 与垂直载荷 N 及分子间引力 N_0 之和的比值，即

$$f' = \frac{F}{N + N_0} \tag{1-5}$$

或写成

$$F = f'(N + N_0) \tag{1-6}$$

该式称为摩擦二项式定律。摩擦时，表面的相互机械啮合与分子之间引力的形成和破坏，不断交替的结果就造成了磨损。

二、机械磨损的类型

（一）黏着磨损

根据黏着程度的不同，黏着磨损的类型也不同。若剪切发生在黏着结合面上，表面转移的材料极轻微，则称"轻微磨损"，如缸套与活塞环的正常磨损。当剪切发生在软金属浅层里面，转移到硬金属表面上，称为"涂抹"，如重载蜗轮副的蜗杆的磨损。若剪切发生在软金属接近表面的地方，硬表面可能被划伤，称为"擦伤"，如滑动轴承的轴瓦与轴摩擦的"拉伤"。当剪切发生在摩擦副的一方或两方金属较深的地方，称为"撕脱"，如滑动轴承的

轴瓦与轴的焊合层在较深部位剪断时就是撕脱。若摩擦副之间咬死不能相对运动则称为"咬死"，如滑动轴承在油膜严重破坏的条件下，过热、表面流动、刮伤和撕脱不断发生时，又存在尺寸较大的异物硬粒部分嵌入在合金层中，则此异物与轴摩擦生热，上述两种作用叠加在一起，使接触面黏附力急剧增加，造成轴与滑动轴承抱合在一起，不能转动，相互咬死。

（二）磨料磨损

由于一个表面硬的凸起部分和另一表面接触，或者在两个摩擦表面之间存在着硬的颗粒，或者这个颗粒嵌入两个摩擦面的一个面里，在发生相对运动后，使两个表面中某一个面的材料发生位移而造成的磨损称为磨料磨损。在农业、冶金、矿山、建筑、工程和运输等机械中许多零件与泥沙、矿物、铁屑、灰渣等直接摩擦，都会发生不同形式的磨料磨损。据统计，因磨料磨损而造成的损失，占整个工业范围内磨损损失的50%左右。

由于产生的条件有很大不同，磨料磨损一般可以分为如下三种类型。

1. 凿削磨料磨损

机械的许多构件直接与灰渣、铁屑、矿石颗粒相接触，这些颗粒的硬度一般都很高，并且具有锐利的棱角，当以一定的压力或冲击力作用到金属表面上时，即从零件表层凿下金属屑。这种磨损形式称为凿削磨料磨损。

2. 碾碎式磨料磨损

当磨料以很大压力作用于金属表面时（如破碎机工作时矿石作用于颚板），在接触点引起很大压应力，这时，对韧性材料则引起变形和疲劳，对脆性材料则引起碎裂和剥落，从而引起表面的损伤。粗大颗粒的磨料进入摩擦副中的情况也与此相类似。零件产生这种磨损情况的条件是作用在磨料破碎点上的压应力必须大于此磨料的抗压强度。而许多磨料（如砂、石、铁屑）的抗压强度是较高的。因此把这种磨损称为高应力碾碎式磨料磨损。

3. 低应力磨料磨损

磨料以某种速度较自由地运动，并与摩擦表面相接触。磨料的摩擦表面的法向作用力甚小，如气（液）流携带磨料在工作表面做相对运动时，零件表面被擦伤，这种磨损称为低应力磨损。如烧结机用的抽风机叶轮及矿山用泥浆泵叶轮等的磨损，都属于低应力磨料磨损。

（三）表面疲劳磨损

两接触面做滚动和滑动的复合摩擦时，在循环接触应力的作用下，使材料表面疲劳而产生物质损失的现象称为表面疲劳磨损。例如，滚动轴承的滚动体表面、齿轮轮齿节圆附近、钢轨与轮箍接触表面等，常常出现小麻点或痘斑状凹坑，就是表面疲劳磨损所形成的。

机件出现疲劳斑点之后，虽然设备可以运行，但是机械的振动和噪声会急剧增加，精度大幅度下降，设备失去原有的工作性能。因此，产品的质量下降，机件的寿命也要迅速缩短。

在滚动摩擦表面上，两摩擦面接触的地方产生了接触应力，表层发生弹性变形，在表层内部产生了较大的切应力（这个薄弱区域最易产生裂纹）。由于接触应力的反复作用，在达到一定次数后，其表层内部的薄弱区开始产生裂纹，同时，在表层外部也因接触应力的反复作用而产生塑性变形，材料表面硬化，最后产生裂纹。总而言之，是在材料的表面一层产生了裂纹。因为最大切应力与压应力的方向呈45°角，所以，裂纹也都是与表面呈45°角。在裂纹形成的两个新表面之间，由于有压力的润滑油的揳入，使裂纹内壁产生巨大的内压力，迫使裂纹加深并扩展，这种裂纹的扩展延伸，就造成了麻点和剥落。由此可见，接触应力是导致疲劳磨损的主要原因。

降低接触应力，就能增加抵抗疲劳磨损的强度，当然改变材质也可以提高疲劳强度。此外，润滑剂对降低接触应力有重要作用，高黏度的油不易从摩擦面挤掉，有助于接触区域压力的均匀分布，从而降低了最高接触应力值。当摩擦面有充分的油量时，油膜可以吸收一部分冲击能量，从而降低了冲击载荷产生的接触应力值。例如某厂有两台（传动功率为 200kW）减速器，其中一台先投入生产，采用 30 号机械油润滑，运行两个月后，齿面就出现斑点；第二台换用 28 号轧钢机油，由于提高了用油黏度，运行了一年半的时间未出现疲劳磨损。

（四）腐蚀磨损

在摩擦过程中，金属同时与周围介质发生化学反应或电化学反应，使腐蚀和摩擦共同作用而导致零件表面物质的损失，这种现象称为腐蚀磨损。

腐蚀磨损可分为氧化磨损和腐蚀介质磨损。大多数金属表面都有一层极薄的氧化膜，若氧化膜是脆性的或氧化速度小于磨损速度，则在摩擦过程中极易被磨掉，然后又产生新的氧化膜且又被磨掉，在氧化膜不断产生和磨掉的过程中，使零件表面产生物质损失，此即为氧化磨损。氧化磨损速度一般较小，当周围介质中存在着腐蚀物质时，例如润滑油中的酸度过高等，零件的腐蚀速度就会很快。和氧化磨损一样，腐蚀产物在零件表面生成，又在磨损表面磨去，如此反复交替进行而带来比氧化磨损高得多的物质损失，此称为腐蚀介质磨损。这种化学-机械的复合形式的磨损过程，对一般耐磨材料同样有着很大破坏作用。

三、机械磨损的一般规律

机器在运转中，不同的构件由于磨损类型和工作条件不同，磨损的情况也不一样。但是，磨损的发展规律是共同的。试验结果表明，机件的正常磨损过程大致可分三个阶段（见图 1-2）。

（一）"跑合"阶段（曲线 O_1A 段）

在这个时期内开始由于零件表面存在着加工后的不平度，在接触点上引起高接触应力，磨损速度很快，曲线急剧上升。随着机械运转的时间延长，不平度凸峰被逐渐磨损，使摩擦表面的实际接触面逐渐增大，磨损速度逐渐减慢，曲线趋于 A 点时，逐渐变得平缓。间隙由 S_{min} 逐渐增大到 S_0。

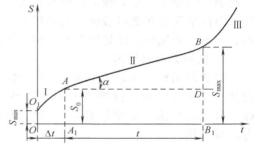

图 1-2 机械磨损发展的规律

（二）"稳定"磨损阶段（曲线 AB 段）

在这个时期内，由于机械已经过"跑合"，摩擦表面加工硬化，微观几何形状改变，从而建立了弹性接触的条件。同时在正常运转时，摩擦表面处于液体摩擦状态，只是在启动和停车过程中，才出现边界摩擦和半干摩擦情况，因此，磨损速度降低而且基本稳定，磨损量与时间成正比增加，间隙缓慢增大到 S_{max}。

（三）"急剧"磨损阶段（曲线 B 点以右部分）

经过 B 点以后，由于摩擦条件发生较大的变化（如温度急剧增加，金属组织发生变化），产生过大的间隙，增加了冲击，润滑油膜易破坏。磨损速度急剧增加，致使机械效率下降，精度降低，出现异常的噪声和振动，最后导致发生意外事故。

学习机械磨损发展规律的意义在于以下两个方面。

第一，了解机件一般工作在"稳定"磨损阶段，一旦转入"急剧"磨损阶段，机件必须进行修理或更换，机件在两次修理中间的正常工作时间 t 可由下列公式算出，即

$$\tan\alpha = \frac{BD}{AD} = \frac{S_{max}-S_0}{t} \tag{1-7}$$

$$t=\frac{S_{max}-S_0}{\tan\alpha}\tag{1-8}$$

式中　　$\tan\alpha$——磨损强度。

第二，知道机械磨损发展过程是由自然（正常的）磨损和事故（过早的、迅速增长的或突然发生意外的）磨损组成。自然磨损是不可避免的现象，事故磨损可以延缓，甚至避免。要采取措施，如提高机件的强度和耐磨性能，改善机件的工作条件，提高修理、装配的质量，特别是对机件进行良好的润滑和维护，从而减小磨损强度，尽量缩短"跑合"时间，达到增长机械正常工作时间，即延长机器使用寿命的目的。

四、机械磨损的影响因素

影响机械磨损的主要因素有零件材料、工作载荷、运动速度、温度、润滑、表面加工质量、装配和安装质量、机件结构特点及运动性质等。

（一）零件材料对磨损的影响

零件材料的耐磨性主要取决于它的硬度和韧性。硬度决定其表面抵抗变形的能力，但过高的硬度易使脆性增加，使材料表面产生磨粒状剥落；韧性则可防止磨粒的产生，提高其耐磨性能。

经过热处理或化学热处理的钢材，可以获得优良的力学性能，提高机件的耐磨性。有时，可用表面火焰淬火或高频淬火的方法使材料提高耐磨性。或者采用渗碳、渗氮、氰化的方法，使钢的表面具有较高的硬度和耐磨性。

在组合机件中，如轴承副中的转轴，由于是需要加工的主要机件，所以，应采用耐磨材料（如优质合金钢）来制造；对较简单的机件，如轴承衬或轴瓦，则选用巴氏合金、铜基合金、铅基或铝基合金等较软质材料（又称减磨合金）来制造，以达到减小摩擦和耐磨的目的。

（二）机件工作载荷对磨损的影响

一般讲，单位压力越大，机件磨损越加剧。除了载荷大小之外，载荷特性对磨损有直接影响。如静载荷还是变载荷，有无冲击载荷，是短期还是长期载荷等。一般不应长期超负荷运转和承受冲击载荷。

（三）机件运动速度对磨损的影响

机件运行时，速度的高低、方向、变速与匀速、正转与反转、时开时停等，都对磨损有不同程度的影响。一般情况是在干摩擦条件下，速度越高磨损越快；有润滑油时速度越高，越易形成液体摩擦而减少磨损；机器的启动频率越高，机件的磨损亦越快。

（四）温度、湿度和环境对磨损的影响

温度主要影响润滑油吸附强度。润滑油膜有相当高的机械稳定性，但温度及化学稳定性较差，当在高温和有化学变化时，润滑油便失去吸附性能。

机件工作的周围环境若受到水湿、水汽、煤气、灰尘、铁屑或其他液体、气体的化学腐蚀介质等影响，都将导致和加速机件的氧化和腐蚀磨损。

（五）零件表面加工质量的影响

表面加工质量主要指机械加工质量，包括宏观几何形状、表面粗糙度和刀痕方向。

1. 宏观几何形状的影响

所谓宏观几何形状是指加工后实际形状与理想形状的偏差，即加工精度，如圆度、圆柱度、平行度和垂直度等，宏观几何形状的偏差使零件表面载荷分布不均匀，容易造成局部地方严重磨损。

2. 表面粗糙度的影响

图 1-3 所示为试验测得的磨损量与表面粗糙度的关系曲线。在每种载荷下有一个最合理

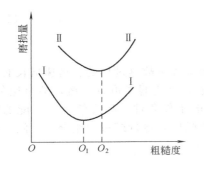

图 1-3　零件磨损量与表面粗糙度的关系
Ⅰ—轻载；Ⅱ—重载

的粗糙度，其磨损量最小，轻载的合理粗糙度（O_1、O_2 点）要比重载小；在相同的载荷下，一般讲，粗糙度越小，磨损越小，但超过合理点 O_1、O_2 后磨损又会逐渐上升。这是因为过于光洁使接触表面增大，分子间吸引力增强，因而产生黏着磨损的可能性也就增大。

3. 刀痕方向的影响

刀痕方向对磨损影响较大，如果两摩擦表面的刀痕方向是平行的，而与运动方向一致，则磨损小。如果两摩擦表面的刀痕方向平行，但与运动方向垂直，则磨损大。如果刀痕方向与运动方向交叉时，则磨损在上述二者之间。

（六）润滑对磨损的影响

润滑对减少机件的磨损有着重要的作用。例如，液体润滑状态能防止黏着磨损；供给摩擦副洁净的润滑油可以防止磨料磨损；正确选择润滑材料能够减轻腐蚀磨损和疲劳磨损等。在机件进行良好的润滑摩擦副中保持足够的润滑剂，可以减少摩擦副金属与金属的直接摩擦，降低功率消耗，延长机件使用寿命，保证设备正常运转。

（七）装配和安装质量对磨损的影响

机件的装配质量对磨损影响很大，特别是配合间隙不应过大或过小。当间隙过小时，不易形成液体摩擦，容易产生高的摩擦热，而且不易散出，故易产生黏着磨损和摩擦副咬死现象。当间隙过大时，同样不易形成液体摩擦，而且会产生冲击载荷加剧磨损。装配好的部件或机器也应正确的安装。如果安装不正确，将会引起载荷分布不均匀或产生附加载荷，使机器运转不灵活，产生噪声和发热，造成机件过早的磨损。

（八）机件运动副结构特点及运动性质对磨损的影响

现以轴承副为例来说明机械运动副结构特点及运动性质对磨损的影响。图 1-4（a）所示

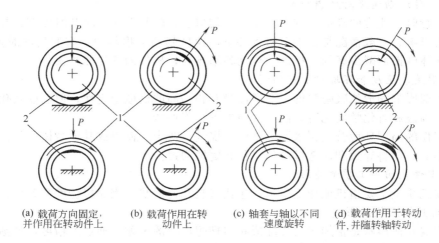

（a）载荷方向固定，　　（b）载荷作用在转　　（c）轴套与轴以不同　　（d）载荷作用于转动
　　并作用在转动件上　　　　动件上　　　　　速度旋转　　　　　件，并随转轴转动

图 1-4　轴承副在不同的运动性质与不同的载荷
方向作用下摩擦表面磨损的分布
1—均匀磨损；2—局部磨损

为载荷方向固定并作用在转动件上，另一零件为固定件，转动件受均匀磨损，固定件受局部磨损；图 1-4（b）和（d）所示为载荷作用于转动件，并以同一转速随转轴均以不同的转速绕其轴心线沿同一方向旋转的情况，所受载荷方向不变，不论作用在轴颈上或轴套上，二者都受均匀磨损；图 1-4（c）所示为摩擦副的轴套与轴均以不同的转速绕其轴心线沿同一方向旋转的情况，所受载荷方向不变，不论作用在轴颈或轴套上，二者都受均匀磨损。

此外，摩擦的类型不同则磨损的情况也不一样。如滚动摩擦的磨损远远小于滑动摩擦的磨损，通常滚动摩擦为滑动摩擦磨损量的 1/100～1/10 或更小。

第二节　机　械　故　障

一、机械故障的概念

所谓机械故障，是指机械丧失了它所被要求的性能和状态。机械发生故障后，其技术指标就会显著改变而达不到规定的要求。如原动机功率降低，传动系统失去平衡噪声增大，工作机构能力下降，润滑油的消耗增加等。

机械故障表现在它的结构上主要是零部件损坏和部件之间相互关系的破坏。如零件的断裂、变形，配合件的间隙增大或过盈丧失，固定和紧固装置松动和失效等。

二、机械故障的类型

机械故障分类方法很多，主要有三种。

（一）按故障发生的时间性分类

按故障发生的时间性可分为渐发性故障、突发性故障和复合型故障。

1. 渐发性故障

渐发性故障是由于机械产品参数的劣化过程（磨损、腐蚀、疲劳、老化）逐渐发展而形成的。它的主要特点是故障发生可能性的大小与使用时间有关，使用的时间越长，发生故障的可能性就越大。大部分机器的故障都属于这类故障。这类故障只是在机械设备的有效寿命的后期才明显地表现出来。这种故障一经发生，就标志着机械设备寿命的终结，需要进行大修。由于这种故障的渐发性，它是可以预测的。

2. 突发性故障

突发性故障是由于各种不利因素和偶然的外界影响共同作用的结果。这种故障发生的特点是具有偶然性，一般与使用的时间无关，因而这种故障是难以预测的，但它一般容易排除。这类故障的例子有：因润滑油中断而零件产生热变形裂纹；因机械使用不当或出现超负荷现象而引起零件折断；因各参数达到极限值而引起零件变形和断裂等。

3. 复合型故障

复合型故障包括了上述两种故障的特征。其故障发生的时间是不定的，并与设备的状态无关，而设备工作能力耗损过程的速度则与设备工作能力耗损的性能有关。如由于零件内部存在着应力集中，当受到外界对机器作用的最大冲击后，随着机器的继续使用，就可能逐渐发生裂纹。

（二）按故障出现的情况分类

按故障出现的情况可分为实际（已发生）故障和潜在（可能发生）故障。

1. 实际故障

实际故障是指机械设备丧失了它应有的功能或参数（特性），超出规定的指标或根本不能工作，也可能使机械加工精度破坏，传动效率降低，速度达不到标准值等。

2. 潜在故障

潜在故障和渐发性故障相联系，当故障是在逐渐发展中，但尚未在功能和特性上表现出来，而同时又接近萌芽的阶段时（当这种情况能够鉴别出来时），即认为也是一种故障现象，并称之为潜在故障。例如，零件在疲劳破坏过程中，其裂纹的深度是逐渐扩展的，同时其深度又是可以探测的，当探测到扩展的深度已接近于允许的临界值时，便认为是存在潜在故障。必须按实际故障一样来处理，探明了机械的潜在故障，就有可能在机械达到功能故障之前排除，这有利于保持机械完好状态，避免由于发生功能性故障而可能带来的不利后果，这在机械使用和维修中是有着重要意义的。

（三）按故障发生的原因或性质不同分类

按故障发生的原因或性质不同可分为人为故障和自然故障。

1. 人为故障

由于维护和调整不当，违反操作规程或使用了质量不合格的零件材料等，使各部件加速磨损或改变其机械工作性能而引起的故障称为人为故障，这种故障是可以避免的。

2. 自然故障

由于机械在使用过程中，因各机件的自然磨损或物理化学变化而造成零件的变形、断裂、蚀损等使机件失效所引起的故障，称为自然故障；这种故障虽不可避免，但随着零件设计、制造、使用和修理水平的提高，可使机械有效工作时间大大延长，而使故障较迟发生。

故障和事故是有差别的，故障是指设备丧失了规定的性能；事故是指失去了安全性状态，包括设备损坏和人身伤亡。换言之，故障是强调设备的可靠性，事故是强调设备和人身的安全性，在多数情况下要求安全性和可靠性兼顾，但有时，宁可放弃可靠性而确保安全性，即安全第一。

三、一般机械的故障规律

机械在运行中发生故障的可能性随时间而变化的规律称为一般机械的故障规律。故障规律曲线如图1-5所示，此曲线称为"浴盆曲线"，图中横坐标为使用时间，纵坐标为失效率。这一变化过程，主要分为三个阶段。第一阶段为早期故障期，即由于设计、制造、保管、运输等原因造成的故障，因此故障率一般较高，经过运转、跑合、调整，故障率将逐渐下降并趋于稳定。第二阶段为正常运转期，亦称随机故障期，此时设备的零件均未达到使用寿命，不易发生故障，在

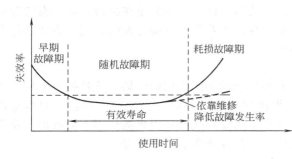

图1-5　故障规律曲线

严格操作、加强维护保养的情况下，故障率很小，这一阶段，为机械的有效寿命。第三阶段为耗损故障期，由于零部件的磨损、腐蚀以及疲劳等原因造成故障率上升，这时，如加强维护保养，及时更换即将到达寿命周期的零部件，则可使正常运行期延长，但如维修费过高，则应考虑设备更新。

从机械使用者的角度出发，对于曲线所表示的初期故障率，由于机械在出厂前已经过充分调整，可以认为已基本得到消除，因而可以不必考虑；随机故障通常容易排除，且一般不决定机器的寿命；唯有耗损故障才是影响机械有效寿命的决定因素，因而是主要研究对象。

第三节　机械故障发生的原因

机械设备越复杂，引起故障的原因便越多样化。一般认为有机械设备自身的缺陷（基因）和各种环境因素的影响。机械设备本身的缺陷是材料有缺陷和应力、人为差错（设计、制造、检验、维修、使用、操作不当）等原因造成。环境因素主要指灰尘、温度、有害介质等。环境因素和时间因素对各方面的影响，无论是对直接引起机械故障的原因，还是对间接影响因素，乃至故障的结果都同时起作用。这种作用可能是诱发因素，也可能是扩大因素。环境因素是产生应力的原因，因而也是故障原因之一。由于机械设备的状况每时每刻都在发生变化，故障原因自然随时间而变化，因而，时间因素对故障出现的可能性，对故障出现的时刻都给予很大影响，况且时间和应力实际上是不能分开的。

此外，应该重视故障的波及作用。例如，某些零件、材料出现异常后，这种潜在故障将向整个零件扩展，并波及其他零件或设备，使其发生故障。如果弄清了局部发生的异常和波及机理，并加以监测，控制波及作用，就可避免故障向其他层次扩展。

一、机械磨损

机器故障最显著的特征是构成机器的各个组合机件或部件间配合的破坏，如活动连接的间隙、固定连接的过盈等的破坏。这些破坏主要是由于机件过早磨损的结果。因此，研究机器故障应首先研究典型零件及其组合的磨损。

机件的磨损是多种多样的。但是，为了便于研究，按其发生和发展的共同性，可分为自然磨损和事故磨损。

自然磨损是机件在正常的工作条件下，其配合表面不断受到摩擦力的作用，有时由于受周围环境温度或介质的作用，使机件的金属表面逐渐产生的磨损，而这种自然磨损是不可避免的正常现象。机件由于有不同的结构、操作条件、维护修理质量等而产生不同程度的磨损。

事故磨损是由于机器设计和制造中的缺陷，以及不正确的使用、操作、维护、修理等人为的原因，而造成过早的、有时甚至是突然发生的剧烈磨损。

二、零件的变形

机械在工作过程中，由于受力的作用，使机械的尺寸或形态改变的现象称为变形。机件的变形分弹性变形和塑性变形两种，其中塑性变形易使机件失效；机件变形后，破坏了组装机件的相互关系，因此其使用寿命也缩短很多。

引起零件变形的主要原因是：

① 由于外载荷而产生的应力超过材料的屈服强度时，零件产生过应力永久变形；

② 温度升高，金属材料的原子热振动增大，临界切变抗力下降，容易产生滑移变形，使材料的屈服极限下降，或零件受热不均，各处温差较大，产生较大的热应力，引起零件变形；

③ 由于残存的内应力，影响零件的静强度和尺寸的稳定性，不仅使零件的弹性极限降低，还会产生减少内应力的塑性变形；

④ 由于材料内部存在缺陷等。

最后值得指出的是：引起零件变形，不一定在单一因素作用下一次产生，往往是几种原因共同作用，多次变形累积的结果。

使用中的零件，变形是不可避免的，所以在机械大修时不能只检查配合面的磨损情况，对于相互位置精度也必须认真检查和修复。尤其对第一次大修机械的变形情况要注意检查、修复，因为零件在内应力作用下变形，通常在12～20个月内完成。

三、断裂

金属的完全破断称为断裂。当金属材料在不同的情况下，局部破断（裂缝）发展到临界裂缝尺寸时，剩余截面所承受的外载荷即因超过其强度极限而导致完全破断。与磨损、变形相比，虽然零件因断裂而失效的概率较小，但是，零件的断裂往往会造成严重的机械事故，产生严重的后果。

（一）断裂的类型

从不同的角度出发，零件的断裂可以有不同的分类方法，下面介绍两种。

1. 按宏观形态分类

按宏观形态可分为韧性断裂和脆性断裂。零件在外加载荷作用下，首先发生弹性变形，当载荷所引起的应力超出弹性极限时，材料发生塑性变形，载荷继续增加，应力超过强度极限时发生断裂，这样的断裂称之为韧性断裂；当载荷所引起的应力达到材料的弹性极限或屈服点以前的断裂称为脆性断裂，其特点是：断裂前几乎不产生明显的塑性变形，断裂突然发生。

2. 按载荷性质分类

按载荷性质可分为一次加载断裂和疲劳断裂两种。一次加载断裂是指零件在一次静载下，或一次冲击载荷作用下发生的断裂。它包括静拉、压、弯、扭、剪、高温蠕变和冲击断裂。疲劳断裂是指零件在经历反复多次的应力后才发生的断裂。包括拉、压、弯、扭、接触和振动疲劳等。

零件在使用过程中发生断裂，约有60%～80%属于疲劳断裂。其特点是断裂时的应力低于材料的抗拉强度或屈服极限。不论是脆性材料还是韧性材料，其疲劳断裂在宏观上均表现为脆性断裂。

（二）几种断口形貌

断口是指零件断裂后的自然表面。断口的结构与外貌直接记录了断裂的原因、过程和断裂瞬间矛盾诸方面的发展情况，是断裂原因分析的"物证"资料。

1. 杯锥状断口

断裂前伴随大量大塑性变形的断口（见图1-6，其断口呈杯锥状），断口的底部，裂纹不规则地穿过晶粒，因而呈灰暗色的纤维状或鹅绒状，边缘有剪切唇，断口附近有明显的塑性变形。

2. 脆性断裂断口

其断口平齐光亮，且与正应力相垂直，断口上常有人字纹或放射花样，断口附近的截面的收缩很小，一般不超过3%（见图1-7）。

3. 疲劳断裂断口

疲劳断裂断口（见图1-8）有三个区域：疲劳核心区、疲劳裂纹扩展区和瞬时破断区。

疲劳核心区（疲劳源区）是疲劳裂纹最初形成的地方，用肉眼或低倍放大镜就能大致判断其位置。它一般总是发生在零件的表面，但若材料表面进行了强化或内部有缺陷，也会在皮下或内部发生。在疲劳核心周围，往往存在着以疲劳源为焦点，非常光滑、贝纹线不明显的狭小区域。疲劳破坏好像以它为中心，向外发射海滩状的疲劳弧带或贝纹线。

疲劳裂纹扩展区是疲劳断口上最重要的特征区域。它最明显的特征是常呈现宏观的疲劳弧带和微观的疲劳纹。疲劳弧带大致以疲劳源为核心，似水波形式向外扩展，形成许多同心圆或同心弧带，其方向与裂纹的扩展方向相垂直。

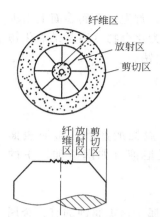

图 1-6　杯锥状断口

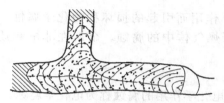

图 1-7　脆性断裂断口

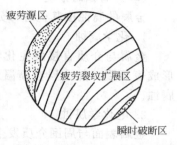

图 1-8　疲劳断口的宏观形貌

瞬时破断区是当疲劳裂纹扩展到临界尺寸时发生的快速破断区。其宏观特征与静载拉伸断口中快速破断的放射区及剪切唇相同。

（三）断口分析

断口分析是为了通过断裂零件破坏形貌的研究，推断断裂的性质和类别，分析、找出破坏的原因，提出防止断裂事故的措施。

零件断裂的原因是非常复杂的，因此断口分析的方法也是多种多样的。

1. 实际破裂情况的现场调查

现场调查是破断分析的第一步。零件破断后，有时会产生许多碎片，对于断口的碎片，都必须严加保护，避免氧化、腐蚀和污染。在未查清断口的重要特征和照相记录以前，不允许对断面进行清洗。另外，还应对零件的工作条件、运转情况以及周围环境等进行详细调查研究。

2. 断口的宏观分析

断口的宏观分析是指用肉眼或低倍放大镜（20 倍以下）对断口进行观察和分析。分析前对油污应用汽油、丙酮或石油醚清洗、浸泡。对锈蚀比较严重的断口，采用化学法或电化学法除去氧化膜。

宏观分析能观察分析破断全貌、裂纹和零件形状的关系，断口与变形方向的关系，断口与受力状态的关系；能够初步判断裂纹源位置、破断性质与原因，缩小进一步分析研究的范围，为微观分析提供线索和依据。

3. 断口的微观分析

断口的微观分析是指用金相显微镜或电子显微镜对断口进行观察和分析。其主要目的是观察和分析断口形貌与显微组织的关系，断裂过程微观区域的变化，裂纹的微观组织与裂纹两侧夹杂物性质、形状和分布，以及显微硬度、裂纹的起因等。

4. 金相组织、化学成分、力学性能的检验

金相方法主要是研究材料是否有宏观及微观缺陷、裂纹分布与走向，以及金相组织是否正常等。化学分析主要是复验金属的化学成分是否符合零件要求，杂质、偏析及微量元素的含量和大致分布等。力学性能检验主要是复验金属材料的常规性能数据是否合格。

四、腐蚀

（一）腐蚀的概念

腐蚀是金属受周围介质的作用而引起损坏的现象。金属的腐蚀损坏总是从金属表面开

始，然后或快或慢地往里深入，同时常常发生金属表面的外形变化。首先在金属表面上出现不规则形状的凹洞、斑点、溃疡等破坏区域。其次，破坏的金属变为化合物（通常是氧化物和氢氧化物），形成腐蚀产物并部分地附着在金属表面上，例如铁生锈。

（二）腐蚀的分类

金属的腐蚀按其机理可分为化学腐蚀和电化学腐蚀两种。

1. 化学腐蚀

金属与介质直接发生化学作用而引起的损坏称为化学腐蚀。腐蚀的产物在金属表面形成表面膜，如金属在高温干燥气体中的腐蚀，金属在非电解质溶液（如润滑油）中的腐蚀。

2. 电化学腐蚀

金属表面与周围介质发生电化学作用的腐蚀称为电化学腐蚀，属于这类腐蚀的有：金属在酸、碱、盐溶液及海水、潮湿空气中的腐蚀，地下金属管线的腐蚀，埋在地下的机器底座被腐蚀等。引起电化学腐蚀的原因是宏观电池作用（如金属与电解质接触或不同金属相接触）、微观电池作用（如同种金属中存在杂质）、氧浓差电池作用（如铁经过水插入砂中）和电解作用。电化学腐蚀的特点是腐蚀过程中有电流产生。

以上两种腐蚀，电化学腐蚀比化学腐蚀强烈得多，金属的蚀损大多数由电化学腐蚀所造成。

（三）防止腐蚀的方法

防腐蚀的方法包括两个方面：首先是合理选材和设计；其次是选择合理的操作工艺规程。这两方面都不可忽视。目前生产中具体采用防腐措施如下。

1. 合理选材

根据环境介质的情况，选择合适的材料。如选用含有镍、铬、铝、硅、钛等元素的合金钢，或在条件许可的情况下，尽量选用尼龙、塑料、陶瓷等材料。

2. 合理设计

通用的设计规范是避免不均匀和多相性，即力求避免形成腐蚀电池的作用。不同的金属、不同的气相空间、热和应力分布不均以及体系中各部位间的其他差别都会引起腐蚀破坏。因此，设计时应努力使整个体系的所有条件尽可能地均匀一致。

3. 覆盖保护层

这种方法是在金属表面覆盖一层不同材料，改变零件表面结构，使金属与介质隔离开来以防止腐蚀。具体方法如下。

（1）金属保护层　采用电镀、喷镀、熔镀、气相镀和化学镀等方法，在金属表面覆盖一层如镍、铬、锡、锌等金属或合金作为保护层。

（2）非金属保护层　这是设备防腐蚀的发展方向，常用的办法如下。

① 涂料。将油基漆（成膜物质如干性油类）或树脂基漆（成膜物质如合成脂）通过一定的方法将其涂覆在物体表面，经过固化而形成薄涂层，从而保护设备免受高温气体及酸碱等介质的腐蚀作用。采用涂料防腐的特点是：涂料品种多，适应性强，不受机械设备或金属结构的形状及大小的限制，使用方便，在现场亦可施工。常用的涂料品种有防腐漆、底漆、生漆、沥青漆、环氧树脂涂料、聚乙烯涂料、聚氯乙烯涂料以及工业凡士林等。

② 砖、板衬里。常用的是水玻璃胶泥衬辉绿岩板。辉绿岩板是由辉绿岩石熔铸而成，它的主要成分是二氧化硅，胶泥即是黏合剂。它的耐酸碱性及耐腐蚀性较好，但性脆不能受冲击，在有色冶炼厂用来做储酸槽壁，槽底则衬瓷砖。

③ 硬（软）聚氯乙烯。它具有良好的耐腐蚀性和一定的机械强度，加工成型方便，焊接性能良好，可做成储槽、电除尘器、文氏管、尾气烟囱、管道阀门和离心风机、离心泵的壳体及叶轮。它已逐步取代了不锈钢、铅等贵重金属材料。

④ 玻璃钢。它是采用合成树脂为黏结材料，以玻璃纤维及其制品（如玻璃布、玻璃带、玻璃丝等）为增强材料，按照不同成型方法（如手糊法、模压法、缠绕法等）制成。它具有优良的耐腐蚀性，比强度（强度与质量之比）高，但耐磨性差，有老化现象。实践证明，玻璃钢在中等浓度以下的硫酸、盐酸和温度在 90℃ 以内作防腐衬里，使用情况是较理想的。

⑤ 耐酸酚醛塑料。它是以热固性酚醛树脂作黏结剂，以耐酸材料（玻璃纤维、石棉等）作填料的一种热固性塑料，它易于成型和机械加工，但成本较高，目前主要用做各种管道和管件。

4. 添加缓蚀剂

在腐蚀介质中加入少量缓蚀剂，能使金属的腐蚀速度大大降低。如在设备的冷却水系统采用磷酸盐、偏磷酸钠处理，可以防止系统腐蚀和锈垢存积。

5. 电化学保护

电化学保护就是对被保护的金属设备通以直流电流进行极化，以消除电位差，使之达到某一电位时，被保护金属可以达到腐蚀很小甚至无腐蚀状态。它是一项较新的防腐蚀方法，但要求介质必须是导电的、连续的，电化学保护又可分为以下两类。

（1）阴极保护　主要是在被保护金属表面通以阴极直流电流，可以消除或减少被保护金属表面的腐蚀电池作用。

（2）阳极保护　主要是在被保护金属表面通以阳极直流电流，使其金属表面生成钝化膜，从而增大了腐蚀过程的阻力。

6. 改变环境条件

改变环境条件的方法是将环境中的腐蚀介质去掉，减轻其腐蚀作用，如采用通风、除湿及去掉二氧化硫气体等。对常用金属材料来说，把相对湿度控制在临界湿度（50%～70%）以下，可以显著减缓大气腐蚀。在酸洗车间和电解车间里要合理设计地面坡度和排水沟，做好地面防腐蚀隔离层，以防酸液渗透地坪后，地面起凸而损坏储槽及机器基础。

五、蠕变损坏

零件在一定应力的连续作用下，随着温度的升高和作用时间的增加，将产生变形，而这种变形还要不断地发展，直到零件的破坏。温度越高，这种变形速度越加迅速，有时应力不但小于常温下的强度极限，甚至小于材料比例极限，在高温下由于长时间变形的不断增加，也可能使零件破坏，这种破坏称为蠕变破坏。

金属发生蠕变的原因是由于高温的影响。如图 1-9 所示为温度与应力作用时间对低碳钢力学性能的影响。强度极限 σ_b 随温度增加而增加，最大 σ_b 在 $250\sim350℃$ 之间，温度再上升则 σ_b 急剧下降；流动极限 σ_s 随温度上升而下降，400℃ 以后即行消失；弹性模量 E 随温度上升而降低；泊松比 μ 随温度升高而略增加；断面收缩率 Ψ 和拉断时的单位伸长 δ 在 $250\sim350℃$ 之间为最低，以后均随温度升高而增加。

为了防止蠕变损坏的产生，对于长期处于高温和应力作用下的零件，除了采用耐热合金（在钢中加入合金元素钨、钼、钒或少量的铬、镍）外，还采用减小机件工作应力的方法，通过计算来保证其在使用期限内不产生不允许的变形，或不超过允许的变形量。

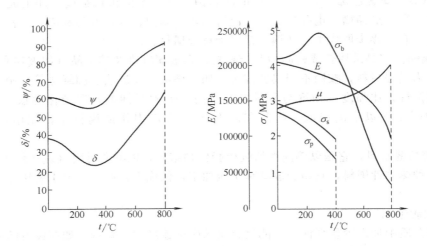

图 1-9　高温对材料性能的影响

第四节　零件的检测

一、概述

（一）检测的目的

任何一台机械设备，都是由大量零件组成的，要使这种组合达到一定质量，就必须要求它的每一个零件都符合规定的质量指标，无论是制造或修理，无不如此。然而，零件是在一定的条件下生产出来的，由于各种因素的影响，不可避免地会在某些零件中存在缺陷，而对修理来说，零件在使用过程中，随着时间的延长，产生各种缺陷的可能性更大，这些缺陷只有通过检验才能发现。因此机械及其零件的检测工作是机械修理的重要环节。它决定着零部件的弃取，既是制定修理工艺措施的主要依据，又是保证合理修理和修后质量的关键。

（二）零件检测的主要内容

在机械修理中，一般零件都要进行检查，只是内容不同而已，归纳起来主要内容有以下几个方面。

1. 零件几何精度的检测

几何精度包括尺寸精度和形状位置精度。但修理工作的特点，有时不是追求单个零件的几何尺寸，而是要求相对的配合精度，这往往是检测工作中重要的一环。

形状和位置精度在修理中常见的有圆度、同轴度、圆柱度、平行度、垂直度等内容。

2. 表面质量的检测

修理工作中零件表面质量的检查不只是表面粗糙度的检测，同时对使用过的零件表面还要检查有无擦伤、烧损、拉毛等缺陷。

3. 力学性能的检测

根据机械修理的特点，对于零件材料的力学性能除了硬度是一个受重视的内容以外，其他指标一般不做检测。但对零件制造和修理过程中形成的某些性能，如平衡状况、弹性、刚度、振动等不可忽视。

4. 隐蔽缺陷的检测

零件在制造过程中可能内部存在夹渣、空洞等原始缺陷，在使用过程中可能产生微观裂纹。这些缺陷不能直接从一般的观察和测量中发现，而它又可能对机械造成严重后果，因此在机械修理过程中，必须有目的地对某些零件进行这方面的检测。

（三）零件检测的方法

零件检测的方法很多，而且新的检测技术在日新月异地向前发展。但从机械修理工作的现实出发，可以概略地归纳为如下几个方面。

1. 感觉检测法

不用量具、仪器和任何检测设备而只凭检测人员的直观感觉（耳目、触觉）和经验来鉴别零件的技术状况，统称为感觉检测法。这种方法具有简便的优点，在实践中应用普遍。但这种方法不能进行定量检测，只适宜于分辨缺陷明显或精度要求不高的零件，且要求检测人员有较丰富的经验。

2. 仪器、工具检测法

仪器、工具检测法是通过各种测量工具和仪器来检测零件的技术状况。因为它通常能达到一般零件检测所需要的精度，所以在修理工作中应用得最为广泛。测量工具和仪器有通用量具、专用量具、机械式仪器和仪表、光学仪器、电子仪器等。

3. 物理检测法

物理检测法是利用电、磁、光、声、热等物理量通过工件引起的变化来测定零件技术状况的一种方法。这种方法的实现是和仪器、工具检测相结合的。这种方法不会使零件受伤、分离或者损伤，现在普遍称为无损检测。对修理而言，无损检测主要是对零件进行定期检查、维修检查、运转中的检查，其目的是要检查出在使用条件下产生的缺陷，根据缺陷的种类、形状、大小、产生部位、应力水平、应力方向等，预测在下次检查时会发展到什么程度并确定是否需要修补或者应该报废。其检测方法分缺陷检测和应变检测两大类。现在生产中广泛应用的有磁粉法、渗透法、超声波法和射线法。

二、超声波探伤

（一）探伤原理

人耳可听得见的声波的频率范围大致是 20Hz～20kHz，频率比 20kHz 更高的声波称为超声波。

超声波探伤是把高频波（通常为 1～5MHz），即超声波脉冲从探头射入被检测物体，如果其内部有缺陷，则一部分入射的超声波在缺陷处被反射或折射，利用探头接受信号的性能，在不损坏被检物体的情况下检查出缺陷的部位及其大小。

在金属探伤中之所以使用高频波，是因为其指向性好，能形成窄的波束，波长短，小的缺陷也能够很好的反射；短距离的分辨能力好，缺陷的分辨率高。正因为如此，当超声波在被测零件内部传播的过程中遇到缺陷时，缺陷与零件材料之间便形成界面，此界面即引起反射，使原来单方面传播的超声波能量有部分被反射回去，通过此界面的能量就相应减少。这时在反射方向可以接到此缺陷处的反射波；而在反射方向对面接收到的超声波能量就会小于正常值。这两种情况的出现，也反过来证明缺陷的存在。在探伤过程中，前者称为反射法，后者称为穿透法。

（二）探伤方法

1. 脉冲反射法

脉冲反射法是生产中应用最普遍的一种超声波探伤方法。图 1-10 所示为用单探头（一

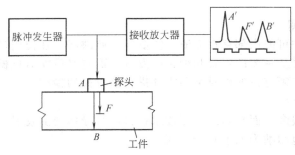

图 1-10　脉冲反射法探伤原理

个探头兼作发射和接收）探伤的原理。脉冲发生器所产生的高频电脉冲激励探头的压电晶片振动，使之产生超声波。超声波垂直入射到工件中，当通过界面 A、缺陷 F 和底面 B 时，均有部分超声波反射回来，这些反射波各自经历了不同的往返路程而回到探头上，探头又重新将其转变为电脉冲，然后经接收放大器放大后，即可在荧光屏上显现出来。其对应各点的波形分别称为始波（A'）缺陷波（F'）和底波（B'）。当被测工件中无缺陷存在时，则在荧光屏上只能见到始波 A' 和底波 B'。缺陷的位置（深度 AF）可根据各波型之间的间距之比等于所对应的工件中的长度之比求出，即

$$AF = \frac{AB}{A'B'} \times A'F' \tag{1-9}$$

工件的厚度 AB 可以实际测出；$A'B'$ 和 $A'F'$ 可从荧光屏上读出。

2. 穿透法

穿透法是根据超声波能量变化情况来判断工件内部状况的，它是将发射探头和接收探头分别置于工件的两相对表面，发射探头发射的超声波能量是一定的，在工件不存在缺陷时，超声波穿透工件一定厚度以后在接收探头上所接收到的能量也是一定的。而工件存在缺陷时，由于缺陷的反射，接收到的能量便减小，从而断定工件存在缺陷。

根据发射波的不同种类，穿透法有脉冲波探伤法和连续波探伤法两种，如图 1-11 和图 1-12 所示。

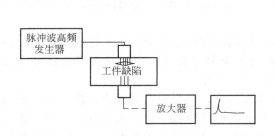

图 1-11　脉冲波穿透探伤法示意

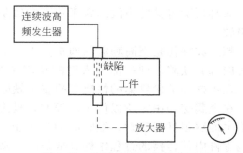

图 1-12　连续波穿透探伤示意

穿透法探伤的灵敏度不如脉冲反射法高，且受工件形状的影响较大。但较适宜于检测成批生产的工件，如板材一类的工件，此时可以通过接收能量的精确对比而得到高的精度，且适宜于实现自动化。

三、磁粉探伤

（一）基本原理

磁粉探伤是广泛应用的一种无损探伤技术。当磁力线通过铁磁性材料时，如果内部组织

均匀一致，则磁力线通过零件的方向也是一致和均匀分布的；如果零件内部有缺陷，如裂纹、空洞、非磁性夹杂物和组织不均匀，由于在这些有缺陷的地方磁阻增加，磁力线便发生偏转而出现局部方向改变，如图 1-13 所示的 1、2、3 三处断面情况，其中 1、2 两处有磁力线漏出零件表面。此时若在工件表面上撒上磁性铁粉，则落到此漏磁处的铁粉即被吸住，使此处明显的区别于没有缺陷的部位，从而使那些本来不明显的缺陷能清晰地显现出来。但对于深层的裂纹就不容易探测出来，因此磁粉探伤的探测深度受到限制；至于不同的裂纹方向则可以通过改变外磁场的方向，使两者互相垂直，因而是不受限制的。

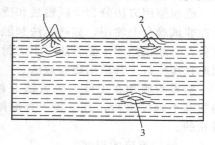

图 1-13　铁磁物质中的磁力线分布情况
1—表面横向裂纹；2—近表面气泡；
3—深层纵向裂纹

（二）工件的磁化方法

将磁场加到被检测机件上的方法，称为磁化方法。实际应用的磁化方法如图 1-14 所示。图（a）所示为闭合磁路法，图（b）所示为线圈法，这两种统称为纵向磁化法。其特点是磁力线沿工件轴向通过，用于检测横向裂纹。

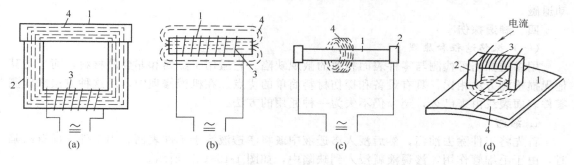

(a)　　　　　　　(b)　　　　　　　(c)　　　　　　　(d)

图 1-14　磁化方法
1—被测工件；2—磁轭；3—线圈；4—磁力线

图（c）所示为周向磁化法，此法是使电流沿工件轴向流动，产生一个环绕工件轴心的磁场，该磁场的磁力线方向垂直于工件上的纵向裂纹，从而可以测出工件的纵向裂纹。

图（d）所示为磁轭法，就是将两个不同极性的电磁铁跨放在被测部位的两侧，此时若为工件中所示方向的裂纹，则此处将聚集磁粉。改变两磁极与工件表面的相对位置，则可测得任意方向的缺陷和裂纹。此法适用于大型工件的局部探伤。

对于与工件轴线相倾斜的裂纹，可以同时采用纵向磁化法和周向磁化法进行。

（三）磁粉探伤操作

磁粉探伤工作包括预处理、磁化、施加磁粉、观察、记录与退磁等工序。

1. 预处理

预处理是用溶剂把工件表面上的油脂、涂料和锈去除，使磁粉能很好地附着在缺陷上。用干磁粉时，还应注意使工件表面干燥。

2. 磁化

关于磁化方法前面已作介绍，可根据被探伤零件种类和大小，具体进行选择。

3. 加磁粉

磁粉有普通磁粉和荧光磁粉两类，一般使用普通磁粉，只有在有荧光设备的条件下和检测暗色工件时才使用荧光磁粉。

普通磁粉为氧化铁粉（Fe_3O_4），其颜色有棕红色和灰黑色两种，可根据被检查工件的颜色选用，以达到便于观察。对磁粉的要求是要有合格的磁性和一定规格的粒度。

磁粉使用方法分为干磁粉法和磁粉液法两种。干磁粉法使用简单，不受条件限制，适用于在非试验台上使用，如磁轭法和触头通电法等。小型手提式磁粉探伤仪因为无磁粉液供给设备，一般也是用干磁粉法。干磁粉法的显示灵敏度较低，而磁粉液法显示的清晰度较高，因此在探伤机上都采用磁粉液法。

把磁粉施加在工件上的方法有两种，即连续法和剩磁法。连续法是在工件加有磁场的状态下施加磁粉，且磁场一直保持到施加完成为止，而剩磁法则是在磁化过程后施加磁粉的。

4. 磁粉痕迹的观察

磁粉痕迹的观察是在施加磁粉后进行的。用非荧光磁粉时，在光线明亮的地方进行观察；而用荧光磁粉时，则在暗处用紫外线灯进行观察。

5. 退磁

经磁粉探伤后，工件应进行退磁。用交流探伤仪退磁时，将工件置于线圈中，并逐渐沿中心线方向移出 1m 左右即可。直流探伤仪有专门的退磁换向开关，接通退磁开关，即可自动退磁。

四、渗透探伤

（一）探伤过程和原理

用渗透探伤可检测与零件表面相通的微观缺陷。它适用于金属和非金属材料，而且与其他无损检测方法相比，具有设备和探伤材料简单的优点。在机械修理中，用这种方法来检测零件表面裂纹由来已久，至今仍不失为一种通用的方法。

1. 渗透

首先将工件除去油污，然后浸入渗透液中或将渗透液涂于工件表面。当工件表面有缺陷时，由于毛细管作用，渗透液就浸入到缺陷中，如图 1-15（a）所示。

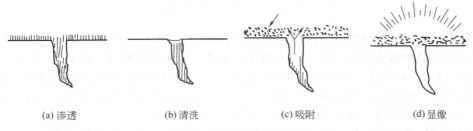

(a) 渗透　　　　(b) 清洗　　　　(c) 吸附　　　　(d) 显像

图 1-15　渗透法探伤过程

2. 清洗

待渗透液充分渗透到缺陷中后用水或清洗剂把工件表面上的渗透液洗掉，如图 1-15（b）所示。

3. 吸附

对工件表面施加一薄层显像剂，由于显像剂的作用，以及由显像剂颗粒构成的多孔状覆盖层形成新的毛细管作用。这种多孔隙毛细管作用的总和比单缝的毛细管作用大很多，因而使缺陷中的渗透液被吸附到显像剂中，如图 1-15（c）所示。

4. 显像

由于显像剂的吸附作用以及渗透液的扩散作用，使渗透液的散布范围扩大，如图 1-15

（d）所示。由于所用渗透液的种类不同因而有不同的显像结果。当用带有颜色（红色）的渗透液时，即可在显像剂（白色）中看到红色的痕迹，这种方法称为着色法；当用含有荧光物质的渗透液时，应用紫外线进行照射，这时可以见到鲜明的荧光，从而找出缺陷所在，这种方法称为荧光法。

（二）操作步骤和要求

1. 工件预处理

清除工件表面的油污、将工件进行干燥处理。

2. 浸涂渗透液

工件在渗透液中浸泡的时间应不小于 30min；当向工件表面涂抹渗透液时，应用质地柔软的毛刷或海绵材料在零件上涂抹 3～4 次，每涂一次应在空气中停放 1.5～2min。

3. 除去工件表面的渗透液

渗透进行完毕后，应尽快除去表面上的多余渗透液。一般可用溶剂去除，即用擦布、棉纱蘸煤油等溶剂将渗透液擦去，但应注意煤油不宜与工件表面过多接触，以避免缺陷内的渗透液被除去。对于后乳化型的渗透液可涂上乳化剂，然后即可用温水冲洗。乳化剂的成分为：煤油 44％、油酸 35％、三乙醇胺 21％、热水的温度为 32～42℃。

4. 在工件表面涂白色显像剂

显像剂可用毛刷涂抹或用喷枪喷涂，厚度要薄而均匀。

5. 观察缺陷痕迹

一般可在正常室温下（18～21℃），涂抹显像剂 5～6min 后即可显现出缺陷，当温度偏低时，可适当延长时间。为了有较好的显像效果，可将工件在空气中停放 10～15min 后，再将它放在热空气流或烘箱内保持温度 40～50℃，停放 30～60min，可增大渗透液向显像剂内的扩散程度，以提高显像效果。

第五节　机械故障诊断的油样分析技术

在机械设备中广泛存在着两类工作油：液压油和润滑油。它们携带有大量的关于机械设备运行状态的信息，特别是润滑油，它所经由的各摩擦副的磨损碎屑都将落入其中并随之一起流动。这样，通过对工作油液（脂）的合理采样，并进行必要的分析处理后，就能取得关于该机械设备各摩擦副的磨损状况，包括磨损部位、磨损机理以及磨损程度等方面的信息，从而对设备所处工况做出科学的判断。油样分析技术有如人体健康检查中的血液化验，已成为机械故障诊断的主要技术手段之一。

一、磁塞检查法

磁塞检查法是最早出现的一种检查机器磨损状态的简便方法。它是在机器的油路系统中插入磁性探头（磁塞）以收集油液中的铁磁性磨粒，当磨损趋向严重，出现大于 $50\mu m$ 以上的大尺寸磨粒时，有较高的检测效率。与其他方法相比，这种方法对早期磨损故障的预报灵敏性较差。但由于其简便易行，故目前仍为一种广泛采用的方法。

二、颗粒计数器方法

颗粒计数器方法作为一种辅助方法，主要用于检定油液污染度等级。它是对油样内的颗粒进行粒度测量，并按预选的粒度范围进行计数，从而得到有关磨粒粒度分布方面的信息，以判断机器磨损的状况。粒度的测量和计数过去是采用光学显微镜的方法，现在已发展为采用光电技术进行自动计数和分析。

三、油样光谱分析技术

油样光谱分析分为原子吸收光谱和原子发射光谱法两种。主要是根据油样中各种金属磨粒在离子状态下受到激发时所发射的特定波长的光谱来检测金属的类型和含量。该方法起源于 20 世纪 40 年代，比较成熟。它提供的金属类型和浓度值为判定机器磨损的部位及程度提供了科学依据，但它不能提供磨粒的形态、尺寸、颜色等直观形象，因而不能进一步判定磨粒类型及原因。此外，这种方法分析的磨粒最大尺寸不超过 $10\mu m$，而大多数机器失效期的磨粒特征尺寸，多在 $20\sim200\mu m$，导致许多重要信息的遗漏，这是光谱法的不足之处。目前它主要用于有色金属磨粒的检测和识别。

四、油样铁谱分析技术

铁谱分析技术（Ferrography）是 20 世纪 70 年代出现的一项新技术。铁谱分析是利用铁谱仪（Ferrograph）从润滑油（脂）试样中分离和检测出磨粒和磨屑。根据工作方式的不同，铁谱仪可分为直读式铁谱仪、分析式铁谱仪和旋转式铁谱仪等。近年来，又研究成功了在线式铁谱仪。在此，只介绍直读式铁谱仪。

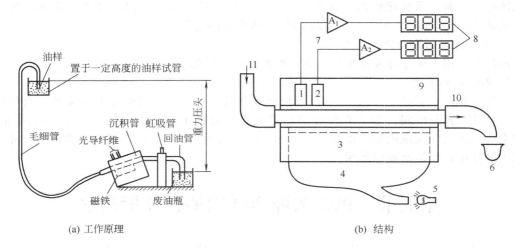

(a) 工作原理　　　　　　　　　　　　　　(b) 结构

图 1-16　直读式铁谱仪的结构和工作原理

1、2—光伏探测器；3—磁铁；4—光导纤维；5—光源；6—接油杯；7—放大电路；
8—数显装置；9—压块；10—沉积管；11—毛细管

（一）直读式铁谱仪的结构和工作原理

直读式铁谱仪的结构如图 1-16 所示，由光伏探测器（1、2）、磁铁（3）、光导纤维（4）、白炽灯光源（5）、接油杯（6）、放大电路（7）、数显装置（8）、压块（9）、沉积管（10）、毛细管（11）以及其他辅助机构等组成。

油样在虹吸现象的作用下流入沉积管，在沉积管的下部有一高强度、高梯度磁场，油中的铁磁性颗粒受重力、浮力以及磁力三者的综合作用，在随着油样流过沉积管的过程中，将会在沉积管内有规律地沉积下来。

其中的大颗粒沉积在入口处，而较小的颗粒则离入口处较远。传统的直读式铁谱仪在沉积管的入口处和离入口处 5mm 的地方各装有一个光伏探测器，分别作为大颗粒和小颗粒的光密度读数监测。光伏探测器的输出电压与其所受光强有关，而铁磁性颗粒在沉积管中的沉积将会削弱来自光导纤维的光强。由于光导纤维的匀光作用，使得光伏探测器所接收到的光强改变量与铁磁性颗粒的挡光面积成正比，在一定条件下，挡光面积又与磨屑体积之间有某

种较稳定的对应关系，即光伏探测器的输出与磨屑体积有关，可表达为

$$U_{out} = f(V) \tag{1-10}$$

式中　V——磨屑体积；

　　　U_{out}——光伏探测器的输出电压。

这样，通过光伏探测器输出电压的变化就能感知油样中铁磁性颗粒的体积，这就是直读式铁谱仪的工作原理。

（二）性能特点

直读式铁谱仪结构简单，价格便宜；制谱与读谱合二为一，分析过程简便快捷；但读数稳定性、重复性差，随机因素干扰影响大；只能提供关于磨屑体积的信息，常用作油样的快速分析和初步诊断。

第六节　机械维护与修理制度

一、设备检查制度

设备检查（点检）包括日常检查（日点检）、定期检查（定期点检）和精度检查。

（一）日常检查（日点检）

日常检查的内容有振动、异音、松动、温升、压力、流量、腐蚀、泄漏等可以从设备的外表进行监测的现象，主要凭感官进行，对于设备的重要部位，也可以使用简单的仪器，如测振仪、测温计等。日常检查主要由操作工人负责，使用检查仪器时则需由专业人员进行，所以也称为在线检查。对一些可靠性要求很高的自动化设备如流程设备、自动化生产线等，需要用精密仪器和计算机进行连续监测和预报的作业方法，称为状态监测。每种机型设备都要根据结构特点制定日常检查标准，包括检查项目、方法、判断标准等，并将检查结果填入日点检卡上，做好记录。

（二）定期检查（定期点检）

设备定期检查的主要内容包括：

检查设备的主要输出参数是否正常；

测定劣化程度，查出存在的缺陷（包括故障修理和日常检查发现而尚未排除的缺陷）；

提出下次预修计划的修理内容和所需备件或修改原定计划的意见；

排除在检查中可以排除的缺陷。

定期检查的周期应大于 1 个月，一般为 3 个月、6 个月、12 个月。

一般按设备的分类组（如普通车床、镗床、外圆磨床、空气锤、液压机、桥式起重机……）制定通用定期检查标准，再针对同类组某种型号设备的特点，制定必要的补充标准，作为定期检查依据。

定期检查列入企业月份设备修理计划，由生产车间维修工负责执行。对实行定期维护（一级保养）的设备，定期检查与定期维护应尽量结合进行。检查结果记入定期检查记录表。

（三）精度检查

金属加工设备为了保持加工件的精度，需要对设备几何精度和工作精度进行定期检测，以确定设备的实际精度，为设备调整、修理、验收和报废更新提供依据。根据前后两次的精度检查结果和间隔时间，可以计算设备精度的劣化速度。新设备安装后的精度检验结果，不但是验收的依据，还可按产品精度要求来分析设备的精度储备量。

设备精度检查的结果，一般采用精度指数表示设备综合精度状况。精度指数的计算式如下，即

$$T = \sqrt{\frac{\sum(T_p/T_s)^2}{n}}$$ (1-11)

式中　T——设备精度指数；

　　　T_s——精度项目允差值；

　　　T_p——精度项目实测误差值；

　　　n——精度项目数。

T 值越小，表示设备的综合精度越高。

应用精度指数来评定新设备和大修后设备的精度水平以及在用设备的精度劣化程度时，应注意以下两点。

① 对新设备和大修后的设备，按精度标准全部几何精度项目必须合格。大修设备验收要求 $T \leqslant 1$；新设备验收要求 $T < 1$，当 $T \leqslant 0.6$ 时，综合精度较为理想。

② 对在用设备，应按产品精度要求分析确定主要几何精度项目的最大允许偏差值 T_{sm}，并按下式计算出精度指数临界值 T_c。

$$T_c = \sqrt{\frac{\sum(T_{sm}/T_s)^2}{n}}$$ (1-12)

式中　n——主要精度项目数。

按实测结果，当 $T < T_c$ 时，设备可满足产品精度要求；当 $T \geqslant T_c$ 时，设备的精度难以保证产品精度，应对设备进行调整或修理。

二、计划修理制度

计划预修既可做到防患于未然，又可节省维修时间，有利于提高机械的利用率和经济效益。但是，它的优越程度与其修理时机的选择有很大关系，比较传统的选择原则是以机械的有效使用时间作为指标，当机械达到规定的使用期限时，即对其进行预防维修。因此，确定修理周期成为首要问题。

（一）确定修理周期

1. 修理工作的种类

根据设备的使用寿命、修复工作量和工期，传统地将修理分为小修、中修、大修三类。

（1）小修　机械设备小修是由维护过渡到修理的初级阶段，根据日常维护工作中巡回检查发现的设备缺陷记录，针对一些在交接班时不能处理的问题制订出小修计划。修理项目包括能在小修计划时间内修复的缺陷、更换零部件、润滑油脂，调整间隙等，此外，还应包括某些比较复杂的检查项目。小修次数比较频繁。对于每个月的小修时间可以灵活运用，以不超过原定小修计划为限，例如，原定每月小修三次，总修理时间 32h，如在一个月内安排每次 8h 的小修两次，16h 的小修一次，总修理时间虽未超过 32h，但在 16h 那次小修中却能处理一些难度较大、费时较多的修理项目，这是有利的安排。由于小修的计划时间较短，因此，小修只是维护简单再生产的一种手段。小修费用由生产费用开支，计入当月生产成本。

（2）中修　由于机械设备小修的时间较短，一些需要较长时间才能处理的设备缺陷和隐患，不可能在小修时间内得到解决，但又不能拖到下一次大修时解决，这就有必要在两次大修之间安排一次或几次中修。中修范围较大，项目较多，一般是恢复性的修理。关键生产厂矿的主要生产设备中修将影响本企业的生产计划，因此，中修项目要在企业内部平衡。中修

经费一般计入企业生产成本。

（3）大修　设备经过较长时间使用，某些关键部位（如主要设备的基础、吊车轨道、主电动机、高炉炉壳等）受到损坏，不能在短时间内修复，则必须安排较长的停产时间进行修理，这类修理称为大修。根据生产实践经验和有关统计资料，可估计某种主要生产设备在正常情况下的大修周期，大修周期的长短取决于设备维护的检修工作质量的高低。其关键问题，一是遵章使用，不得超负荷使用设备；二是保证大修施工质量。例如，某钢铁公司的高炉大修周期，短的仅 3 年多，而长的达 13 年。该公司的初轧能力不足，是生产上的薄弱环节，由于经常在超负荷状态下工作，因而初轧机组的大修周期只有 2～3 年。大修工期一般较长，例如，高炉大修工期为 1～2 个月，初轧机大修工期为半个月左右，焦炉大修工期为几个月到半年。根据"修改结合"的原则，应充分利用设备大修的停产时间，尽量安排一些重大改革项目。但是，由于大修经费并不直接计入企业的生产成本，而由大修基金专项支付，为了避免所安排的改造项目过多占用大修资金，在过去的大修管理办法中规定，只有照设备原样修复的项目，即所谓"恢复性大修"，才能在大修费内开支，而把改革项目中的某些项目列为技术组织措施或列为安全措施等，由其他专项拨款。这是由于大修提成过低，基金过少，而在财务上采取的一种做法。实际上，在大修时安排改造项目在经济上是合理的，也是符合"挖潜改造"方针的。

由于大修施工中急需处理的工程项目多，修理工作量大，人员密集，工地窄小，分层作业，立体交叉，调度管理极为复杂，安全事故时有发生。因此，有人提出"分段修理"的建议，即把某些大修内容可放在中修时处理，使大修时的工程项目尽量减少。不过这种办法只能减少大修时的人员密集程度，而不能缩短大修工期，因为大修工期一般都是根据工期最长的大修项目确定的。例如，高炉大修时工期最长的项目是炉内砌砖，其余大修项目均配合完成。

2. 修理周期结构

修理周期是指机械设备到达大修的时间，通常用运转时数来表示。

修理周期的结构是指一个修理周期内修理次数、类别和排列方式。对于各种不同类型的机械设备，修理周期结构是不同的，但都是按照共同规律来构成的，都反映了整机的可靠性指标与构成机械的各零部件潜在寿命之间的关系。如图 1-17 所示为某一机械设备在一个修理周期内，大修、中修、小修（有时也包括定期检查）的次数和排列顺序。修理间隔期是指相邻两次修理（不论大、中、小修）之间机械设备的工作时间。它有大修间隔期、中修间隔期、小修间隔期。

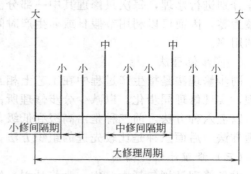

图 1-17　修理周期结构示意

3. 确定修理周期

在正常生产和遵章使用的前提下，设备各部件的受力状态符合原设计的要求，所产生的自然磨损和材料疲劳现象都有一定的规律，因此可找出一定的周期，这种周期一般是根据实践经验制定的，主要的依据是定期检查中的原始记录。设备各部位的损耗程度不同，使用周期各异，因而修复工作量也不一样，有的需要停产时间长些，有的则短些。根据设备使用寿命、修复工作量和工期，构成修理周期结构。例如，初轧机每月要进行 2～3 次小修，每次8～16h；每年进行一次中修，工期一般不超过 10 天，每 3～5 年进行一次大修，工期为12～

15 天。又如，高炉每 3 个月进行一次小修，3 年左右进行一次中修（炉壳不动），10～12 年进行一次大修（更换炉壳）等。各企业对各类主要生产设备的检修周期都做了规定，并在一定时间内予以固定。但是，这种固定的检修周期是相对的，要随着生产操作的熟练程度、维护工作质量的提高，备品备件使用寿命的延长，可以增长。

（二）计划修理的技术组织方法

1. 强制修理法

强制修理法是对设备的修理日期、类别和内容预先制订具体计划，并严格按计划进行，而不管设备的技术状况如何。其优点是便于在修理前做好充分准备，并且能够最有效地保证设备正常运转。这种方法一般用于那些必须严格保证安全运转和特别重要、复杂的设备，如重要的动力设备、自动流水线的设备等。

2. 定期修理法

定期修理法是根据设备实际使用情况，参考有关检修周期，制定设备修理工作的计划日期和大致的修理工作量。确切的修理日期和工作内容，是根据每次修理前的检查加以详细规定。这种方法有利于做好修理前的准备，缩短修理时间。目前，中国设备修理工作基础比较好的企业，已采用这种方法。

3. 检查后修理法

检查后修理法是事先规定设备的检查计划，根据检查结果和以前的修理资料，确定修理的日期和内容。这种方法简便易行，但掌握不好，就会影响修理前的准备工作。

4. 部件修理法

部件修理法是将需要修理的设备部件卸下来，换上事先准备好的同样部件，也就是用简单的"插入"、"拉出"的方法更换部件，这种方法的优点是可以节省部件拆卸、装配的时间，缩短修理停歇时间，其缺点是需要一定数量的部件做周转，占用资金较多。

5. 部分修理法

部分修理法的特点是设备的各个部件不在同一时间内修理，而是按照设备独立部分，按顺序分别进行修理，每次只修理其中一部分。使用这种方法，由于把修理工作量分散开来，化整为零，因而可以利用节假日或非生产时间进行修理，可增加设备的生产时间，提高设备的利用率。

6. 同步修理法

同步修理法是指生产过程中在工艺上相互紧密联系的数台设备，安排在同一时间内进行修理，实现修理同步化，以减少分步修理所占的停机时间。

以上六种方法，前三种是由高级到低级，在同一厂矿中，可以针对不同设备采取不同的修理方法。后面三种是比较先进的组织方法，各厂矿可根据自己的实际情况抉择使用。

（三）修理计划的编制

设备修理计划包括大、中、小修计划。编制设备修理计划要符合国家的政策、方针，要有充分的设备运行数据，可靠的资金来源，还要同生产、设计以及施工条件等相平衡。具体编制时，要注意以下几个问题。

（1）计划的形成要有牢固的实践基础　即由生产厂（车间）根据设备检查记录，列出设备缺陷表，提出大修项目申请表并报主管领导审查，最后形成计划。

（2）严格区分设备大、中、小修理的界限　分别编制计划，并逐步制定设备的检修规程和通用修理规范。

（3）要处理好"三结合"的关系　即年度修理计划与长远计划相结合；设备检修计划与革新改造计划相结合；设备长远规划与生产发展规划相结合。

（4）编制设备修理计划应考虑多部门的协调平衡　设备修理计划的实施，必须依靠设计、施工、制造、物资供应等部门的配合，这是实现设备修理计划的技术物质基础。

（5）编制计划要有科学依据　如要依据科学先进的检修周期、施工定额、修理复杂系数、备件更换和检修质量标准等。

三、运用统筹法编制检修计划

机械设备修理是一项复杂的工作，必须统筹安排。运用统筹法编制修理计划可以统筹全局，最优安排工作秩序，找出关键工序，从而达到缩短工期，节约人力、财力，减少投资的目的。工程负责人、施工技术人员和工人都应该掌握这种方法，用它来指导检修工作。

（一）统筹图（工序流线图）

一项工程总是包含多道工序，依照各工序间的衔接关系，用箭头表示其先后次序，画出一个表示各项任务相互关系的箭头图，注上时间，算出并标明主要矛盾线，这个箭头图称为统筹图或工序流线图。下面举例说明统筹图的组成及绘制方法。

如大修一台机床包括十道工序：拆卸、清洗、检查、零件修复、零件加工、床身与工作台研合、变速箱组装、部件组装、电器检修和安装、装配和试车。其工序流线图如图 1-18 所示。

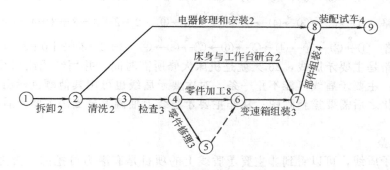

图 1-18　工序流线图

1. 图中符号意义

圆圈○：表示前一项工作的结束和后一项工作的开始，是连接网络图上两条以上的箭线的交接点，所以又称"结点"。结点不消耗资源，也不占用时间，只是表示某项工作开始或完成。

箭线——：箭尾表示工序开始，箭头表示工序完成，从箭尾到箭头表示一道工序过程。箭线把各个结点连接起来，并表明各工序先后顺序和相互关系。

①——②：代表拆卸，需时 2 天。

②——③：代表清洗，需时 2 天。

③——④：代表检查，需时 3 天。

④——⑤：代表零件修理，需时 3 天。

④——⑥：代表零件加工，需时 8 天。

⑥——⑦：代表变速箱组装，需时 3 天。

④——⑦：代表床身与工作台研合，需时 2 天。

⑦ $\xrightarrow{4}$ ⑧：代表部件组装，需时 4 天。

② $\xrightarrow{2}$ ⑧：代表电器修理和安装，需时 2 天。

⑧ $\xrightarrow{4}$ ⑨：代表装配试车，需时 4 天。

虚箭线 ----▸：代表虚设工序，所需时间为零。

2. 找出主要矛盾线

找出主要矛盾线是统筹技术的核心。主要矛盾线是消耗时间最长的一条路线，处于主要矛盾线上的工序是关键工序，它的工期提前与否，决定着整个工程工期提前完成或推迟完成。这样，工程指挥者和处在主要矛盾线的工人，就可以紧紧抓住主要矛盾，合理调整，苦干、巧干，缩短关键工序的时间，促使主要矛盾线转到别的线路上去，形成各条战线、各个工程之间互相促进的局面。

找主要矛盾线的方法是在画好工序流线图后，算出每条线路的总工期，其中工期最长的路线就是主要矛盾线。例如，运用图 1-18 数据找主要矛盾线：

第一条线路　① $\xrightarrow{2}$ ② $\xrightarrow{2}$ ⑧ $\xrightarrow{4}$ ⑨　2＋2＋4＝8（天）

第二条线路　① $\xrightarrow{2}$ ② $\xrightarrow{2}$ ③ $\xrightarrow{3}$ ④ $\xrightarrow{2}$ ⑦ $\xrightarrow{4}$ ⑧ $\xrightarrow{4}$ ⑨　2＋2＋3＋2＋4＋4＝17（天）

第三条线路　① $\xrightarrow{2}$ ② $\xrightarrow{2}$ ③ $\xrightarrow{3}$ ④ $\xrightarrow{8}$ ⑥ $\xrightarrow{3}$ ⑦ $\xrightarrow{4}$ ⑧ $\xrightarrow{4}$ ⑨　2＋2＋3＋8＋3＋4＋4＝26（天）

第四条线路　① $\xrightarrow{2}$ ② $\xrightarrow{2}$ ③ $\xrightarrow{3}$ ④ $\xrightarrow{3}$ ⑤ $\xrightarrow{0}$ ⑥ $\xrightarrow{3}$ ⑦ $\xrightarrow{4}$ ⑧ $\xrightarrow{4}$ ⑨　2＋2＋3＋3＋0＋3＋4＋4＝21（天）

第三条线路是主要矛盾线，26 天就是机床大修所需时间，并用红线或粗线在图上标明。值得注意的是：主要矛盾线可能不止一条，对次要矛盾线也可用其他颜色标出；主要矛盾线可以转化，转化之后需要重新画图；从非主要矛盾线上抽调人员支援主要矛盾线后，必须重新画图。

3. 计算时差

找出主要矛盾线，可以看到非主要矛盾线上的项目是有潜力可挖的。潜力到底有多大？要靠计算时差来解决。以图 1-19 为例讨论时差计算方法。

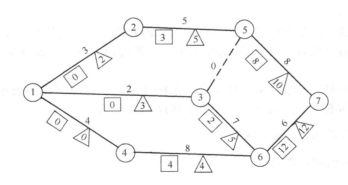

图 1-19　工序流线图

计算最早可能开工时间以 □ 表示，计算方法是：从第一道工序开始，自左向右，顺箭头方向，逐步计算，直至流程图最后一道工序为止。第一道工序最早可能开工时间为零。其余工序按以下公式计算，即

$$最早可能开工时间＝紧前工序最早可能开工时间＋紧前工序时间 \qquad (1-13)$$

若紧前工序不是一个，而是多个，则取其最大值。如①→⑥有 $2+7=9$，$4+8=12$，则⑥→⑦的最早可能开工时间是 12 天。按公式计算出的各工序最早可能开工时间□写在该工序线下，如图 1-19 所示。

计算各工序的最迟必须开工时间用△表示，计算方法是从终点开始，逆箭头方向逐步进行计算，计算公式为

到某道工序的最迟必须开工时间△＝主要矛盾线时间的总和－末工序时间　　(1-14)

若有多条线路，这些线路的时间总和中，也有一个最大值，由主要矛盾线上的时间总和减去这个最大数，就是这一工序的最迟必须开工时间。如从终止点⑦到③共有两条线路，各需 $8+0=8$ 及 $7+6=13$，而主要矛盾线时间总和为 $4+8+6=18$，因此在③→⑥工序最迟必须开工时间是 5 天，并在此线下写上△（见图 1-19）。

计算时差为

时差＝最迟必须开工时间－最早开工时间　　(1-15)

有时差的工序，也就是有支援其他任务的潜力。主要矛盾线的工序时差却等于零，否则就会延误整个任务完成期限。凡是时差为零的工序连接起来，就是主要矛盾线，这是要特别重视的线路，要加强控制，加强调度。

(二) 编制统筹图的步骤

① 做好调查研究，搞清楚本工程有哪些工序。

② 按照客观规律分析工序与工序之间的衔接关系。

一工序开始前，有哪些工序必须先期完成；该工序进行过程中，有哪些工序可以与之平行进行；该工序完成后，有哪些工序应接着开始。

③ 确定完成各工序所需的时间。

第一，单一时间估计法（肯定型）。这种方法就是在估算各项工序时间时，已有定额资料可供参考，或有先例可循，这时只需要确定一个时间值。

第二，三种时间估计法（非肯定型）。如果该项工作以前没有做过，或做的次数很少，估计一个时间定额难以估准，此时即可先预计三个时间值，然后再求可能完成时间的平均值，这三个时间是：

最乐观时间，是指在顺利情况下，完成某工序可能出现的最短时间，用 a 表示。

最保守时间，是指在不利情况下，完成某工序可能出现的最长时间，用 b 表示。

最可能时间，是指在正常情况下，完成某工序最可能出现的时间，用 m 表示。

然后，按以下公式求出平均值，即

$$t_E = \frac{a+4m+b}{6}$$
(1-16)

这样就可以把非肯定型化为肯定型。

④ 把施工任务分配到各施工单位，做好人力、设备和原材料的安排。

⑤ 订好施工方案。

⑥ 绘统筹图。

⑦ 时间计算。计算每项工序最早开工时间、最迟必须开工时间和时差，确定主要矛盾线并用红线（次要矛盾线用其他颜色）标明。

⑧ 根据主要矛盾线的长度和时差，对箭头图加以调整。

第二章 机械的润滑

世界上能源总耗的 50%～60% 是消耗在动力机械上，而这些机械当前的能源有效利用率平均只有 30% 左右。德国福格尔波尔（Vogelpohl）教授推测，估算世界上能源的 1/3～1/2 是消耗在摩擦损失中。近年来乔斯特（H. P. Jost）也指出，世界能源的 30%～40% 消耗在摩擦损失中。当然为了克服摩擦阻力，这些能源消耗一部分是不可避免的，但是加强管理，采用一些先进技术，其中很大一部分能源是可以节约的。日本的省能设计及采用省能润滑油（脂）就取得了节能 5%～10% 的效果。中国为了加强合理润滑技术，做到节约，已经在 1992 年颁布了国家标准 GB 13608—92《合理润滑技术通则》。

现代机械设备日益向大型、高速、连续和自动化方向发展，润滑不仅影响设备的寿命，而且关系到设备能否安全、连续运转，有时成为保证一些关键设备设计成功的技术关键。为了实现有效润滑，就必须根据摩擦副的工作条件，正确选用润滑材料、润滑方式、润滑装置和进行润滑的设计计算。

第一节 润滑原理

润滑就是在相对运动的摩擦接触面之间加入润滑剂，使两接触表面之间形成润滑膜，变干摩擦为润滑剂内部的分子间的内摩擦，以达到减小摩擦，降低磨损，延长机械设备使用寿命的目的。通常，润滑的基本作用可以归纳为：控制摩擦；减小磨损；冷却降温；密封隔离；阻尼振动；防止腐蚀及保护金属表面等。

一、润滑的分类

根据润滑膜在摩擦表面间的分布状态，润滑可分类如下。

（一）无润滑

在具有相对运动的两表面之间完全没有任何润滑介质，处于干摩擦状态，称为无润滑。由于干摩擦系数可以高达 0.5 以上，因此使接触面间产生剧烈的摩擦和磨损。

（二）液体润滑

在摩擦表面形成足够厚度和强度的润滑油膜，这层润滑油膜将摩擦表面凹凸不平的峰谷完全淹没，相对运动的摩擦表面被完全隔开，使原来两摩擦表面之间的"外摩擦"转变为润滑油膜内部分子之间的"内摩擦"，而完全改变了摩擦的性质，这种润滑被称为液体润滑。

液体润滑时的内摩擦系数，就是油液的黏度。为了便于与其他润滑状态进行比较，若计算为外摩擦系数，其值一般在 0.001～0.01 范围内或更小。

（三）边界润滑

摩擦表面上仅存在一层很薄的油膜。这层油膜靠静电吸引和分子吸引牢固地吸附在金属表面上，不能自由运动，其厚度甚至不到 $0.1\mu m$，是有润滑和无润滑的最后分界，所以称为边界润滑。

边界润滑的摩擦系数一般只有 0.03～0.1，这仍然大大小于干摩擦系数。因此，边界润滑在润滑中也占有相当重要的地位。

（四）半液体与半干润滑

由于摩擦表面的粗糙度不同，载荷、速度的变化（如启动、制动、反转、冲击等）等因素的影响，有时数种润滑状态同时或者先后在一个摩擦副内出现，使摩擦系数在很大范围内变动，呈现一种不稳定状态。在液体润滑状态下，若液体膜遭受的破坏比例不大，则属于液体润滑和边界润滑之间的一种润滑状态，称为半液体润滑。而在边界润滑的情况下，若边界膜遭到的破坏程度不太严重，就出现边界润滑和无润滑之间的一种润滑状态，称为半干润滑。这种润滑状态会使摩擦系数大幅上升，出现发热和磨损加剧，是应当尽量避免的。

二、润滑原理

摩擦副在液体润滑状态下运行，这是一种理想的状态。但是如何创造条件，采取措施来形成和满足液体润滑状态则是比较复杂的工作。人们在长期的生产实践中不断对润滑机理进行了探索和研究，有的已经比较成熟，有的还正在研究。现就常见的液体润滑、边界润滑、固体润滑等的润滑原理进行简单的介绍。

（一）液体润滑原理

根据液体润滑膜产生的方式，可以分为液体动压润滑和液体静压润滑两类。

1. 液体动压润滑

通过摩擦副的相对运动将润滑油带入摩擦表面，由于润滑油的黏性和油在摩擦副楔形间隙中形成的流体动力作用而产生油压，即形成承载油膜，称为液体动压润滑。

为了阐明液体动压润滑的基本原理和条件，首先就润滑油在两块平板摩擦表面间的流动情况进行分析。

在图 2-1 中，两块平行平板Ⅰ与Ⅱ之间充满润滑油，若板Ⅱ固定不动，板Ⅰ以速度 u 做平行移动。此时，板间的润滑油由于具有一定的黏度和油性，与板Ⅱ接触的油层能较牢固地吸附在板的表面，所以此层油层的流速为零；与板Ⅰ接触的油层的流速和板的速度相同，即流速为 u。而在油膜中，各油层的流速，随着与板Ⅰ的距离增加而逐渐递减，呈线性规律分布。如果润滑油入口处、出口处以及任意断面处各层油的流速变化呈完全相同的直角三角形，即通过各截面的润滑油量都是相等的。在这种情况下，油膜内各点的压力都是相同的。如果两平板边缘的压力与外界压力相等，即 $p_a = 0$，

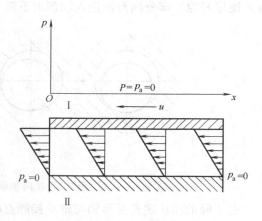

图 2-1　液体的速度流动

则两平板间各点上的压力也都为零。这种由于两平行平板间相对滑动时引起的油层的流动，称为速度流动。这种速度流动不可能建立油膜压力，两平板间的油膜也不可能承受载荷。

而在图 2-2 中，平面平板和曲面板组成的摩擦副具有收敛楔形间隙。曲面板Ⅱ固定不动，平板以滑动速度 u 沿着箭头所示方向相对曲面板Ⅱ移动，同时将润滑油由楔形间隙的大口带向小口，即沿着运动方向间隙逐渐变窄。这时，如果油膜中各个截面的流速沿油膜厚度方向的分布和上述的图 2-1 速度流动一样，仍依三角形变化，则截面 a—a、b—b、c—c 等处三角形的面积不相等，也即在各截面处单位时间内的流量不相等。油进入截面 c—c 的流量将大于通过截面 a—a 的流量，油在流动中受到挤压，楔形间隙中油压逐渐增高，使平板向上抬起。但平板本身的质量和承受的载荷 W 又阻止平板的抬起，与此同时楔形间隙中的油

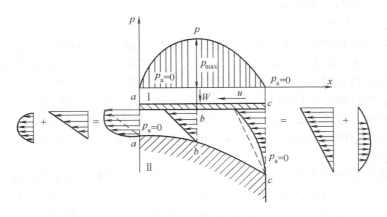

图 2-2 动压润滑油膜承载

向两端挤压，从而产生压力流动，把截面 c—c 的流速减弱，截面 a—a 的流速增加（如图 2-2 上截面 a—a、c—c 上的抛物线流速所示）。

若油膜进出口处的压力与外界压力相等，即 $p_a = 0$，则在油膜中间部分产生高压，其压力变化情况如图 2-2 所示。由于油膜中存在压力，所以具有承受载荷的能力。

再来研究滑动轴承副的动压形成过程，如图 2-3 所示，轴瓦与轴颈之间存在间隙，在静止时轴颈的中心低于轴承的中心，轴颈与轴瓦的下部直接接触，在轴颈和轴瓦的上部及两侧都形成了弯月形的楔形间隙。开始启动时，由于润滑油黏附在轴颈表面随轴一起旋转，油被带入楔形间隙，部分润滑油进入轴颈的下部［见图 2-3（b）］。

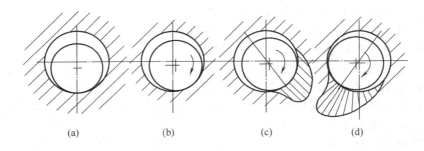

(a)   (b)   (c)   (d)

图 2-3 径向轴承动压润滑的启动过程

由于润滑油在这里受到轴与轴承接触点的阻碍，油就沿轴向流向轴承的两端。如果油的黏度足够，则润滑油在轴承间隙中沿轴向流动时就会受到阻碍，必须经过很大的压力降，油才可以流出。这样，当油从弯月形的较大面积流向尖端后，就集结在尖端而产生油压，在轴与轴瓦之间便形成特殊的油楔。随着轴的转速增加，进入楔形的油量越来越多，产生的油压也越来越大，轴就在旋转中逐渐抬起［见图 2-3（c）］，轴颈表面和轴瓦分开，从而在两者间形成一定厚度的油膜，但这是一个不稳定的状态。随着转速的升高，轴的中心要左移，当轴的转速到达一定数值时，轴的中心与轴承中心逐渐靠近［见图 2-3（d）］，达到液体润滑的稳定的动平衡状态。

2. 液体静压润滑

从外部将高压液体强制送入摩擦副的油腔中去，利用液体的压强使两摩擦表面在未开始做相对运动前就被隔开，强制形成油膜，从而形成液体润滑状态，称为液体静压润滑。

图 2-4 所示为液体静压轴承的润滑。轴承具有 4 个对称油腔，在油腔与油腔之间是作为

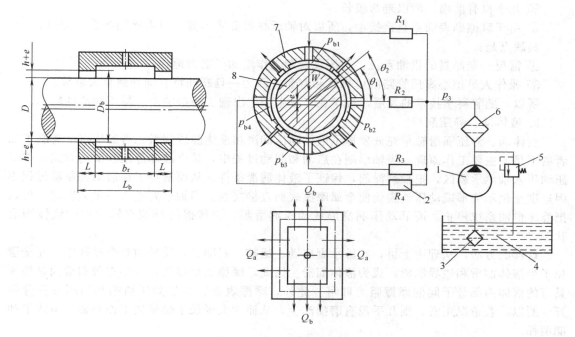

图 2-4　静压轴承的原理

1—油泵；2—节油器；3—粗过滤器；4—油箱；5—溢流阀；6—精过滤器；7—轴承套；8—轴颈

圆周方向封油的轴瓦内表面。油腔至轴承两端面设有轴向封油面。轴承直径与轴颈直径之间有一个间隙 $2h＝D-d$，h 称为转轴与轴承的半径间隙。

从图 2-4 中可以看出，油泵供出的润滑油经过过滤器后，分别从与轴承的各个油腔相串联的节流阻尼器（R_1、R_2、R_3、R_4）进入轴承的各个油腔，把轴浮起在轴承的中央。轴在没有承受载荷的时候，轴与轴承四周有一个厚度相同的油膜，各个油腔的压力相同。轴在受到一个径向载荷 W（包括轴的质量）的作用时，轴颈将顺着 W 的方向偏向一边，即与载荷 W 的方向相同的一边的轴承间隙减小，另一边间隙增大。由于轴承每个油腔串联有节流阻尼器，在轴承间隙减小的地方，相应油腔的压力 p_{b3} 便增大。在间隙增大的地方，相应油腔的压力 p_{b1} 便减小。这样，轴在载荷上下两个方向所受到的液体压力就不平衡，也就是出现压力差。正是这个压力差与轴所受的径向载荷 W 平衡，这样轴受到载荷 W 后仍能处于平衡，从而保持液体润滑状态。

由上述分析可知，静压轴承是靠高压油流经阻尼器输入到油腔的油压力（静压力）差来承受载荷的，其工作条件是：必须有足够流量和压力的供油系统。轴承要有微小的封油间隙，使油腔内形成油液的压力。油腔必须与起调压作用的节流阻尼器连接。当轴承载后，在载荷上下方向出现压力差来抵抗所受载荷，使轴颈能悬浮在油液中保持平衡，从而形成液体静压润滑。

由分析可以看出，液体动压润滑和液体静压润滑的形成特点是不同的，液体静压润滑的承载能力与供油压力大小有关，而与轴的转速、间隙、载荷大小关系不大。

与液体动压润滑相比，液体静压润滑有以下优点。

① 应用范围广、承载能力高。因为流体膜的建立和保持与摩擦副表面的相对滑动速度无关，故可以用于各种相对速度的摩擦副。承载能力决定于供油压力，故可有较高的承载能力。

② 摩擦系数比其他的润滑形式都低并且稳定。

③ 几乎没有磨损，所以寿命极长。

④ 由于摩擦副表面不直接接触，所以对轴承材料要求不高，只需比轴颈稍软即可。

其缺点是：

① 需要一套昂贵的供油系统，液压泵长期工作增加了动力消耗；

② 操作人员担心高压管路的可靠性和寿命，因为一旦断油将立即导致重大事故。

所以，随着科学技术的发展，近年在工业生产中出现了新型的动、静压润滑的轴承。

3. 液体动、静压润滑

液体动、静压润滑轴承充分发挥了液体动压润滑和液体静压润滑二者的优点，克服了二者的不足。主要工作原理：当轴承副在启动和制动过程中，采用液体静压润滑的方式，将高压油压入轴承承载区，把轴颈浮起，保证了液体润滑条件，从而避免了在启动和制动过程中因速度变化不能形成动压油膜而使金属摩擦表面直接接触。当轴承副进入稳定运转时，可以把静压供油系统停止，而靠动压润滑形成动压润滑膜，仍能保持轴颈在轴承中的液体润滑状态。

这样的方法，从理论上讲，在轴承副启动、运转、制动、正反转的整个过程中，完全避免了半液体润滑和边界润滑，成为液体润滑。因此，摩擦系数很低，只要克服润滑油黏性所具有的液体内部分子间的摩擦阻力即可。此外，摩擦表面完全被静压油膜和动压油膜分隔开，所以，若情况正常，则几乎没有磨损产生，从而大大延长了轴承的工作寿命，节约了动能消耗。

（二）边界润滑原理

在机械运转中，纯粹的干摩擦通常是不允许的，而纯粹的液体润滑由于制造成本和使用条件的限制，其应用也不是太多。除此以外，几乎各种摩擦副在做相对运动时都存在着边界润滑状态，可以说边界润滑是一种极为普遍的润滑状态。就是精心设计制造的液体动压润滑，在启动、制动、载荷剧烈变动以及温度过高的情况下，都会出现边界润滑状态。

边界润滑的核心在于摩擦副表面形成的边界润滑膜。这层膜极薄，不到 $0.1\mu m$，但是实验表明它能抵抗高达几百兆帕的压强而不破裂，即使局部地方被压破，只要润滑剂能得到及时补充，膜也会很快恢复。

边界膜的润滑性能主要取决于摩擦表面的性质以及润滑剂中的油性添加剂、极压添加剂对金属摩擦表面形成的边界膜的结构形式，而与润滑油的黏度关系不大。

按边界膜的形成结构形式的不同，边界膜分为吸附膜和反应膜两大类。它们的生成条件和作用机理各不相同。

1. 物理吸附膜

润滑油中的极性分子，特别是长链极性分子，在静电吸引力和分子吸引力作用下，能够牢固地吸附在金属的表面形成一层吸附膜，这种现象称为物理吸附。

润滑油是由无数包含大量分子的小分子团组成。在各分子团内部的分子相互平行并有一定的方向性，而各分子团之间则是无序的，也没有方向性，如图 2-5 所示。

图 2-5　润滑油的分子定向结构

在润滑油与金属的界面上，这些分子团由于受金属表面分子的分子吸引力作用而构成吸附层后，所有极性分子就形成垂直于金属表面的定向排列分子栅结构，如图 2-6（a）所示。

图 2-6（b）所示为单层和多分子层吸附后的定向排列结构。当单层吸附饱和后，极性分子在金属表面紧密排列，使分子间的内聚力增大，吸附膜具有一定的承载能力，能有效地防止两摩擦表面的直接接触，起到润滑作用。

从图 2-7 可以看到，当摩擦副发生相对运动的时候，表面吸附的极性分子会朝运动相反的方向倾斜并略微弯曲，很像两把刷子做相互运动一样，可见边界润滑时的摩擦发生在两表面吸附的极性分子油膜之间。

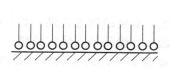 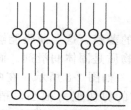 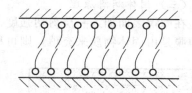

(a) 单分子层吸附膜的定向结构　　(b) 多层分子吸附膜的定向结构

图 2-6　边界层的定向排列结构　　　　　图 2-7　单分子吸附膜的润滑作用模型

润滑过程中，极性分子能在金属表面形成良好吸附膜的这种性能就是所谓的"油性"。润滑油油性的好坏，与油中极性分子的分子链长短有关。极性分子越多、分子链越长，则油性越好。一般动物脂肪的油性最好，植物油次之，矿物油最差。

物理吸附对温度很敏感，当温度上升时，分子活性增加，从而使吸附牢固程度下降。所以，物理吸附只能用在工作温度较低、相对滑动速度不高的摩擦副中。但其吸附与脱附是完全可逆的。

2. 化学吸附膜

极性分子首先物理吸附在金属表面上，然后通过极性分子的有价电子与基体表面的电子发生交换而产生的化学结合力，使金属皂的极性分子定向排列，吸附在金属表面上，这个过程成为化学吸附。这时，一方面，金属离子仍保持在原来的晶格上，仍保留着一部分原有分子的物理性能；另一方面，皂分子中的有机部分仍保留着其原来的类似硬脂酸分子的长链。所以，化学吸附同完全的化学反应是不一样的，而且这种吸附是可逆的，不断有脱附和新的分子吸附上去，这也是和完全的化学反应不一样。由化学吸附生成的金属皂（例如硬脂酸铁）是一种具有低剪切强度的固体物，在低于皂熔点的温度时，具有良好的润滑性能。

化学吸附比物理吸附更牢固。但是，化学吸附需要能量，故随温度升高吸附增强，但温度过高时容易脱落。所以化学吸附膜在中等的温度、载荷以及相对滑动速度条件下，具有良好的润滑性能。在温度较高和高速重载的条件下皂膜不易保持。

3. 化学反应膜

摩擦副处于重载、高温、有冲击载荷条件下的状态称为极压状态。在极压状态下，吸附膜（物理吸附膜、化学吸附膜）的吸附可靠度下降，膜的抗压性能也很差，极易被压破。但是，如果在润滑油中加入含有硫、磷、氯等元素的极压添加剂，极压添加剂与金属摩擦表面起反应生成一层化学反应膜，则将两摩擦表面分隔开，并起到降低摩擦系数、减缓磨损，达到润滑的作用。

化学反应膜比吸附膜耐高温、高压、高速的性能强得多，更具有低剪切强度。因此，在极压状态下，具有低的摩擦系数（通常在 0.1～0.5），能有效地防止金属表面直接接触，形成稳定的边界润滑状态。在有效的边界润滑情况下，反应膜的厚度为十到数十纳米。

在负荷过高或者有冲击载荷的作用下，反应膜可能局部被压破，这时油中的极压添加剂分子又会在新露出来的那部分金属表面上生成新的反应膜。其实，极压润滑的过程，也就是原有的一层极压膜破裂后，又再次建立起新的一层极压膜的过程。这个过程的反复循环，使金属表面受到化学腐蚀，所以，在极压润滑时金属的磨损比前两种吸附膜润滑时要大。

极压润滑主要用在如汽车齿轮、轧钢设备中的大部分齿轮传动等高速、高温以及重载等工况下。

（三）固体润滑原理

在摩擦表面加入一层剪切强度很小的薄膜，这层薄膜能够起到减摩的润滑效果。如果这层薄膜是由固体物质来充填，则可称该物质是固体润滑剂。而这层薄膜就是固体润滑膜。

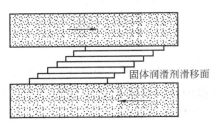

固体润滑剂滑移面

图 2-8　作为固体润滑剂的滑移模型

如图 2-8 所示，在两摩擦表面之间有固体润滑剂，它的剪切阻力很小，稍有外力，分子间就产生滑移。这样就把两个摩擦表面的外摩擦力变为固体润滑剂分子间的内摩擦力。固体润滑有两个必要条件，首先是固体润滑剂分子之间应具有低的剪切强度，很容易产生滑移；其次是固体润滑剂要能和摩擦表面有较强的亲和力，在摩擦过程中，总是使摩擦面上始终保持着一层固体润滑剂膜，而且这层固体润滑膜不腐蚀金属表面。一般在金属表面是机械附着的，但也有形成化学附着的。具有上述性质的固体物质很多，例如石墨、滑石粉以及二硫化钼等。

第二节　润滑材料

凡是能够在相对运动的摩擦表面间起到减小摩擦、降低磨损的物质，均可以称为润滑材料。润滑材料按形态大致可以分为四大类。

（1）液体润滑材料　主要是矿物油和各种植物油、乳化液和水等。近年来性能优异的合成润滑油发展很快，得到广泛的应用，如聚醚、二烷基苯、硅油、聚全氟烷基醚等。

（2）塑性体及半流体润滑材料　主要是由矿物油及合成润滑油通过稠化而成的各种润滑脂和动物脂，以及近年来试制的半流体润滑脂等。

（3）固体润滑材料　如石墨、二硫化钼、聚四氟乙烯等。

（4）气体润滑材料　如气体轴承中使用的空气、氮气和二氧化碳等。

而矿物油和由矿物油稠化而得的润滑脂是目前使用最广泛、使用量最大的两类润滑材料，主要是因为来源稳定且价格相对低廉。

通常，制造厂对其生产的设备在说明书上都附有润滑保养规程，其中包括对润滑材料的规定。但是，当设备的安装使用条件改变时，原来规定的润滑材料就不一定适用了。随着科学技术的发展，特别是近年来对摩擦学的研究和发展，新型的润滑材料不断涌现。这就要求掌握各种润滑材料的性能、选用和使用方法。

一、润滑油

矿物润滑油是目前最重要的一种润滑材料，占润滑剂总量的 90% 以上。它是利用从原油提炼中蒸馏出来的高沸点物质再经过精制而成的石油产品。矿物油往往作为基础油，通过加入添加剂而成为常用的润滑剂，按所有润滑剂的质量平均计算，基础油占润滑剂配方的95％以上。

除矿物油以外，还有以软蜡、石蜡等为原料用人工方法生产的合成润滑油。植物油和蓖麻子油用于制取某些特种用途的高级润滑油。

（一）润滑油的理化指标及技术性能

1. 外观

质量优良的油，首先应当给人以良好的外观感觉，这是十分重要的。油品质量的优劣，很大程度上可以从外观察觉，特别是进入商品市场，油品的外观就显得更为重要。

（1）颜色　通常油品的精制程度越高，颜色越浅。黏度低的油，颜色也较浅。但某些高黏度的油品虽然精制程度较高，其颜色依然较深。润滑油在使用过程中，由于杂质污染以及氧化变质都会逐渐使颜色变深甚至发黑，因此从油品的颜色变化情况可以大致判断油品的变质程度。

（2）透明度　质量良好的油品应当有较好的透明度，轻质油的透明度更好（乳化油除外）。油中含有的水分、气体杂质及其他外来成分，都会影响油的透明度。

（3）气味　优良的油品在使用过程中不应当散发出带有刺激性或者使人不愉快的臭气。简单的检验方法是将油品盛入烧杯，加热至 80℃，在搅动中靠近烧杯附近，不应闻到刺激性的臭味。

2. 黏度

润滑油是一种黏性液体，必须施加一定的外力，才能克服其阻力而发生流动，这种内阻力就是液体内部的内摩擦力，内摩擦阻力的大小通常用黏度来表示。黏度越高流动性越差，不易渗入间隙较小的摩擦副中去，但也不易被从摩擦副中挤压出来，因而油膜承载能力高。但高黏度的润滑油其内摩擦阻力也大，油温容易升高，设备的功率损耗也高。而黏度低的润滑油则正好相反。所以黏度是润滑油的一项非常重要的指标，在选择润滑油时，通常以黏度为主要依据。

黏度可以用绝对黏度和相对黏度表示。

（1）绝对黏度　绝对黏度又有动力黏度和运动黏度两种表示方法。

① 动力黏度。黏度实质上反映了流体内摩擦力的大小。如图 2-9 所示。在两平行平板间充满黏性流体，当一块板以速度 u 相对于另一块平板做相对移动时，黏附在上下两表面的流体具有与该表面相同的速度。在层流状态时，中间各相邻层的速度

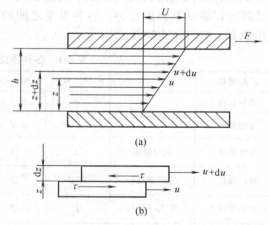

图 2-9　平行平板间的黏性牵引力

近似呈线性递减。若距离为 dz 的相邻两层流体的剪应力（即内摩擦力）为 τ，根据牛顿黏性定律下式成立，即

$$\tau = \eta \frac{du}{dz} \tag{2-1}$$

$$\eta = \frac{\tau}{\frac{du}{dz}} \tag{2-2}$$

式中 $\dfrac{\mathrm{d}u}{\mathrm{d}z}$——相邻两层流体的速度梯度；

η——动力黏度，Pa·s（帕·秒）。

② 运动黏度。在同一温度下流体的动力黏度与密度的比值称为运动黏度，用符号 ν 表示，即

$$\nu = \eta / \rho \tag{2-3}$$

式中 ν——运动黏度，m^2/s；

η——动力黏度，Pa·s；

ρ——液体的密度，$\mathrm{g/cm}^3$。

运动黏度的工程实用单位为 mm^2/s，$1\mathrm{mm}^2/\mathrm{s}=10^{-6}\,\mathrm{m/s}$。以前规定测定运动黏度的标准温度为 50℃ 和 100℃，现在采用 ISO 标准，规定为 40℃。运动黏度的测定比较方便，按照国家标准 GB/T 265—88，用毛细管黏度计在恒温浴中，测量油样在毛细管中的流动时间再乘以毛细管的校正值。通常用运动黏度表示润滑油的牌号。

（2）相对黏度　除了绝对黏度以外，还有相对黏度（条件黏度）。各国采用的测定相对黏度的黏度计不同，因而相对黏度有恩氏、赛氏和雷氏黏度等几种。中国采用恩氏黏度，代表符号（°E），测定方法按照 GB/T 266—88。

$$°E = t_1 / t_2$$

式中 t_1——200mL 蒸馏水从恩氏黏度计流出所需要的时间，s，一般是 51s；

t_2——200mL 实验油从恩氏黏度计流出所需要的时间，s。

此外，还有赛氏黏度（代表符号为 S.U.S 或者 SSU），雷氏黏度（代表符号为 R）。在商业上世界各国采用的相对黏度不完全相同，但现在世界各国都统一用运动黏度来标注润滑油的牌号以表示其黏度范围。各种黏度之间的数值可以互换，最简单的方法就是查表，也可以用表 2-1 中的公式换算。

表 2-1　各种黏度单位及换算公式

黏度名称	又　名	符　号	单　位	采用国家	与运动黏度 ν 的换算公式
动力黏度	绝对黏度	η	Pa·s	前苏联	$\eta = \nu\rho$
运动黏度		ν	mm^2/s	中、前苏联、英、美、日	$\nu = \dfrac{\eta}{\rho}$
条件黏度	相对黏度	°E	度	中、欧洲	$\nu = 7.31°E - \dfrac{6.31}{°E}$
赛氏黏度	通用赛氏秒	SSU	秒	美、日	$\nu = 0.22(\mathrm{SSU}) - \dfrac{180}{\mathrm{SSU}}$
雷氏黏度	雷氏一号秒	″R	秒	英	$\nu = 0.26″R - \dfrac{172}{″R}$
巴氏度	巴洛别度	°B	度	法	$\nu = \dfrac{4580}{°B}$

3. 润滑油的其他性能指标

（1）闪点　在规定条件下加热润滑油，当油蒸气和空气的混合气体与火焰接触时发生闪火现象的最低温度称为闪点。闪点是润滑油的一项安全指标，要求润滑油的工作温度低于闪点 20~30℃。

（2）凝点　润滑油在规定条件下冷却到失去流动性时的最高温度称为凝点。中国北方冬季，特别是那些安装在露天的设备，应注意选择凝点比环境温度低的润滑油。

（3）抗乳化度　润滑油与水接触并搅拌后，能迅速分离的能力称为抗乳化度。对工作在

潮湿环境中可能有水进入的摩擦副用润滑油，应考虑此项指标。

此外还有抗氧化安定性、热氧化安定性、抗磨性等多项性能指标。

（二）常用润滑油的性能和用途

过去国产的润滑油均按50℃和100℃时的运动黏度划分油的标号，现在采用ISO标准，一律按40℃时的运动黏度划分油的标号，标号的数值就是润滑油在40℃时的运动黏度的中心值。例如，新标号N32在40℃时的运动黏度中心值就是$32mm^2/s$，其误差范围为10%，即$28.8\sim35.2mm^2/s$。为了与旧标号相区别，新标号前都加"N"作为一种过渡。

1. 普通机械油

普通机械油是没有添加油性或极压添加剂的润滑油，它仅适用于载荷、转速及温度都不高的一般无特殊要求的轴承、纺织机锭子、齿轮及其他工作条件类似的机械的润滑。其中N5、N7、N10三种是高速机械油，用于高速轻载的机械的润滑。普通机械油的润滑性能、抗氧化、抗泡沫及防锈性能均较差，这是几乎没有添加什么改善性能的添加剂的缘故。这类低性能的润滑油今后将逐步被淘汰。普通机械油的牌号及主要质量指标见表2-2。

表 2-2　普通机械油的牌号和性能

项目	新标号	旧标号	运动黏度（40℃）/(mm²/s)	凝点/℃ ≤	闪点(开口)/℃ ≤	残炭/% ≤	灰分/% ≤	机械杂质/% ≤	酸值(KOH)/(mg/g) <
高速机械油	N5	(HJ4)	4.14～5.06	−10	110	—	0.005	无	0.04
	N7	(HJ5)	6.12～7.48	−10	110	—	0.005	无	0.04
	N10	(HJ7)	9.0～11.0	−10	125	—	0.005	无	0.04
机械油	N15	(HJ10)	13.5～16.5	−15	165	0.15	0.007	0.005	0.14
	N22	无	19.8～24.2	−15	170	0.15	0.007	0.007	0.14
	N32	(HJ20)	28.8～35.2	−15	170	0.15	0.007	0.007	0.16
	N46	(HJ30)	41.4～50.6	−10	180	0.25	0.007	0.007	0.2
	N68	(HJ40)	61.2～74.8	−10	190	0.25	0.007	0.007	0.35
	无	(HJ50)							
	N100	无	90.0～11.0	0	210	0.5	0.007	0.007	0.35
	无	(HJ70)							
	N150	(HJ90)	135～165	0	220	0.5	0.007	0.007	0.35

2. 通用型机床工业用润滑油

通用型机床工业用润滑油由于加入了一定量的油性及抗氧化防锈等添加剂，所以抗磨、抗氧化、防锈以及抗乳化性能均优于普通机械油，可使机械的磨损减小、润滑油的温升降低，可以防止设备锈蚀及提高机床的加工精度，而且润滑油的使用寿命也比普通机械油提高一倍。这是取代普通机械油的新油品。

通用型机床工业用润滑油适用于一般机床的主轴箱、齿轮箱、液压系统等，或者工作条件类似的其他机械设备的油浴润滑、飞溅润滑和循环润滑。通用型机床工业用润滑油的牌号及主要性能见表2-3。

3. 齿轮油

按国家标准GB/T 7631.7—1995将工业齿轮油分为两大类，即闭式齿轮润滑剂和开式齿轮润滑剂，属于润滑剂和有关产品L类的分类。

（1）闭式齿轮油　其黏度等级按照GB/T 3141—94分级。质量分级如下。

① CKB 齿轮油。是精制矿物油，加有抗氧化防腐蚀添加剂和抗泡添加剂，用于轻负荷运转的齿轮。

表 2-3　通用型机床工业用润滑油的牌号和性能

标号	运动黏度中心值 (40℃±10％) /(mm²/s)	黏度指数 >	运动黏度 (1500mm²/s 时温度)/℃ <	倾点 /℃ <	闪点(开口) /℃ >	灰分 /％ <	机械杂质 /％ <	氧化安定性酸值到 2mg KOH/g /h <
N15	15	90	0	−9	160	0.005	0.005	1000
N22	22	90	0	−9	160	0.005	0.005	1000
N32	32	90	0	−6	180	0.005	0.005	1000
N46	46	90	0	−6	180	0.005	0.005	1000
N68	68	90	0	−6	200	0.005	0.005	1000
N100	100	90	5	−6	200	0.005	0.005	1000

② CKC 齿轮油。是在 CKB 油中加有极压抗磨添加剂，用于保持在正常或中等恒定温度和重负荷下运转的齿轮。

③ CKD 齿轮油。是在 CKC 油中加入提高热氧化安定性的添加剂，能用于较高温度和重负荷下运转的齿轮。

④ CKS 齿轮油。是具有低摩擦系数的，用于蜗轮蜗杆的润滑油。

⑤ CKT 齿轮油。是在 CKS 油中加有极压添加剂，用于更低或者更高温度下的重负荷运转的齿轮。

（①～③的齿轮油是经常使用的油品）

（2）开式齿轮油　质量分级如下。

① CKH 齿轮油。含有沥青的抗腐蚀性产品，用于中等环境温度和轻负荷下运转的齿轮。

② CKJ 齿轮油。是在 CKH 油中加入极压添加剂，用于重负荷下运转的齿轮。

齿轮的运行条件规定为：轻负荷即齿轮的接触压力小于 500MPa，齿面的滑动速度小于 1/3 齿轮节圆速度；重负荷即齿轮的接触压力大于 500MPa，齿面的滑动速度大于 1/3 齿轮节圆速度；更低温度即低于 −34℃，低温即 −34～16℃，正常温度即 −16～70℃，中等温度即 70～100℃，高温即 100～120℃，更高温度即高于 120℃。

4. 轴承油

轴承油主要用于滑动轴承，这类油要求黏度稳定，长期运行有一定的防腐蚀性能。它是用高度精制的矿物油为基础油，添加抗氧化、抗泡以及适量的油性添加剂而制成的。

轴承油质量指标是 SH/T 0017—90。L-FC 型为抗氧化防锈型，L-FL 型加有抗磨添加剂，可以用于机床的主轴轴承。

除以上润滑油外，还有汽油机油、柴油机油、仪表油、汽轮机油、油膜轴承油、钢丝绳油、空气压缩机油以及冷冻机油、真空泵油、变压器油甚至电子计算机用油等多项专用优质润滑油。

二、润滑脂

润滑脂是在润滑油（基础油）里加入起稠化作用的稠化剂，把润滑油稠化成具有塑性的膏状的润滑剂。

（一）润滑脂的主要理化性能

1. 滴点

国家标准 GB/T 4929 是测量滴点的标准，即润滑脂在测定器中受到加热后，滴下第一滴时的温度。滴点越高耐温性越好。

2. 锥入度

标志润滑脂的软硬程度。它是 150g 的标准圆锥体，从锥入度计上释放，5s 后锥体沉入润滑脂试样中的深度，以 0.1mm 为单位来计算锥入度。锥入度越大，则润滑脂越软，压送性越好，但在重负荷下容易从摩擦表面间被挤出来。锥入度是选择润滑脂的一项重要指标。

3. 稠化剂

稠化剂对润滑脂的性能影响很大，如钙皂稠化出来的钙基脂不耐高温，而钠皂稠化出的钠基脂不耐水湿环境。稠化剂还是润滑脂命名的依据，例如钠皂稠化出来的称钠基脂，钙钠两种皂稠化出来的称钙钠基脂，复合钙基脂则是钙皂再加复合剂稠化的，二硫化钼锂基脂则是用脂肪酸锂皂稠化再加极压添加剂二硫化钼制成。还有合成润滑脂，如合成锂基脂是用合成脂肪酸锂皂作稠化剂。另外，有一类合成润滑脂是以合成润滑油做基础油加稠化剂制成。

此外，反映润滑脂理化性能的还有机械杂质、蒸发量、储存安定性、含皂量、水淋流失量、相似黏度、氧化安定性、机械安定性、胶体安定性、灰分以及水分等多项指标。

(二) 常用润滑脂的性能和用途

国产常用润滑脂的牌号及性能见表 2-4。目前国内多数企业使用的润滑脂还是以钙钠基等低性能润滑脂为主，这两类润滑脂虽然相对来说价廉，但性能差，润滑效果不好，换油周期短，其结果是耗量大、设备寿命降低，从而降低了设备的作业率，增加了零配件的消耗，从经济角度来衡量是不合算的。而锂基脂的性能则比较好，特别是采用 12-基硬脂酸锂皂稠化的锂基脂，滴点较高、抗水性好，对各种添加剂的感受性也好，尤其是机械安定性优异，而且对金属表面的黏附力较强，由于锥入度适中，因而泵送性好，是目前较为理想的一种多用途长寿命润滑脂。

目前已研制成功完全替代进口的锂基脂，但部分企业和设计部门对使用高性能润滑脂的意义认识不足，所以国内锂基脂的消耗量所占比例不是很大，需要大力加以提倡。

除锂基脂外，合成符合铝基脂与膨润土脂在使用中也显示出较好的润滑性能。

三、高性能的合成润滑油、脂

合成润滑油是近似油的中性润滑材料，它并不直接由矿物油处理得来，而是用有机合成的方法制得。合成润滑油一般是由低分子组分经过化学合成为较高分子的化合物而制备的。合成润滑油的主要原料来源于石油、煤、页岩以及天然气，从中获得各种烯烃、烷烃、苯、酚、一氧化碳、甲醇等基本有机化工原料。此外有些原料来自动植物油脂和非金属矿物，如蓖麻油、椰子油、石英砂等。由于合成润滑油具有特定的分子结构，所以具有比矿物油更好的润滑性能。

合成润滑油种类繁多，能适应多种多样的特殊用途，如极高温、极低温或宽温度范围的润滑油，抗燃润滑油，极压润滑油和能抗辐射耐高真空环境的润滑油等。但由于其生产工艺一般比较复杂，使用的原料为化工原料或者石油化工多次加工的产品，因而生产成本比较昂贵，所以价格远高于矿物润滑油。虽然合成润滑油价格比矿物油高 3～10 倍，但在使用合成润滑油的总费用上，却显示了它的经济性。特别是由于合成油在满足某些矿物油无法满足的苛刻润滑条件方面的突出优点，所以国内外近年来已逐步从用于航天、军工而转入民用工业部门。今后在国内民用部门的应用必将日益扩大，表 2-5 列出了几种国产耐高温润滑油的性能。

表 2-4 常用润滑脂的牌号及性能

名　称	牌号	滴点 /℃ >	针入度 (25℃,150g) /(1/10mm)	水分 /% <	外观	主要性能和用途	备　注
钙基脂 (GB 491—65)	ZG-1	75	310～340	1.5	淡黄色到暗褐色均匀膏状	适于 70℃ 以下工作温度的摩擦部位和中、低速轴承,ZG-1 用于 55℃ 以下的自动给脂系统;ZG-2 用于轻负荷;ZG-3 用于中负荷;ZG-3、ZG-4 用于低速重负荷	曾用俗名:黄干油
	ZG-2	80	265～295	2.0			
	ZG-3	85	220～250	2.5			
	ZG-4	90	175～205	3.0			
	ZG-5	95	130～160	3.5			
复合钙基脂 (SYB 1407—59)	ZFG-1	180	310～350	0.1	淡黄色到褐色光滑透明膏状	使用温度应比滴点低 40～60℃。适于轧钢炉前设备、染色、造纸、塑料、橡胶加热滚筒等以及电机、车辆的滚动轴承和滑动轴承等	可用复合铝基脂代用
	ZFG-2	200	260～300	0.1			
	ZFG-3	220	210～250	0.1			
	ZFG-4	240	160～220	0.1			
石墨复合钙基脂	ZFG-S	180～240	160～350	0.1		性能及用途同复合钙基脂。主要特点是工作温度高于石墨钙基脂	(无锡炼油厂)
二硫化钼复合钙基脂	ZFG-E	180～240	160～350	0.1	灰黑色膏状	性能及用途同复合钙基脂,而抗磨抗极压性更好	(无锡炼油厂)
钠基脂 (GB 492—65)	ZN-2	140	265～295	0.4	淡黄色到暗褐色膏状	耐温高于钙基脂,但不耐水湿,不能用于有水及潮湿的环境。用于各种机械的摩擦部位如车轮及电机轴承农业机械等	可用合成钠基脂或锂基脂代用
	ZN-3	140	220～250	0.4			
	ZN-4	150	175～205	0.4			
合成钠基脂 (SYB 1410—60S)	ZN-1H	130	225～275	0.5	暗褐色膏状	特点与用途同钠基脂,但工作温度偏低一些	
	ZN-2H	150	175～225	0.5			
钙钠基脂 (SYB 1043—59)	ZGN-1	120	250～290	0.7	黄色到深棕色	耐温、耐水湿。用于各种机械的摩擦部位和各种轴承	曾称为轴承脂,可用锂基脂代用
	ZGN-2	135	200～240	0.7			
滚珠轴承脂 (SYB 1514—65)		120	250～290	0.75	黄色到棕褐色均匀膏状	具有良好的胶体安定性和机械安定性。适于 90℃ 以下的各种滚珠轴承,性能优于钙钠基脂	可用钙钠基脂或锂基脂代用
压延机脂 (GB 493—65)	ZGN40-1	80	310～355	0.5～2	黄色到棕褐色均匀膏状	具有良好的泵送性及抗极压性,适于压延及类似工作条件的机械集中润滑系统	
	ZGN40-2	85	250～295	0.5～2			
复合铝基脂 (Q/SY 1105—66)	ZFU-0	140	360～400	痕迹	淡黄色到暗褐色半透明膏状	具有良好的流动性,抗水性,机械安定性和耐高温的特点。适用于各种电动机、发动机、鼓风机、铁路运输及各种工业设备,也适用于冶金、化工、航运、采矿机械。使用时应使工作温度低于滴点 40℃	可用合成复合铝基脂或复合钙基脂代用(营口润滑油脂厂、成都石油化学厂、无锡炼油厂)
	ZFU-1	180	310～350	痕迹			
	ZFU-2	200	260～300	痕迹			
	ZFU-3	220	210～250	痕迹			
	ZFU-4	240	160～200	痕迹			

续表

名　称	牌号	滴点 /℃ >	针入度 (25℃,150g) /(1/10mm)	水分 /% <	外观	主要性能和用途	备　注
合成复合铝基脂 (Q/SY 1111—65)	ZFU-1H	180	310～340	痕迹	褐色或深褐色透明膏状	具有熔点高,机械安定性和胶体安定性强等特点。适用于铁路机车、汽车、水泵、电机等的轴承润滑	可用复合铝基脂或复合钙基脂代用
	ZFU-2H	200	265～295	痕迹			
	ZFU-3H	220	220～250	痕迹			
	ZFU-4H	240	175～205	痕迹			
二硫化钼合成复合铝基脂 (Q/SY 1116—70)	ZFU-0EH	140	340～380	痕迹	褐色到银灰色软膏	除具有前两种脂的特点外,由于加入了二硫化钼,而具有优良的润滑性能。适于冶金、煤炭、纺织、化工及其他高温潮湿的设备	(营口润滑油脂厂)
	ZFU-1EH	180	310～340	痕迹			
	ZFU-2EH	200	265～295	痕迹			
	ZFU-3EH	220	200～250	痕迹			
	ZFU-4EH	240	175～205	痕迹			
石墨钙基脂	ZG-S	80		2	黑色均匀膏状	具有良好的抗水、抗磨性,适于压延机、起重机、各种齿轮、汽车弹簧、矿山机械、钢丝绳等低速高负荷机械	可用 1 号或齿轮脂代用
锂基脂 (SY 1412—75)	ZL-1	170	310～340	痕迹	淡黄到暗褐色均匀膏状	具有一定的抗水性,较好的机械安定性。适于 -20～120℃ 范围的各种滚动及滑动轴承	可用合成锂基脂或复合铝基脂、复合钙基脂代用
	ZL-2	175	265～295	痕迹			
	ZL-3	180	220～250	痕迹			
	ZL-4	185	175～205	痕迹			
合成锂基脂 (Q/SY 1114—70)	ZL-1H	170	310～340	痕迹			
	ZL-2H	180	265～295	痕迹			
	ZL-3H	190	220～250	痕迹			
	ZL-4H	200	175～205	痕迹			
二硫化钼锂基脂(企业标准)	ZL-1E	175	310～340	无	灰黑色均匀膏状	除具锂基脂的性能外,由于加入了二硫化钼,具有优良的润滑性能和抗极压性	可用二硫化钼复合铝基脂、合成复合铝基脂代用(无锡炼油厂、成都石油化学厂)
	ZL-2E	175	265～295	无			
	ZL-3E	175	220～250	无			
	ZL-4E	175	175～205	无			
	ZL-5E	175	130～160	无			
二硫化钼合成锂基脂(Q/SY 1115—70)	ZL-0EH	170	340～380	痕迹			(营口润滑油脂厂)
	ZL-1EH	170	310～340	痕迹			
	ZL-2EH	180	265～295	痕迹			
	ZL-3EH	190	220～250	痕迹			
	ZL-4EH	200	175～205	痕迹			
精密机床主轴脂(锂基)	2#	180	265～295	无	浅黄色均匀膏状	具有抗氧化安定性,胶体安定性和机械安定性。适于各种精密机床	
	3#	180	220～250	无			
合成高温压延机脂(Q/SY 1112—66)	ZL6-1H	170	295～335	痕迹	暗褐色均匀膏状	具有良好的泵送性及抗极压性。适用于冶金机械的干油润滑系统	(营口润滑油脂厂)
	ZL6-2H	180	265～295	痕迹			
钡基脂 (SYB 1403—59)	ZB-3	150	200～260	无	黄褐色到褐色膏状	具有耐水、耐高温、高压性能。适用于抽水机、船舶推进器及高温、高压、潮湿环境的机械设备润滑	
膨润土脂(吉林油脂厂企业标准)	ZW-1	250	310～340	0.5	黄褐到黑色光亮均匀膏状	具有滴点高、平稳、黏温性能良好、机械安定性和抗水性好等性能。适于各种高温、潮湿环境下的机械润滑	
	ZW-2	250	265～295	0.5			
	ZW-3	250	220～250	0.5			

表 2-5　几种国产耐高温润滑油的性能

牌 号 名 称	闪点(开口)/℃	工作温度/℃	生 产 单 位
SL-301 合成高温润滑油	＞290	＜280	上海中华化工厂
SL-303 合成高温润滑油	＞290	＜280	
特种高温润滑油		500 左右	北京石油科学研究所

合成润滑脂是利用具有优异性能的合成润滑油稠化成的，因此也具有其他润滑脂所没有的独特优点，表 2-6 列出部分国产合成润滑脂的性能和牌号。

表 2-6　部分国产合成润滑脂的牌号及性能

牌 号 名 称	滴点/℃	针入度 (25℃，9.38g) / (1/10mm)	工作温度/℃		生 产 厂
			长期	短期	
7007 通用润滑脂	＞160	55～76	−60～120		重庆一坪化工厂
7008 通用润滑脂	＞160	55～76	−60～120		
7011 通用润滑脂	＞160	55～76	−60～120		
7014 高低温润滑脂	＞230	55～75	−60～200	＞200	
7015 高低温润滑脂	＞200	60～80	−70～180	＞200	
7016 高低温润滑脂	＞230	60～80	−60～200	＞250	
7017 高低温润滑脂	＞250	60～80	−50～250	＞250	
7018 高转速润滑脂	＞250	71	−50～150		
7019、7019-1 高温润滑脂	＞330	68	−20～150		
7020 窑车轴承脂	＞340	69	300		
高温极压轧钢机润滑脂	＞250	245	−20～200		北京石油科学研究所
7407 齿轮润滑脂	＞160	80			重庆一坪化工厂
BLN 半流体脂	＞250	400～430	−40～150		

四、润滑油、脂添加剂

为改善润滑脂的某些性能以及满足对各种特殊润滑的要求，提高油品的质量和使用性能，在油品中掺配少量某些物质（加入量百分之几到百万分之几），就能够显著地改善油品的某些性能，这种物质就称为添加剂。润滑油中使用添加剂的品种较多，而且还在继续不断地发展，性能也逐渐提高。目前常用的添加剂有以下几种。

（一）清净分散剂

清净分散剂被用来中和油品氧化后产生的酸性化合物，防止酸性化合物进一步氧化，并能吸收氧化物的颗粒，使之分散在油中。因此就可以抑制漆膜的生成，将已生成的积炭和漆状物从金属表面洗涤下来，不至于结垢或沉积在金属表面上。这类清净分散剂是一种抗氧化、抗腐蚀、抗磨多效能添加剂，主要应用在内燃机油中，其消耗量目前占全部润滑油添加剂 50％以上。

（二）抗氧化添加剂

抗氧化添加剂可防止油料氧化变质。抗氧剂加入润滑油中，可以减少油料吸取的氧气量，从而使润滑油与氧作用发生酸性化合物的生成率大大降低，阻止氧化反应，延长了油料的使用寿命。

抗氧剂多用在中低温度下运行的润滑油，如变压器油、汽轮机油、液压油、仪表油等。

（三）增黏剂

增黏剂加入油中能影响润滑油的黏度。当温度升高时，增黏剂的分子便"舒展"开来，防止了润滑油的黏度降低。在温度低时，增黏剂溶解度减小，分子又开始"蜷缩"成紧密的小团，所以对黏度的影响小，不至于润滑油在低温时黏度过于变大。

（四）油性添加剂

油性添加剂是用来改善油品在边界摩擦时的润滑性能，保持最小的磨损和低的摩擦系数。这类添加剂都是极性分子，定向地吸附在金属摩擦表面，形成牢固的油膜。这类油品在承受较高的压力时油膜不易破坏，加强了边界润滑的效果。

油性添加剂一般在边界润滑时起作用，但不能起极压润滑作用。

（五）极压添加剂

极压添加剂主要是含硫、磷、氯的有机极性化合物，这类化合物在常温时不起润滑的作用，在高压高温下能与金属表面形成比较牢固的化合物膜。它比金属的熔点低，当金属表面因摩擦而温度升高时，这层化合物膜就熔化了，生成光滑的表面，能减少摩擦和磨损。

此外，常见的添加剂还有防锈添加剂、降凝剂、抗泡剂、抗氧抗腐添加剂等。

五、固体润滑材料

固体润滑材料就是在两个有载荷作用的相互滑动表面间，用以减小摩擦、降低磨损的固体状态的物质。固体润滑剂涉及面很广，包括金属材料、无机非金属材料和有机材料等。这些材料各有优点，正处于不断发展过程中。通常可分为固体粉末润滑材料、黏结或喷涂润滑膜、自润滑复合材料3大类。

随着工业技术的发展，固体润滑材料也得到迅速地发展。固体润滑材料的适应范围比较广，从1000℃以上的白热高温到液体氢的深冷低温；无论是在严重腐蚀气体环境中工作的化工机械还是受到强辐射的宇航机械（如月球表面的工作机械）都能有效地进行润滑。

固体润滑剂的种类很多，但是理想而又优良的并不多。目前专用的较多，通用的较少。常见的固体润滑剂有石墨及其化合物、金属的硫化物、金属的氧化物、金属的溴化物、金属的硒化物、软金属、塑料、滑石、云母、玻璃粉、氮化硼等。

下面介绍几种常用的固体润滑剂。

（一）石墨

石墨是碳的同素异形体，外观呈黑色，有脂肪质滑腻感，分子结构为六方晶系的层状结晶，成鳞片状，层内的原子结合较强，层间的结合较弱，所以容易滑移；石墨的劈开面在常温下，具有吸附气体的能力，这种气体吸附层，促进了石墨的润滑性。石墨在干燥时摩擦系数较大，当吸收一定量的潮湿气（7%～13%），摩擦系数就显著降低（为0.15～0.20），石墨在真空中的润滑性极低，这与真空中水汽的蒸发消失有关。

（二）氟化石墨

新发展的氟化石墨的摩擦系数在27～344℃的温度范围内比石墨低；耐磨寿命比MoS_2或石墨长；作为塑料基自润滑材料的固体润滑剂填入组分，用氟化石墨也比用石墨或MoS_2的效果更好，耐磨寿命更长，极限PV值比较高，在高压、高温下性能优于石墨或MoS_2。

（三）二硫化钼（MoS_2）

外观呈黑灰略带蓝色，有滑腻感，分子结构为六方晶系的层状结晶构造，容易劈开成鳞片状，这种劈开是由于硫原子与硫原子相互结合面的滑移所产生。在1098℃真空中，在1427℃氩气中仍能润滑，在-184℃低温或更低时也可润滑。MoS_2中的硫原子与金属表面的附着、结合能力是相当强的，并能生成一层牢固的膜，这层膜应小于 $2.5\mu m$ 以下，能够耐 2800MPa 以上的接触压力，能耐 40m/s 的摩擦速度。当接触压力高达 3200MPa 时，不会使金属接触表面发生黏着，摩擦系数根据使用条件不同，一般为 0.03~0.15。

（四）聚四氟乙烯（PTFE）

聚四氟乙烯是一种工程塑料。也是氟化乙烯的聚合物，它本身具有自润滑性，誉为"塑料之王"，耐温性能和自润滑性能在目前一般塑料中是最好的一种（可达 250℃）。因此可以代替金属制成某些机械零件或作为密封材料。聚四氟乙烯可以作为填料掺入到各种塑料材料中，从而明显地提高其摩擦性能和 PV 值。

六、润滑油脂的选用

在工矿企业的设备事故中，润滑事故占很大的比重，而润滑材料选用不当又是引起这些事故的一个重要因素。但是，对机械设备的各种摩擦副来说，由于工作条件千差万别，因而必须具体情况具体分析，这里只能提出一些原则性的建议。近年来，随着国内一些性能优良的新型润滑油脂和固体润滑材料的问世，解决了设备润滑中的许多难题，值得推广和应用。

（一）润滑材料种类的选择

在各种润滑材料中，润滑油的内摩擦较小，形成油膜比较均匀，特别是对摩擦副具有冷却和冲洗作用，清洗换油和补充加油又比较方便，废油还能再生利用，所以对多数摩擦副应优先选用润滑油。

对长期工作而又不易经常换油、加油的部位或不易密封的部位，应尽可能选用润滑脂；摩擦面处于垂直或非水平方向要选用高黏度润滑油或选用润滑脂；摩擦表面粗糙，特别是冶金和矿山的开式齿轮传动应优先选用润滑脂。

对不适于采用润滑脂的地方，如负荷过重或有剧烈的冲击、振动，工作温度范围较宽或极高、极低，相对运动速度低而又需要减少爬行现象，真空或有强烈辐射等这些极端或苛刻的条件下，最适合采用固体润滑材料。近年来的经验证明，在许多设备上都可以采用固体润滑材料来代替润滑油而取得更好的润滑效果。

（二）润滑油、脂的选择原则

1. 润滑材料的选择

在有关手册（如机械零件手册、机修手册）的润滑材料表上，均对润滑油脂的使用范围进行了说明。在选择润滑油脂时，首先要了解其性能和应用范围，有专用名称的润滑油脂，一般都适用于该种机械或摩擦副的润滑，也可用于其他工件条件类似的摩擦副的润滑。

2. 负荷大小及负荷特性

一般来说，润滑油的黏度越大或润滑脂的锥入度越小，则油膜承载能力越强，但在重负荷、有振动冲击的情况下，还要求润滑油脂的油性和极压性能要好。

3. 运动速度

速度高易形成动压油膜，选低黏度的油可以减少内摩擦损耗从而减少动力消耗；速度低常与重载相联系，所以应选高黏度的润滑油。高速转动的滚动轴承，易因离心力作用将油甩出而不能保证良好的润滑，应适当提高油的黏度。例如用润滑脂，则速度越高要求脂的锥入度越大；速度低，锥入度应小。

4. 工作温度

高温条件下工作的摩擦副应选用黏度高、闪点高的润滑油，或锥入度小、滴点高的润滑脂，同时还应考虑油脂的极压性、抗热氧化安定性。对在低温下工作的润滑油，要使油的凝点低于工作温度 10℃ 左右。

5. 周围环境

在有水或潮湿的环境条件下，应考虑润滑油的抗乳化度和选用抗水性好的润滑脂。有腐蚀介质存在的环境还要求润滑油、脂具有良好的防腐性能。

6. 摩擦副的结构特点及润滑方式

摩擦副间隙小，要求黏度小的润滑油和锥入度大的润滑脂，以利于进入间隙小的摩擦副；摩擦表面越粗糙，就要求油膜越厚，选用的润滑油的黏度就越高，润滑脂的锥入度越大；对稀油循环润滑系统，要求采用精制的、杂质少和抗氧化安定性好的润滑油；对飞溅和油雾润滑，油接触空气的机会多，要求油的抗氧化性能要好。对于干油集中润滑系统，则要求润滑脂具有良好的可泵送性，故应选锥入度较大的润滑脂。

（三）润滑油的代用原则

在某种油品供应偶尔短缺而又必须保证生产照常进行的情况下才临时采用代用油，同时应尽快恢复原来的油品。润滑油的代用原则是：

① 代用油的黏度应与原用油的黏度相等或稍高；

② 代用油的性能应与原用油的性能相近。

高温代用油要求有足够高的闪点、良好的氧化安定性与油性；低温代用油应有足够低的凝点；宽温度范围代用油应有良好的黏温性能（油的黏度随温度变化的特性）；含有动植物油的复合油不允许用在循环系统或有显著氧化倾向的地方；对极压润滑油的摩擦副，代用油应具有相同或更高的极压性能。

（四）润滑脂的代用原则

通常，代用润滑脂主要考虑锥入度和滴点，应使代用脂的锥入度与原用脂相等或锥入度稍小，滴点更高；对潮湿的环境，应考虑代用脂的抗水性；代用脂最好是性能更好的润滑脂，如用锂基脂代替钙基脂和钠基脂，用加入了极压添加剂的脂代替未加极压添加剂的脂，而不宜反过来代用。如果原来的脂具有抗极压性而又暂时找不到这样的润滑脂，可考虑在低性能的脂中加入极压添加剂（如加入质量为5％的二硫化钼粉等）。

第三节　稀油润滑

习惯上称润滑脂润滑为干油润滑，润滑油润滑为稀油润滑。根据润滑剂供往摩擦副的方式，可划分为分散润滑与集中润滑，间歇润滑与连续润滑，无压润滑与压力润滑；根据对润滑剂的利用方式，可分为流出式润滑和循环式润滑。流出式润滑的润滑剂只利用一次，流过摩擦副以后就流失了，而循环式润滑的润滑剂可反复循环使用。

除了干油、稀油两种传统的润滑方式外，还有油雾润滑、油气润滑和干油喷溅润滑等方式。根据所采用的润滑剂，通常把干油喷溅润滑归入干油润滑，而将油雾润滑、油气润滑归入稀油润滑。

一、常用稀油润滑装置

（一）油孔和油杯

图 2-10 所示为在摩擦副上方直接加工出注油孔或装上注油杯的润滑装置。其中，图（a）所示为旋套式注油油杯，图（b）所示为压配式压注油杯，图（c）所示为直通式压注油杯，图（d）所示为接头式压注油杯。后两种主要用于干油润滑。这几种润滑装置加油次数频繁，而且依靠操作人员的自觉性，有时不大可靠，一般用于间歇工作或低速轻载机械上的润滑点。

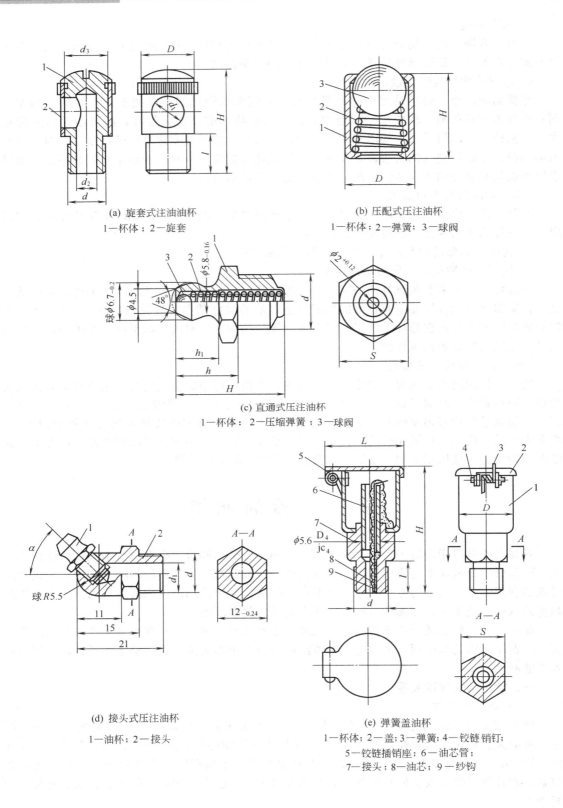

(a) 旋套式注油油杯

1—杯体；2—旋套

(b) 压配式压注油杯

1—杯体；2—弹簧；3—球阀

(c) 直通式压注油杯

1—杯体；2—压缩弹簧；3—球阀

(d) 接头式压注油杯

1—油杯；2—接头

(e) 弹簧盖油杯

1—杯体；2—盖；3—弹簧；4—铰链销钉；
5—铰链插销座；6—油芯管；
7—接头；8—油芯；9—纱钩

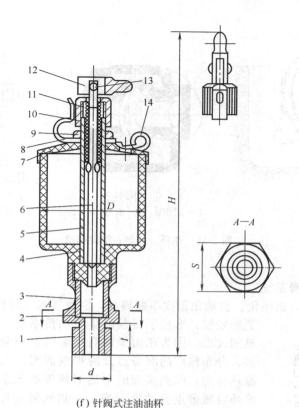

(f) 针阀式注油油杯

1—接头；2—垫圈；3—透视管；4—杯体；5—中心管；

6—针阀；7—盖；8—爪型母；9—扁螺母；10—调节螺母；

11—弹簧；12—开关头；13—铆钉；14—油孔盖

图 2-10　用于分散润滑的油杯

图 2-10（e）所示为弹簧盖油杯，图（f）所示为针阀式注油油杯。这两种油杯一次可注入比注油油杯更多的润滑油，可以在一段时间内维持连续供油，所以用于转速和负荷稍高的机械的润滑。

（二）油环、油链及油轮润滑

图 2-11 中，图（a）所示为油环润滑，图（b）所示为油轮润滑，图（c）所示为油链润滑。油环润滑是靠油环随轴转动把润滑油带到轴上，并被导入轴承中。这种装置适用于直径 25～50mm 的轴，转速不超过 3000r/min；对直径超过 50mm 的轴，转速应更低，但不得低于 50r/min，因为油环的圆周速度过高会因离心力而使油淌不到轴上，而圆周速度过低又可能带不起油来。油链的作用原理与油环相同，由于链的结构特点，带起的油比油环多。油链只能用于低速轴，否则由于离心力和搅拌作用可能造成摩擦副断油。油轮是前两种方式的结合，油轮固定在轴上与轴一起转动，由刮板将油刮下并导入轴承中。

（三）溅油及油池润滑

溅油润滑是让零件运动时侵入油池中将油带起并导入摩擦副的一种润滑方式。减速箱的润滑就是靠齿轮的轮齿将油带到摩擦副中，并利用离心力甩出一部分油到箱盖上并引入轴承中。还可以在轴上加装甩油盘或甩油片来提高溅油效果。图 2-12 所示为利用甩油片实现对

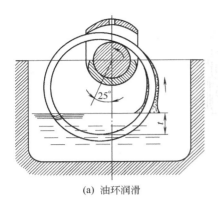
(a) 油环润滑

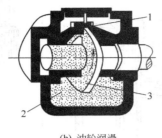
(b) 油轮润滑
1—刮油器；2—油池；3—油轮

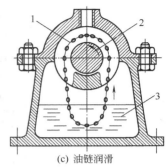
(c) 油链润滑
1—油链；2—旋转轴；3—油池

图 2-11　油环、油轮、油链润滑

活塞和缸壁的润滑。

二、稀油集中润滑系统

　　随着生产的发展，机械化、自动化程度不断提高，润滑技术也同样由简单到复杂，不断更新发展，形成了目前的集中润滑系统。集中润滑系统具有明显的优点，因为压力供油有足够的供应量，因此可保证数量众多、分布较广的润滑点及时得到润滑，同时将摩擦副产生的摩擦热带走；摩擦表面的金属磨粒等机械杂质，随着油的流动和循环将被带走并冲洗干净，达到润滑良好、减轻摩擦、降低磨损和减少易损件的消耗、减少功率消耗、延长设备使用寿命的目的。但是集中润滑系统的维护管理比较复杂，调整也比较困难，每一环节出现问题都可能造成整个润滑系统的失灵，甚至停产。

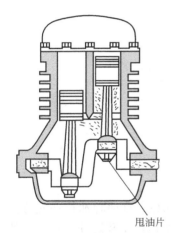

甩油片

图 2-12　甩油片溅油润滑

　　在整个稀油集中润滑系统中，安装了各种润滑设备及装置，各种控制装置和仪表，以调节和控制润滑系统中的流量、压力、温度、杂质滤清等，使设备润滑更为合理。

　　稀油集中润滑系统根据不同的供油制度分为灌注式和自动循环式。灌注式即润滑油通过油泵把油送到摩擦部件的油池（槽），一次灌至足够量，油泵即停止工作。当灌注的润滑油耗去需要添补、更新时，则再启动油泵供给或人工灌注，例如油环润滑、密封式减速箱的齿轮润滑等。自动循环式即油泵以一定压力向摩擦副压送润滑油，润滑后，沿回油管回到润滑站的油箱内，润滑油不断循环使用，油泵也是连续不断运转工作的。

　　根据组成稀油站各元件布置形式的不同，基本上分两种。

　　一种是整体式结构，各润滑元件都统一安装在油箱顶上，其特点是体积小，安装布置比较紧凑，适用于分散的单机润滑。

　　另一种是分散布置式，根据设计要求，油站各组成元件分别布置在地下油库的地基基础上。其优点是检查、维修方便，供油能力较大，一般供油量在 250L/min 以上的油站都采用。

　　（一）润滑元件和装置

　　1. 油泵

稀油站采用的油泵，工作压力一般在 0.3～0.6MPa，属于低压范围。

常用的油泵有齿轮油泵、回转活塞油泵、叶片油泵、螺杆油泵等。在某些排量较大的润滑系统也有采用离心泵的。

稀油集中润滑系统常用的油泵为齿轮泵。齿轮油泵适用于精度要求不高的一般工程机械和机床，也适宜用在压力不太高的流量较大的液压传动系统，在润滑系统中得到广泛应用。

齿轮油泵经联轴器与电动机连接并固定在同一底座上称为齿轮油泵装置。对小流量（16～125L/min）范围采用标准的 CB2 型齿轮油泵及其装置；对大流量（250～1600L/min）范围可采用圆柱斜齿轮油泵及其装置，也有采用 290～970L/min 流量范围的带阀人字齿轮油泵及其装置。CB2 型齿轮油泵配用于小型标准稀油站，其额定压力为 0.6MPa，可以选择较小功率的电动机，结构如图 2-13 所示。KCB 型带阀人字齿轮油泵，主要用来输送稀油站的高黏度润滑油，如输送石油、重油和其他油料，其排油量大、输油均匀、很少波动、可以连续工作。这种泵的结构紧凑并带有安全阀装置。其结构见图 2-14。

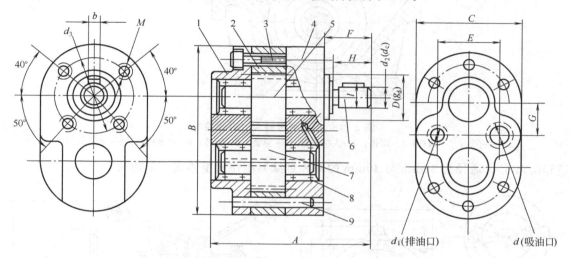

图 2-13　CB2 型齿轮油泵

1—侧盖；2—壳体；3—紧固螺钉；4—侧盖；5—主动齿轮轴；6—传动轴；7—从动齿轮；8—滚针轴承；9—定位销钉

2. 滤油器

过滤的精度是以能通过过滤器的杂质的最大颗粒度 d 为指标，一般分为 4 级：

粗的过滤精度　　$d \geqslant 0.1mm$

普通的过滤精度　$d = 0.005～0.1mm$

精的过滤精度　　$d = 0.001～0.005mm$

特精的过滤精度　$d = 0.0005～0.001mm$

经过过滤的油液中含有杂质的粒度应小于系统中运动件的间隙；对摩擦副（润滑部位）应小于油膜厚度，以避免杂质颗粒卡住运动零件或引起摩擦副的过早磨损。杂质的粒度还应小于系统中节流小孔或缝隙，应避免堵塞。

滤油器（过滤器）根据滤芯的结构和材料可分为：网式、线隙式、烧结（粉末冶金）式、磁性、圆盘（圆片）等多种。近年来，已开始使用微孔塑料滤油器。

SLQ 型过滤器是为新标准润滑站系列配套设计的。公称通径分为 8 种规格，每种规格按使用要求有 0.08mm 和 0.12mm 两种过滤精度，因过滤油品的黏度不同，其生产能力（每分钟的过滤油量）也各不同。对于过滤中等黏度油（67mm²/s）、小流量（63L/min 和

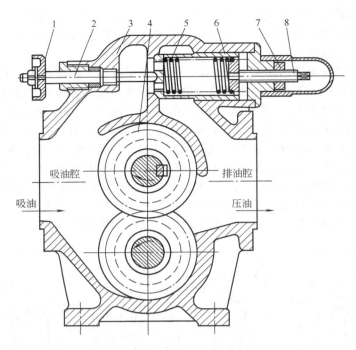

图 2-14　KCB 型带阀人字齿轮油泵

1—手轮；2—顶杆；3—泵体；4—人字齿轮；5—弹簧；6—阀芯；7—锁紧螺母；8—调节螺钉

160L/min）、通径为 32mm 与 40mm 的两种过滤器制作成整体式，结构见图 2-15。

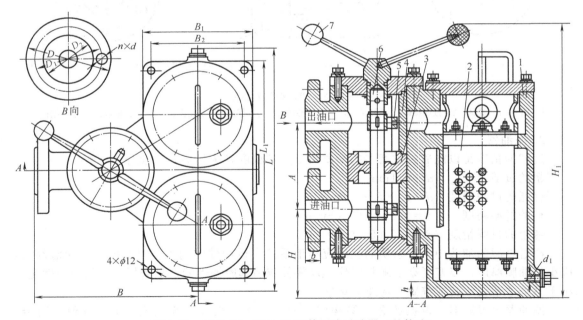

图 2-15　SLQ-32，SLQ-40 双筒网式过滤器（整体式）

1—器体；2—滤芯；3—套筒；4—闸瓦；5—滚套；6—轴；7—手柄

　　SLQ 型过滤器的工作原理如图 2-16 所示，它由两组独立的过滤装置和一个旋塞式二位六通换向阀组成。润滑系统被放置在油泵出口与冷却器进油口之间的管路上。过滤器正常工作时，一组过滤装置投入过滤运行，另一组被换向阀关闭不通，作为备用或进行清洗。在进出口的压差不超过 0.035MPa 的情况下，随着过滤时间的增长，过滤装置逐渐被杂质堵塞，其进出口压差也逐渐增大，当压差增到 0.05MPa 以上时，若发现过滤的润滑油中夹有大于 0.08mm 的机械杂质时，应立即进行换向（不需要停泵），让另一组过滤装置投入运行，这样可将被堵塞的过滤装置换下来进行清洗。

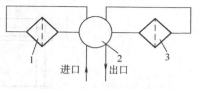

图 2-16　SLQ 型过滤器工作原理
1、3—过滤装置；2—旋塞式六通换向阀

3. 油流指示器和给油指示器

油流指示器的用途是为了检查和监督润滑系统管路中润滑油的流动情况。一旦管路中断流时，可以立即观察到，并发出电讯号（亮红灯或者响铃），使值班工作人员能及时进行处理，以保证润滑系统油流的正常供应和输送。图 2-17 所示为中国新标准 YZQ 型油流指示器。

给油指示器是用来观察摩擦部位（如轴承）的给油情况，并调节给油量。图 2-18 所示为 JZQ 型给油指示器。可以用针型阀的开口大小来调整油的流动情况。通过玻璃罩 4 可以方便而清晰地观察到油流情况。

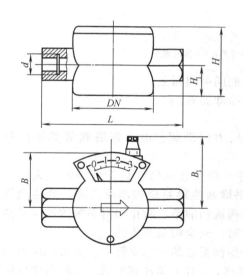

图 2-17　YZQ 型油流指示器

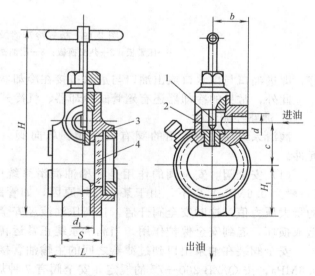

图 2-18　JZQ 型给油指示器
1—针阀；2—外壳；3—阀座；4—透明玻璃

4. 冷却器

稀油循环润滑系统中，过去多采用管式冷却器。由于管式冷却器体积庞大，占地面积大且冷却效果差，目前已经逐步被板式冷却器所取代。板式冷却器具有结构紧凑、换热面积大、传热效率高、维修方便、使用寿命长等优点。缺点是密封要求高、板片材料（不锈钢薄板冲压成形）成本高、工作压力低（一般仅能适应 1～1.6MPa 以下）、操作温度低以及油液流动阻力大等。板式冷却器及其原理如图 2-19 所示，由带有波纹的热交换板片和夹在板片之间的耐油橡胶密封圈以及压紧板和紧固螺栓组成。油和水在冷却器中分道流动，被板片和其间的密封圈隔开。油液在板式冷却器内按迷宫式线路流动，这样在整个板片面积上都能得到充分的热交换，所以冷却效率高。安装板式冷却器应注意油、水必须反向流动冷却效果才

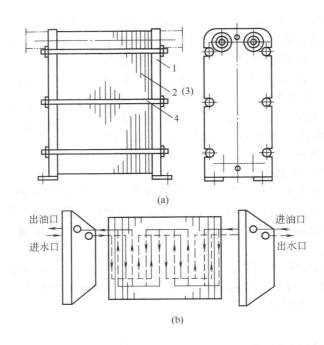

(a)

出油口　　　　　　　　　　　　　　　　进油口

进水口　　　　　　　　　　　　　　　　出水口

(b)

图 2-19　板式冷却器及其原理

1—压紧板；2—热交换板；3—耐油密封圈；4—紧固螺栓

好，即进油口与出水口或出油口与进水口接在冷却器的同一侧面上。

此外，常见的冷却器还有翅管式冷却器、气冷式冷却器等。

5. 油路控制元件

润滑系统油路中常用的阀有安全阀、单向阀、压力操纵阀、电动四通阀等单体控制元件。

(1) 安全阀　安全阀的作用是在稀油润滑系统中，使油压保持在设计允许的最大压力（一般为 0.6MPa）以下。由于某些意外原因，如管路堵塞使得系统的油压升高，到达允许的最大压力值，这时安全阀开启，让高压油液经安全阀流回油箱，防止润滑系统因油压升高造成损坏，起到安全保护作用。当润滑系统正常运转时，安全阀是常闭的。

安全阀装在油泵出口到过滤器之间的主输油管接到油箱去的旁路支管上。其公称压力为 0.6MPa，按 Q/ZB 260—77 的规定，安全阀有 7 种规格，4 种为螺纹接管式、3 种为法兰接管式，与标准稀油站配套使用，也可供单独设计稀油润滑系统时选配。图 2-20、图 2-21 所示为 AQF 型安全阀的结构。

(2) 单向阀　单向阀又称逆止阀，稀油润滑系统常用的有如图 2-22 和图 2-23 两种结构。它的功用是在润滑系统中只允许油流单向通过。一般情况下，要求单向阀通流时阻力小，也就是通过单向阀的压力损失要小；反向流动时，阀关闭的要严，不允许油通过或出现超过允许的泄漏；单向阀动作时，既要灵敏又不要有撞击和噪声。

6. 油箱

油箱的主要功用是储油。送往机器润滑点的润滑油从油箱吸取，又从机器润滑点流回，在油箱内经过沉淀、油水分离、油与机械杂质分离、消除油内泡沫、发散气体等处理后，以备再用。同时油箱本身也起散热和冷却的作用。在油箱内设有电加热或蒸汽加热装置，在油温低于要求油温时，可用来提高油温。

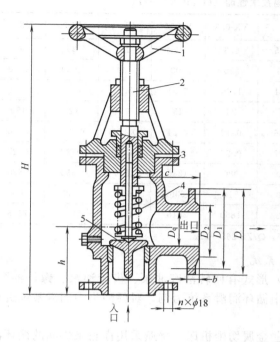

图 2-20　AQF50～AQF100 安全阀

1—手轮；2—螺杆；3—阀体；
4—弹簧；5—阀芯

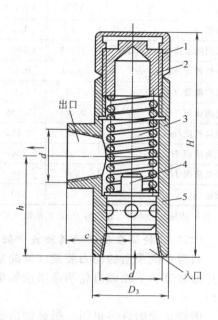

图 2-21　AQF20～AQF40 安全阀

1—螺帽；2—螺堵；3—弹簧；
4—阀芯；5—阀体

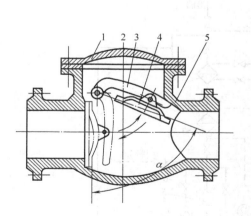

图 2-22　法兰连接的阀板式逆止阀

1—盖；2—密封圈；3—提动杆；
4—阀板；5—壳体

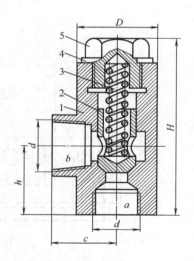

图 2-23　DXF 型单向阀

1—阀体；2—阀芯；3—弹簧；
4—垫圈；5—螺帽

　　中国油箱标准系列是符合优先系数并与油泵能力、集中润滑系统诸元件相配套的。在结构设计和容量选择上，考虑了与稀油站标准相配合。

　　油箱的技术性能见表 2-7。

表 2-7　YX-1～YX-40 油箱技术性能（Q/ZB 265—77）

型　　号	YX-1	YX-1.6	YX-3.15	YX-6.3	YX-10	YX-16	YX-25	YX-40
容积/m³	1	1.6	3.15	6.3	10	16	25	40
适用油泵排量/(L/min)	40/63	100	125	250	400	630	1000	1600
加热器加热面积/m²	0.50	0.75	1.31	1.99	3.04	5.6	7.44	11.2
蒸汽耗量/(kg/h)	7.5	11	20	35	45	90	120	180
过滤面积/m²	0.027	0.034	0.06	0.12	0.24	0.226	0.339	0.452
过滤精度/mm	0.272	0.272	0.27	0.27	0.27	0.27	0.27	0.27
最高液面 H_{max}/mm	650	800	970	980	1230	1300	1550	1870
最低液面 H_{min}/mm	300	350	400	510	600	650	800	1000
质量/kg	513	620	972	1850	2618	4612	5822	7678

注：油箱标记示例：容积为 10m³ 的油箱，YX-10 油箱，Q/ZB 265—77。

（二）齿轮油泵供油的稀油集中循环润滑系统

润滑系统采用的动力装置（即油泵装置）形式有回转活塞油泵、齿轮油泵、螺杆油泵、叶片油泵等。下面以齿轮油泵供油的稀油集中循环润滑系统为例，对稀油集中润滑系统进行介绍。

钢铁企业的许多机组、机械制造业的某些金属切削机床，普遍采用齿轮泵供油的循环润滑系统。目前这套系统已经逐步标准化、系列化。图 2-24 所示为供油能力较小（16～125L/min）、整体组装式的标准稀油站系统。如果稀油站和所润滑的机组供油管路和回油管路相连接，就组成了稀油集中循环润滑系统。图 2-25 所示为 XYZ-16～XYZ-125 稀油站的总体结构。

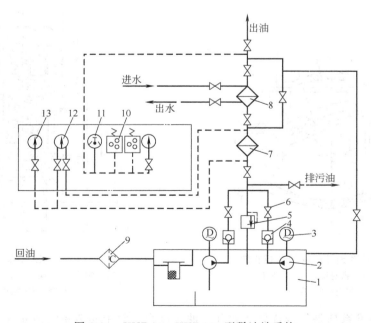

图 2-24　XYZ-16～XYZ-125 型稀油站系统

1—油箱；2、3—齿轮油泵装置；4—单向阀；5—安全阀；6—截断阀；7—网式过滤器；8—板式冷却器；9—磁性过滤器；10—压力调节器；11—接触式温度计；12—差式压力计；13—压力计

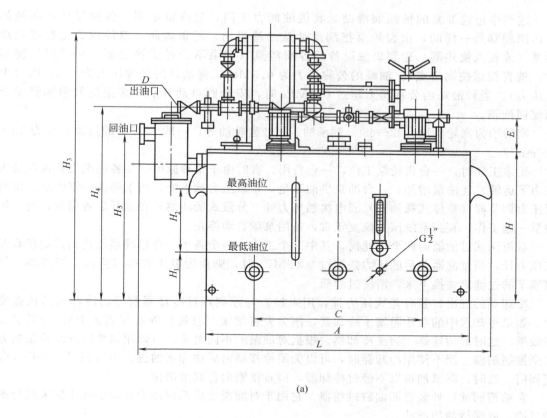

(a)

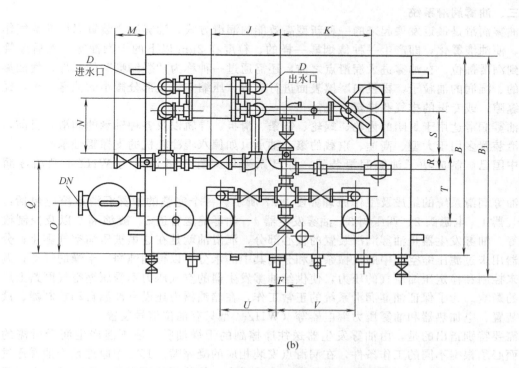

(b)

图 2-25 XYZ-16~XYZ-125 稀油站的总体结构

这类带齿轮油泵的稀油润滑站，其供油能力不同，规格也不同。各种规格的稀油站工作原理都是一样的，由齿轮泵把润滑油从油箱吸出，经单向阀、双筒网式过滤器及冷却器（或板式换热器）送到机械设备的各润滑点（如果不带板式换热器，则经过过滤器后，就直接送往润滑点）。油泵的公称压力为 0.6MPa，稀油站的公称压力为 0.4MPa（出口压力）。当稀油站的公称压力超过 0.4MPa 时，安全阀自动开启，多余的润滑油经安全阀流回油箱。

润滑油为汽轮机油、32～68 号轴承油、工业齿轮油等，一般 50℃时的运动黏度为 20～350mm²/s。

正常工作时，一台齿轮泵工作，一台备用。有时由于某种原因（如各机组设备都在最大能力下运转）耗油量增加，一台油泵供油不足，系统压力就下降。当下降到一定值时，便通过压力调节器（整体式稀油站）或电接触压力计（分散式稀油站）自动开启备用泵，与工作油泵一起工作，直到系统压力恢复正常，备用泵就自动停止。

双筒网式过滤器的两个过滤筒，其中一个工作，一个备用。在过滤器的进出口处接有差式压力计，当过滤器前后的压力差超过 0.05MPa 时，则由操纵工转换（换向）过滤器，把堵塞了的过滤筒替换下来，清洗过滤筒。

冷却器的进出口装有差式压力计，用来检查与控制在进冷却器前后的冷却水的压差变化。如果冷却水中的杂质阻塞了冷却器，压力差将增大（直接反映在压差表上），降低了冷却效果，这时必须检修、清洗冷却器。根据对油温的不同要求，可以用调整冷却水流量的方法来控制油温。当不使用冷却器时，可以关闭冷却器前后油和水的进、出口阀门，并打开旁路阀门。这时，润滑油可以不经过冷却器，而直接输向各润滑部位。

在油箱回油口处装有回油磁过滤器。它用于对润滑之后返回油中夹杂的细小铁末进行磁性过滤，以保持油的清洁。

三、油雾润滑系统

油雾润滑是最近发展起来的一种新型高效能的润滑方式。油雾润滑装置以压缩空气作为动力，使油液雾化，即产生一种像烟雾一样的、粒度在 2μm 以下的干燥油雾，然后经管道输送到润滑部位。在油雾进入润滑点之前，还需通过一种称为"凝缩嘴"的元件，使油雾变成大的、湿润的油粒子，再投向摩擦表面进行润滑。压缩空气及部分微小的油雾粒子，经过密封缝隙，或专设的排气孔排至大气。

油雾润滑适用于封闭的齿轮、蜗轮、链条、滑板、导轨以及各种轴承的润滑。目前，油雾润滑装置多用于大型、高速、重载的滚动轴承（如偏八辊冷轧机的支撑辊轴承）。

中国已试制成功了油雾润滑装置，并已系列化。图 2-26 所示为 WHZ-4 型油雾润滑装置。

油雾润滑系统的组成及工作原理如图 2-27 所示。一个完整的油雾润滑系统应包括：分水滤气器 1、电磁阀 2、调压阀 3、油雾发生器 4、油雾输送管道 5、凝缩嘴 6 以及控制检测仪表等。油雾发生器是油雾润滑装置的核心部分，润滑油就是在这里被压缩空气雾化；分水滤气器用来过滤压缩空气中的机械杂质和分离其中的水分，以得到纯净、干燥的气源；调压阀用来控制和稳定压缩空气的压力，使供给油雾发生器的空气压力不受压缩空气网路上压力波动的影响。为了保证油雾润滑系统的正常工作，在储油器内还设有油温自动控制器、液位信号装置、电加热器和油雾压力继电器等（WHZ-4 型只有油位信号装置）。

需要特别指出的是，由油雾发生器送往摩擦副的干燥油雾，还不能产生润滑所需的油膜。而必须根据不同的工作条件，在润滑点安装相应的凝缩嘴。其工作原理是当油雾通过凝缩嘴的细长小孔时，一方面由于油雾的密度突然增大，使油雾趋于饱和状态；另一方面高速

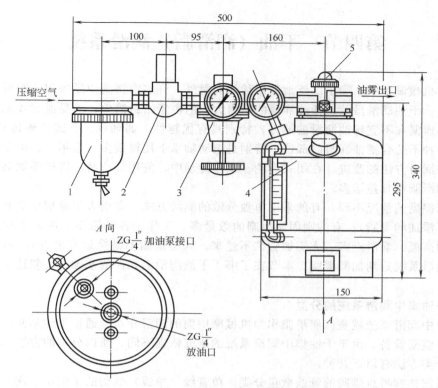

图 2-26　**WHZ-4 型油雾润滑装置**
1—分水滤气器；2—电磁阀；3—调压阀；4—油雾发生器；5—窥视罩

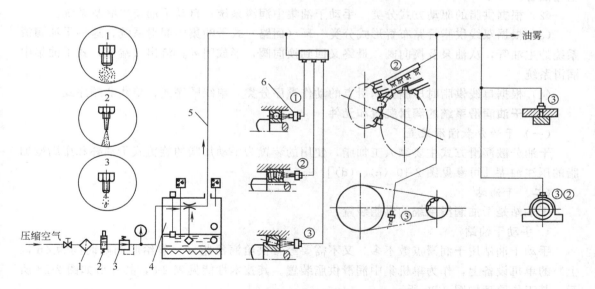

图 2-27　**油雾润滑系统**
1—分水滤气器；2—电磁阀；3—调压阀；4—油雾发生器；5—油雾输送管道；6—凝缩嘴

的油雾与孔壁发生强烈的摩擦，破坏了油雾粒子的表面张力，油雾结合成较大的油粒而投向摩擦表面，形成润湿的油膜。

第四节 干油（润滑脂）润滑系统

在各种机械设备中，除了广泛地采用稀油润滑外，许多摩擦副中还采用了润滑脂（简称干油）润滑。干油润滑虽然比稀油润滑的阻力大，但由于密封简单，不易泄漏和流失，所以在稀油容易泄漏和不宜稀油润滑的地方，特别具有优越性。如轴承、开式齿轮传动、链条、钢丝绳等各种不适合稀油润滑的部位，特别是滚动轴承上用得最多。近年来，由于新型润滑脂的研制和润滑方法的改进，在闭式齿轮、蜗轮传动中，使用带抗磨、极压添加剂（如二硫化钼）的润滑脂也日益增多。

根据摩擦副的情况不同，有的采用单独分散的润滑方式（即由人工定期用加脂枪向润滑点或油脂杯添加润滑脂）；有的则因摩擦副的数量多、工作条件的限制、用人工加脂有一定的困难（如高温、润滑点多、人工加脂忙不过来、人工加脂不易接近润滑点），则必须采用干油集中润滑系统定期加润滑脂。本节在了解了干油润滑诸元件的基础上，叙述干油集中润滑系统。

一、干油集中润滑系统的分类

干油集中润滑系统就是以润滑脂作为机械摩擦副的润滑介质，通过干油站向润滑点供送润滑脂的一整套设备。由于干油集中润滑系统的研究依据不同，所以分类的方法也不同。目前一般的分类方法有以下几种。

（1）根据往润滑点供脂的管线数量分类 单管线（单线）供脂的干油集中润滑系统，这种系统只使用一根主输油管；双管线（双线）供脂的干油集中润滑系统，这种系统使用两根主输油管。

（2）根据供脂的驱动方式分类 手动干油集中润滑系统；自动干油集中润滑系统。

（3）根据双线供脂管路布置形式分类 环（回路）式干油集中润滑系统，这种干油润滑系统的主油管，从油泵及换向阀，最终又回到换向阀，形成闭环；流出（端流）式干油集中润滑系统。

（4）根据单线供脂时压脂到润滑点的动作顺序分类 单线顺序式；单线非顺序式。

二、干油润滑系统的润滑装置和元件

（一）干油分散润滑装置

干油分散润滑方式主要靠人工加脂，使用的装置为手动加脂的旋盖式干油杯和用脂枪加脂的压注油嘴［可参见图 2-10（c）、（d）］。

（二）干油站

干油站是干油润滑系统的供脂装置。

1. 手动干油站

手动干油站用于润滑点数不多，又不需要经常供给润滑脂（一般给脂间隔时间为 4h 以上）的单机设备上，作为单机集中润滑供脂装置。其技术性能见表 2-8，其外形如图 2-28 所示，其工作原理如图 2-29 所示。

表 2-8　SGZ 型手动干油站技术性能（Q/ZB 367—77）

型　号	给油能力/(mL/循环)	工作压力/MPa	储油筒容积/L	质量/kg	标记示例
SGZ-8	8	0.7	3.5	24	SGZ-8 手动干油站 Q/ZB 367—77

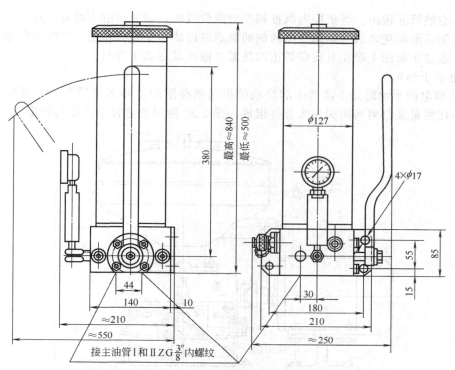

图 2-28 SGZ-8 型手动干油站外形

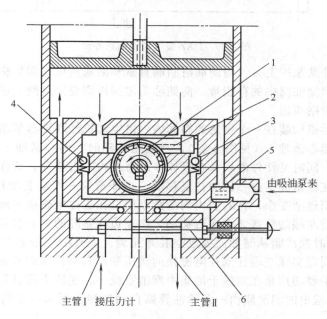

图 2-29 SGZ 型手动干油站工作原理

1—齿轮；2—带齿条的柱塞；3、4—单向阀；5—过滤网；6—换向阀

　　SGZ-8 型手动干油润滑站是由一个手工驱动的柱塞式油泵、换向阀、储油脂筒、压力计、单向阀、过滤网和手摇柄等组成。这种油站的供脂是和双线给油器配套使用的。因此，给油过程中换向是通过换向阀 6 实现的。当把换向阀手柄拉出到如图 2-29 所示位置时，则

润滑脂从主油管Ⅱ送出。当把换向阀推到左极限位置时，润滑脂沿主油管Ⅰ送出。当储油筒内的润滑脂逐渐消耗之后，则用专用的加油泵通过过滤器5补充新脂。干油站供脂是人工摇动手柄，通过小齿轮1带动有齿条的压油柱塞2做往复运动实现的。

2. 电动干油站

DXZ型电动干油站是干油集中润滑系统供送润滑脂的主要润滑设备，一般它是由储油筒、电动柱塞泵及电磁换向阀三大部件组成。图2-30所示为这种干油站的外形。

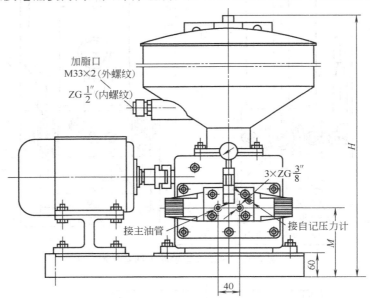

加脂口
M33×2(外螺纹)
ZG$\frac{1}{2}$"(内螺纹)

3×ZG$\frac{3}{8}$"

接主油管   接自记压力计

图2-30　DXZ型电动干油站外形

储油筒安装在柱塞泵的上方，借助润滑脂的自重和活塞重量，润滑脂进入柱塞泵的吸油腔。指示杆用来标示储油筒中的存脂量。向储油筒加润滑脂要经过网式过滤器，在其前端装有单向阀以防止润滑脂流出。

柱塞泵及其传动机构装在一个密封的箱体内，由电动机经联轴器带动泵体内的蜗轮减速机构，在蜗轮上有偏心销轴5（见图2-31），当蜗轮转动时，偏心销轴5带动内滑块4在外滑块3的槽内滑动，同时又使外滑块3在泵体6的滑槽内左右移动，这样就带动了连接在外滑块两端的柱塞2在柱塞套1内做轴向往复移动。当外滑块3带动右端柱塞2向右移动时，右边柱塞腔密封容积逐渐变小，将右腔内润滑脂沿出口孔送往电磁换向阀。与此同时，柱塞泵内外滑块3还带动左端的柱塞2也向右移动，使左边柱塞腔的密封容积逐渐增大，形成部分真空（负压），这时润滑脂从储油筒吸进空腔并充满。当外滑块带动两端的柱塞从右边极限位置向左移动，同理实现左端柱塞往电磁换向阀压油而右端柱塞腔吸油的过程。

电磁换向阀的主要功用是在双线干油集中润滑系统中，受压力操纵阀的控制（通过行程开关），实现油泵压送出的润滑脂由一条输油管路自动地转换到另一条输油管路上，起到自动换向的作用。

此外，中国现在生产使用的还有ZPU电动干油站、DRB型电动干油站以及风动干油站、多点干油站等。

（三）给油器

给油器是干油集中润滑系统的一个重要元件。它的功用是保证每个需要润滑的摩擦副得到定量供脂。

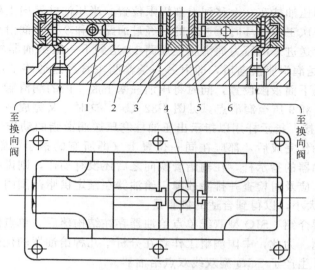

图 2-31　DXZ 型电动干油站柱塞泵工作原理

1—柱塞套；2—柱塞；3—外滑块；4—内滑块；5—销轴；6—泵体

给油器按供送油脂的管线数可分为单线供脂和双线供脂；按供脂时给油器的动作顺序分有顺序式和非顺序式。

1. 双线非顺序给油器（简称双线给油器）

双线给油器目前在世界许多国家广泛采用，其工作原理大体相同，只是在形状大小、孔口排列、内部连接、滑阀（柱塞）构造等方面有差异。

（1）双线给油器的结构及工作原理　由于双线给油器在结构上的特点，必须采用双线轮换供脂的办法才能把干油站压送来的润滑脂定量地输送到润滑点去。

双线给油器的工作原理如图 2-32 所示。当输脂主管压送来的润滑脂经过下面的油孔 11 至油腔 10 时，润滑脂将推动配油柱塞 8 向上移动，直到上端极限位置，即经过通路 2 流入

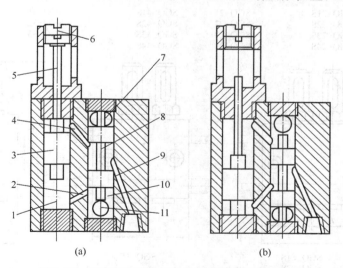

图 2-32　SJQ 型双线单点给油器的构造及工作原理

1—油腔；2、4—通路；3—压油柱塞；5—指示杆；6—调节螺丝；7、11—输油管通路；8—配油柱塞；9—至润滑点通路；10—油腔

油腔1中，同时推动压油柱塞3上移到上部极限位置。当压油柱塞向上移动时，就将油腔上部的润滑脂（由上一次工作循环时压进来的）经过通路4和9送至润滑点。这是一个工作循环。于是从输油主管送进来的压力润滑脂经通路11送到下一组给油器的柱塞腔，见图2-32（a）。当润滑系统输送润滑脂换向后，即由另一条输脂主管经过通路7压入润滑脂，推动配油柱塞8向下移动到下面极限位置，同时将压油柱塞下腔1内的润滑脂（由上一次工作循环送入的）经过通路2和9压至润滑点，见图2-32（b）。这时，又完成一个工作循环。指示杆5和压油柱塞3相连接。指示杆用以指示出压油柱塞压送润滑脂的动作情况。润滑系统的所有给油器的指示杆动作完成后，都应在同一位置上（即所有的指示杆都伸出来或缩进去）。倘若其中有某个给油器的指示杆，在输脂管换向之后还没有动作，则说明这个给油器未能供送润滑脂到润滑点，应及时检查并排除故障。给油器在额定供脂范围内，用调节螺丝6微调压油柱塞行程 H 的大小，以得到合适的供脂量。

（2）常用给油器介绍　SJQ 型双线单点给油器存在结构落后、单点供脂、制造工艺性差以及成品率低的问题。为此，中国润滑工作者在分析了几种给油器的优缺点后，对给油器结构进行了改进，设计生产了 SGQ 型双线双点给油器。

图 2-33 所示为中国新设计的 SGQ 型双线双点（双出口）给油器系列的外形。在今后新

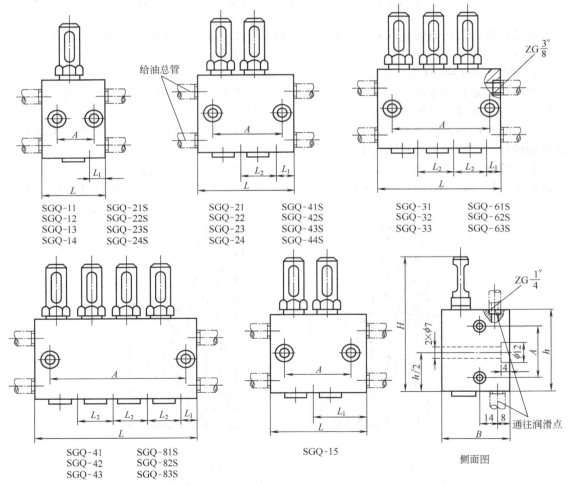

图 2-33　SGQ 型双线双点给油器外形

设计干油集中润滑系统时，应以 SGQ 型给油器代替旧的 SJQ 型给油器。

此外，中国现在常用的还有德国 VT 型给油器，日本 DV 型给油器，美国的 DD 型给油器、VSN VSG VSL 双线给油器、SSP—M 双线给油器、SSPQ 型双线给油器。

2. 单线给油器

单线给油器用于单线输送润滑脂的干油集中润滑系统。它是在双线给油器的基础上发展起来的一种定量供脂元件。单线给油的优点是结构紧凑、体积小、质量小；采用单管线输送润滑脂，简化线路、节约管材，对于某些润滑点不多而又比较集中的单机设备（如剪切机、矫直机等）采用单线干油集中润滑系统供送润滑脂更为适宜。目前世界各国都在研究设计各种形式的单线给油器。下面介绍具有代表性的 PSQ 型片式给油器。

如图 2-34 所示，PSQ 型片式给油器最少由 3 片（上片、中片、下片）组成。中片可以在组合时根据系统中润滑点数量的不同而增加，但最多不能超过 4 片，连同上片与下片，最多由 6 片组成。PSQ 型给油器是中国的新产品标准。

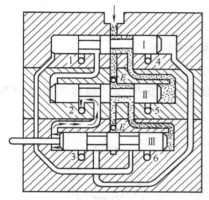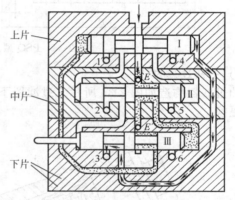

(a) 活塞Ⅱ动作完毕，活塞Ⅲ正在动作   (b) 活塞Ⅲ动作完毕，活塞Ⅰ正在动作

图 2-34 PSQ 型片式给油器工作原理

1、2、3、4、5、6—通向润滑点的出油口；

Ⅰ—上片内的柱塞；Ⅱ—中片内的柱塞；Ⅲ—下片内带指示杆的柱塞

E—E—连通中片与下片的油道

PSQ 型片式给油器的工作原理如图 2-34（a）所示。压力润滑脂从输油管进入后，首先将柱塞Ⅱ推向左端，然后再将柱塞Ⅲ推向左端，并分别依次将左腔内的润滑脂从出油口 1、2 排送到润滑点。待活塞Ⅲ动作完毕后（指示杆同时向左伸出，表示给油器正常工作）。在柱塞Ⅲ左腔的压力润滑脂从内部通道进入柱塞Ⅰ的左腔内，并推动活塞Ⅰ到右端，同时将右腔内的润滑脂从出油口 3 排至润滑点。柱塞Ⅰ向右动作完毕〔见图 2-34（b）〕，柱塞又按照上述相反的方向依次动作，将润滑脂又从右边的 3 个出油口 4、5、6 顺序压出送往润滑点。只要油泵连续供脂，该给油器就连续往复动作，不断地把润滑脂从各出油口送出。在图 2-34 中的 E—E 处二孔是当柱塞移动到中间位置时，压力油脂仍能继续压送的内部通道。

图 2-35 所示为 PSQ 型片式给油器的外形。PSQ 型片式给油器的优点是结果简单、小巧紧凑、动作比较可靠。它的缺点是供量固定，不能调节，若其中任何一点失灵，则会影响在这一点以后的所有给油器不能正常工作，并且不易判断已失灵不供油脂的这一组（3～6 片）给油器是哪一片出了故障，在这种情况下，只能把这一组给油器卸下来，换上一组新的，然后把卸下来的这一组拆开逐个查找与修理。

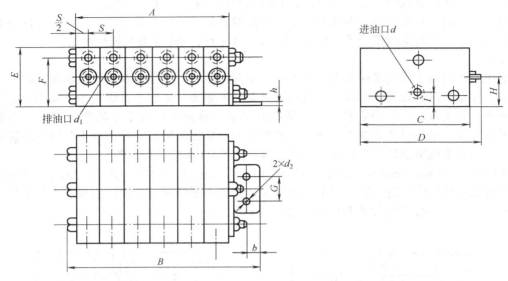

图 2-35　PSQ 型片式给油器外形

（四）干油过滤器

干油过滤器构造如图 2-36 所示。过滤留下的杂质，可定期卸开螺盖取出滤网筒进行清洗或者更换。

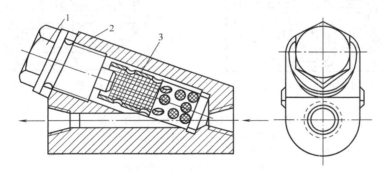

图 2-36　干油过滤器构造
1—螺盖；2—本体；3—滤网筒

三、干油集中润滑系统

（一）手动干油集中润滑系统

某些润滑点数不多和不需要连续润滑的单独机器，广泛地采用手动干油润滑站供脂的系统，如图 2-37 所示。这种润滑系统是属于双线供脂的手动干油集中润滑系统。

当人工摇动手柄时（见图 2-37），油站 1 内的干油，经干油过滤器 2，沿输脂主管 I 送到给油器 3，各给油器在压力油脂的作用下，根据预先调整好的量，把润滑脂经输油支管分别送到各润滑点。继续摇动手柄，所有给油器供脂动作完毕，此时润滑脂在输脂主管 I 内受到挤压，压力就要升高，当压力计压力达到一定值时（一般为 7MPa），说明润滑系统供送润滑脂的所有给油器都已工作完毕，可以保证润滑脂定量地送到各润滑点了，然后停止手柄的摇动，并放回到原来的位置上。在压送油脂的过程中，压力润滑脂是建立在输脂主管 I

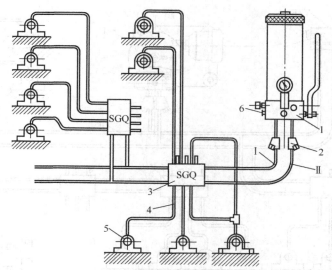

图 2-37　手动干油集中润滑系统

1—手动干油泵站；2—干油过滤器；3—双线给油器；4—输油脂支管；
5—轴承副；6—换向阀；Ⅰ、Ⅱ—输油脂主管

内。而输脂主管Ⅱ则经过换向阀内的通路和储油器连通，也就是说管Ⅱ内的压力已卸除，管Ⅱ内的润滑脂可沿管Ⅱ往回挤到储油筒。最后，干油站的换向阀6从左边移向右边换向，换向后，输脂主管Ⅰ经换向阀的通路和储油筒相连，这时原来管Ⅰ内的高压就消除了。经过一定时间后（即摩擦副的加脂周期），人工继续摇动干油站的手柄，第二次向摩擦副供给润滑脂，此时，因换向阀6已经换向，所以压送出的润滑脂这次又由输脂主管Ⅱ输送，经过给油器后仍按定量供到各摩擦副（润滑点）。在这个过程中，输脂主管Ⅰ（因与储油筒相通）内没有压力，在管Ⅰ内的多余的润滑脂则被挤回到储油筒。当输脂管Ⅱ中的压力升高到一定数值（在压力计中可以读出，一般为7MPa）时，说明所有给油器已按定量供脂到各润滑点了，于是停止摇动手柄，进行换向（即把换向阀6从右端移到左端极限位置），这就是手动干油集中润滑系统的整个供脂工作过程。

（二）自动干油集中润滑系统

自动干油集中润滑系统是由自动干油润滑站、两条输脂主管、通到各润滑点的输脂支管、在主管与支管之间相连的给油器、有关的电器装置、控制测量仪表等组成。

自动干油集中润滑系统，按供脂管路布置分为流出式（端流）与环路（回路）式两种。根据润滑的机组布置特点、运转工艺要求、润滑点分布及数量等不同的具体情况，可分别选择相适应的润滑系统，以满足不同机组工作时对润滑提出的要求，即在一定的时间内（规定的润滑周期），自动地供给每个润滑点足够数量、符合性能（品种规格）要求的润滑脂。

1. 流出（端流）式自动干油集中润滑系统

流出式自动干油集中润滑系统，可供给更多的润滑点和润滑点分布区域较大的范围。尤其是面积长条形（如轧钢设备中的辊道组）的机器。如图 2-38 所示，由电动干油站供送的压力润滑脂经换向阀2，通过干油过滤器3沿输脂主管Ⅰ经给油器4从输脂支管5送到润滑点（轴承副）6。当所有给油器工作完毕后，输脂主管Ⅰ内的压力迅速提高，这时装在输油主管末端的压力操纵阀，在润滑脂液压力的作用下，克服了弹簧弹力，使滑阀移动，推动极限开关接通电信号，使电磁换向阀换向，转换输脂通路，由原来的输脂主管Ⅰ供脂改变为输脂主管Ⅱ供脂。与此同时，操作盘上的磁力启动器的电路断开，电动干油站的电机停止工

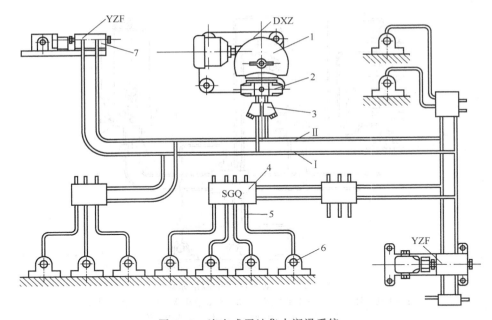

图 2-38　流出式干油集中润滑系统

1—电动干油站；2—电磁换向阀；3—干油过滤器；4—给油器；5—输油脂支管；6—轴承副；

7—压力操纵阀；Ⅰ、Ⅱ—输油脂主管

作，干油柱塞泵停止往系统内供脂。按照加脂周期，经过预先规定的间隔时间后，在电气仪表盘上的电力气动控制器使电动机启动，油站的柱塞泵即按照电磁换向阀已经换向的通路向输脂主管Ⅱ压送润滑脂。当润滑脂沿主管Ⅱ输送时，另一条主管Ⅰ中的润滑脂的压力卸荷，多余的润滑脂经过电磁换向阀内的通路返回到储油筒内。

电磁换向阀的作用是使油站输送的压力润滑脂由一条输脂主管自动转换到另一输脂主管。

2. 环式（回路式）自动干油集中润滑系统

环式自动干油集中润滑系统是由带有液压换向阀的电动干油站、供脂回路的输脂主管及给油器等组成，它是属于双线供脂，如图 2-39 所示。这种环式布置的干油集中润滑系统，一般多用在机器比较密集，润滑点数量较多的地方。其工作原理是以一定的间隔时间（按润滑周期而定），由电动机 6 经蜗杆蜗轮减速机 5 带动柱塞泵 7，将润滑脂由储油筒 1 吸出，并压到液压换向阀 2，从换向阀 2 出来经干油过滤器，压入输脂主管Ⅰ或Ⅱ内，压力润滑脂由输脂主管Ⅰ压入给油器，使给油器 3 在压力润滑脂作用下开始工作，向各润滑点供给定量的润滑脂。当系统中所有给油器都工作完毕时，油站的油泵仍继续往输脂主管Ⅰ内供脂，输脂主管Ⅰ的润滑脂不断得到补充，只进不出，相互挤压，使管内油脂压力逐渐增高，整个系统的输脂路线形成一个闭合的回路。在油脂压力作用下，推动液压换向阀换向，也就是使润滑脂的输送由原来的输脂主管Ⅰ转换为输脂主管Ⅱ。在换向的同时，液压换向阀的滑阀伸出端与极限开关电气连锁，切断电动机 6 的电源，泵停止工作。在液压换向阀未换向之前，在输脂主管Ⅰ的输脂过程中，另一条输脂主管Ⅱ则经过液压换向阀 2 的通路与油站储油筒 1 连通，使输脂主管Ⅱ的压力卸荷。换向后，具有一定压力的输脂主管Ⅰ，经过液压换向阀 2 内的通路与油站储油筒连通，则输脂主管Ⅰ的压力卸荷。

当按润滑周期调节好的时间继电器启动时，接通油站电动机电源，带动柱塞泵工作，使润滑脂从换向以后的通路送入输脂主管Ⅱ，经给油器 3，从输脂支管送到润滑点。在供脂过

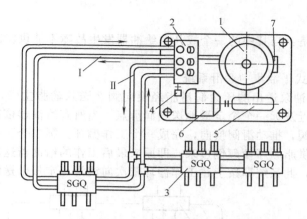

图 2-39　环式干油集中润滑系统

1—储油筒；2—液压换向阀；3—给油器；4—极限开关；5—减速机；6—电动机；7—柱塞泵；Ⅰ、Ⅱ—输脂主管

程中，因主管Ⅰ沿液压换向阀的通路与储油筒相通，所以压力卸除。当系统中所有给油器都工作完毕时（即按定量压送润滑脂到润滑点），主管Ⅱ中的压力增高，在压力作用下，又推动液压换向阀换向，在换向的同时，因液压换向阀的滑阀伸出端与极限开关电气连锁，则切断电动机电源，干油站停止供脂。这样油站时间继电器定期启动，达到良好润滑的目的，这就是环式自动干油集中润滑系统的工作原理。

综上所述，为了保证润滑点的定量供脂，必须采用 SGQ 型给油器。由于 SGQ 型给油器的结构限制，在系统中必须采用两条输脂主管，轮换供送压力润滑脂，而这种轮换供脂的转换——换向，在流出式的润滑系统中是由电磁换向阀与压力操纵阀协同完成的；在环式干油集中润滑系统中，则采用液压换向阀来完成。

（三）单线供脂的干油集中润滑系统

现阶段单线供脂的干油集中润滑系统在中国机械设备的应用还不多。随着工业技术的发展，在双线供脂的干油集中润滑系统的基础上，单线供脂系统也逐渐得到发展和应用。

单线干油集中润滑系统是由单线干油泵、干油过滤器、输脂主管和单线给油器等组成。由于单线给油器的结构形式不同，所以系统接管布置也各不相同。

1. 单线非顺序式干油集中润滑系统

如图 2-40 所示，打开操纵阀的通路，油泵将压力润滑脂沿输脂主管（单线）送到各单线给油器，然后向润滑点定量供脂。当供应所有润滑点的单线给油器都已工作完毕，油站压力计的压力升高到规定数值，这时可用人工（或自动）切断电源。第二次（按润滑周期）供脂，再由人工（或自动）接通电源，使油站油泵供脂，继续上一次的过程。这种供脂不用换向，操作维护都很简单。

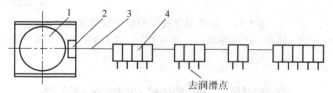

去润滑点

图 2-40　单线非顺序式干油集中润滑系统

1—干油泵站；2—操纵阀；3—输脂主管；4—给油器

所谓非顺序（或非进行）式，就是说这种单线给油器的工作并不是严格按顺序一个个动作，而是当输脂主管内的压力增大到足以克服给油器内的弹簧阻力时，给油器就开始动作，

向润滑点压脂。

这种系统的优点是：当其中的一个或几个给油器发生故障不能供脂时，不会影响其他给油器的正常供脂。

2. 单线循环顺序式干油集中润滑系统

如图 2-41 所示，油泵送出的压力润滑脂经换向阀 2 送入输脂主管，经单线给油器，沿润滑脂供给方向，由近及远一个个定量地送到润滑点。当所有给油器依次供脂完毕，压力润滑脂回到油站的换向阀，推动滑阀换向，完成一个工作循环。第二个工作循环，输脂方向与前一循环方向相反，供脂顺序便颠倒过来，即原来最后工作的给油器这次最先工作。只要油泵不停地压出润滑脂，此系统即按上述工作循环依次向润滑点定量供送润滑脂。

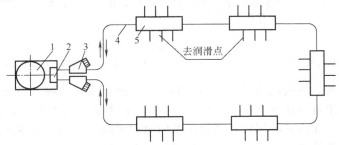

图 2-41　单线循环顺序式干油集中润滑系统

1—干油泵站；2—换向阀；3—过滤器；4—输脂主管；5—给油器

3. 单线顺序式（进行式）干油集中润滑系统

如图 2-42 所示，油泵的压力油脂经输脂主管送到主给油器（每次供脂量较大），从主给油器出来经输脂支管进入二次给油器（每次定量压出的润滑脂较少），再定量地供给润滑点。这种系统必须使用 PSQ 型片式给油器。

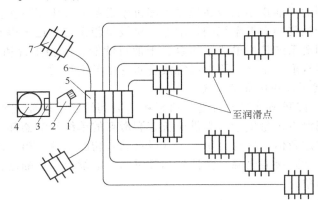

图 2-42　单线顺序式干油集中润滑系统

1—输脂主管；2—干油过滤器；3—操纵阀；4—干油泵；5—主给油器；6—输脂支管；7—二次给油器

第五节　典型零部件的润滑

一、滑动轴承的润滑

滑动轴承的润滑，主要就是正确确定轴承的润滑方式、润滑材料、耗油量以及润滑周期等。

（一）润滑方式

一般滑动轴承的润滑方式可根据下式所示的系数 k 选定，即

$$k = \sqrt{p_m v^2} \tag{2-4}$$

式中　p_m——轴颈的平均压力，MPa；

　　　　v——轴颈的线速度，m/s；

当 $k \leqslant 6$ 时，可用润滑脂，一般油脂杯润滑；

当 $6 < k < 50$ 时，用润滑油，针阀油杯润滑；

当 $50 < k < 100$ 时，用润滑油，油浴或飞溅润滑，需用水或循环油冷却；

当 $k > 100$ 时，用润滑油，压力润滑。

（二）滑动轴承用润滑油的选择

润滑油的黏度高低是影响滑动轴承工作性能的重要因素之一。因此，选择润滑油主要确定润滑油的黏度，根据黏度选用合适的润滑油。黏度确定的方法有计算法和经验数据查图表法。

1. 计算法

一般的滑动轴承用润滑油的黏度由下述公式计算确定，即

$$\eta = \frac{10^{-6} P}{3.4 d^2 n l} \tag{2-5}$$

式中　η——润滑油的动力黏度，Pa·s；

　　　　P——作用在轴颈上的径向载荷，N；

　　　　n——轴颈每分钟转速，r/min；

　　　　l——轴颈工作长度，cm；

　　　　d——轴颈的直径，cm。

求出了动力黏度 η 后，可根据黏度换算公式或查黏度换算表，换算为运动黏度或恩氏黏度，然后按此黏度来选择润滑油的牌号。

2. 经验数据以及查图表法

根据轴承的工作转速、载荷大小以及工作温度直接由图 2-43 查得所需润滑油的品种，这种方法比较简单。也可以查阅其他一些手册的经验表格，直接选用一些优质专用润滑油品。

（三）滑动轴承的润滑制度

根据轴承的工作条件和润滑方式来确定，可参考表 2-9。液体润滑轴承（如轧钢机油膜轴承）的润滑制度应根据液体摩擦轴承所在的机组的生产工艺要求，在设计集中循环润滑系统时按具体情况确定。

表 2-9　滑动轴承润滑制度

润滑方法或装置	工　作　条　件	润　滑　制　度
滴油或线芯润滑	连续工作 40℃以上	2h1 次
	连续工作 20～25℃	8h2～3 次
	间歇工作	8h1 次
	不经常工作、载荷不大	24h1 次
油环润滑	正常工作条件下	5 天 1 次,全部换油 3 个月
	繁重工作条件下	2～3 天 1 次,全部换油 1～2 个月

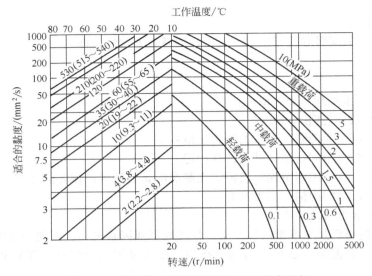

图 2-43　径向滑动轴承适用润滑油的黏度选择

（四）滑动轴承的润滑油用量

液体动压和静压轴承的给油量，可参阅有关书籍及文献中的计算公式。因为不同的轴承结构参数、工作条件不同，其供油量也不同。

1. 人工加油、滴油和线芯润滑的滑动轴承的耗油量

主要根据轴颈直径、转速、轴承长度 L 和轴颈直径的比值而定。当 $L/d=1$ 时，每班（8h）的耗油量可参见表 2-10。若 $L/d\neq1$ 时，则耗油量应将表 2-10 上所查得数值再乘上 L/d 的实际数值。

油绳油杯根据油线厚度不同其供油能力可参考表 2-11。

表 2-10　滑动轴承滴油和线芯润滑的耗油量

轴颈直径/mm	轴 的 转 速/(r/min)							
	50	100	150	250	350	500	700	1000
	每班（8h）的消耗量/g							
30	1	1	3	6	7	10	14	20
40	1	2	6	9	12	18	24	34
50	3	5	9	14	20	29	40	68
60	5	10	14	22	31	45	62	90
70	7	13	19	32	44	63	88	127
80	9	17	26	42	59	84	118	168
90	11	22	33	54	76	108	152	216
100	14	28	42	72	96	140	196	280
110	18	34	52	88	120	172	240	344
120	22	42	62	104	144	208	288	—
130	26	51	77	128	180	256	360	—
140	30	61	94	152	212	304	—	—
150	35	70	106	176	248	352	—	—

表 2-11 油绳油杯每条油线进油参考数值

油线厚度/mm	每 8h 进油量/g	油线厚度/mm	每 8h 进油量/g
3	15	6~8	20
4~5	17	9~12	30

采用油环润滑的滑动轴承，根据轴颈直径及油槽容积来确定其耗油量和加油量，可参考表 2-12。

表 2-12 滑动轴承油环润滑的耗油量

轴颈直径 /mm	油槽容积/kg	8h 工作的 耗油量/g	一次添加 油量/g	轴颈直径 /mm	油槽容积/kg	8h 工作的 耗油量/g	一次添加 油量/g
≤40	0.2	3	45	80~90	1.6	14	210
40~50	0.25	4	60	90~100	2.0	16	240
50~60	0.5	6	90	100~120	3.0	20	300
60~70	0.8	9	135	120~135	4.0	24	360
70~80	1.2	11	165	135~150	5.0	28	420

针阀油杯（GB 1159—74）最小流量为每分钟不超过 5 滴。

如果观察到轴承流出来的油量非常少，说明供油量不足。将会造成轴承温度上升，加剧轴颈和轴瓦的磨损，因此要适当加大给油量；若流出的油都是新油，则说明给油量太多，这样又会造成浪费。

2. 采用循环给油时的供油量

对于高速机械（例如蜗轮鼓风机、高速电动机的轴承等），每个润滑点的供油量可由经验公式计算，即

$$Q_i = (0.06 \sim 0.15)DL \tag{2-6}$$

式中 Q_i——给油量，L/min；

D——轴承孔直径，cm；

L——轴承长度，cm。

对于低速机械，每个润滑点的供油量可由经验公式计算，即

$$Q_i = (0.003 \sim 0.006)DL \tag{2-7}$$

而润滑油主要用作冷却时，每个润滑点的供油量则由经验公式计算，即

$$Q_i = \frac{A \times 2\pi n \times M_J}{\gamma \times c \times \Delta T} \tag{2-8}$$

式中 A——热功当量 1/427，J/(N·m)；

n——主轴转速，r/min；

M_J——主轴的摩擦转矩，N·m；

γ——润滑油的密度，kg/m³；

c——润滑油的比热容，J/(kg·℃)；

ΔT——油通过轴承的实际温升，℃。

在计算出每个润滑点需要的耗油量后，可以计算出系统总需要的润滑油量，即

$$Q = \sum Q_i \tag{2-9}$$

由 Q 值，则可以选择相应的油泵、过滤装置、冷却器以及相应的安全阀、单向阀等。

（五）滑动轴承的润滑脂耗用量及润滑制度

滑动轴承较少采用润滑脂润滑。一般仅在 $k \leqslant 6$ 而且不宜或不便采用润滑油润滑的地方

才采用润滑脂润滑。

1. 滑动轴承润滑脂的选择

滑动轴承润滑脂的选择应考虑锥入度、滴点、工作环境以及载荷情况等。主要可以参考表 2-13。

表 2-13　滑动轴承润滑脂的选择

单位载荷/MPa	圆周速度/(m/s)	最高工作温度/℃	选用润滑脂的名称牌号	备　注
≤1	≤1	75	3 号钙基脂	(1)在潮湿环境、温度在 75~120℃ 的条件下,应考虑用钙-钠基脂
1~6.5	0.5~5	55	2 号钙基脂	(2)在有水或潮湿、工作温度在 75℃ 条件下,可用铝基脂
≥6.5	≤0.5	75	3 号、4 号钙基脂	(3)工作温度在 110~120℃ 可用锂基脂
1~6.5	0.5~5	120	1 号、2 号钠基脂	(4)集中润滑系统给脂时,应选用锥入度较大的润滑脂
≥6.5	≤0.5	110	1 号钙-钠基脂	(5)压延机脂冬夏规格可通用
1~6.5	≤1	50~100	2 号锂基脂	
≥6.5	约 0.5	60	2 号压延脂	

2. 滑动轴承润滑脂的耗用量

滑动轴承润滑脂的耗用量,根据以下因素确定。

轴承的长径比 L/d:当轴承长度 L 与轴颈直径 d 越大,则耗用润滑脂量也越大,表2-14给出了 $L/d=1$ 时的润滑脂耗用量,当 $L/d \neq 1$ 时,则耗用量随之改变如下,即

$$Q = (L/d) \times q \tag{2-10}$$

式中　Q ——滑动轴承每 8h 润滑脂的耗用量,g;

　　　q ——当 $L/d=1$ 时,由表 2-14 中查出的消耗量,g。

表 2-14　滑动轴承用润滑脂的耗用量

轴颈直径/mm	转　速/(r/min)							
	<100		100~200		200~300		300~400	
	当 $\frac{L}{d}=1$ 时,每 8h 的耗脂量/g							
	正常工作条件	繁重工作条件	正常工作条件	繁重工作条件	正常工作条件	繁重工作条件	正常工作条件	繁重工作条件
40	0.5	0.6	0.8	0.9	1	1.1	1.2	1.5
50	0.8	0.9	1.1	1.4	1.5	1.8	2.0	2.5
60	1.2	1.4	1.6	2	2.1	2.5	2.8	3.5
70	1.5	2.0	2.5	3	3.1	3.5	3.8	4.5
80	2.0	2.5	3	3.5	3.6	4	4.5	5.5
90	2.5	3.0	4	4.5	4.6	5	6.0	6.5
100	3.5	4.0	5	5.5	6	7	8.0	9
110	5	5.5	7	8	9	10	12	13
120	6	7	10	11	13	15	17	18
130	8	9	14	15	17	19	21	23
140	10	11	18	19	21	23	26	28
150	12	13	21	23	25	28	31	33
160	15	16	25	27	29	33	36	39
170	17	19	28	31	33	38	41	45
180	19	21	32	35	38	43	46	51
190	22	24	35	38	42	48	51	57
200	25	27	38	41	47	53	57	63

供脂方法、润滑制度等均与润滑脂的耗用量有关。

3. 滑动轴承用脂润滑的润滑制度

根据滑动轴承轴颈的转速、工作温度和工作连续状况来确定加脂的润滑间隔周期，可参考表 2-15 和表 2-16。

表 2-15　滑动轴承用脂润滑的润滑周期参考（一）

工作条件	轴颈的转速/(r/min)	润滑周期	工作条件	轴颈的转速/(r/min)	润滑周期
偶然工作,不重要的零件	<200 >200	5 天一次 3 天一次	连续工作,其工作温度<40℃	<200 >200	1 天一次 每班一次
间断工作	<200 >200	2 天一次 1 天一次	连续工作,其工作温度为40～100℃	<200 >200	每班一次 每班二次

注：每班=8h。

表 2-16　滑动轴承用脂润滑的润滑周期参考（二）

工 作 条 件	润 滑 周 期	润滑方式和装置
重载,间歇工作	每班 1～2 次	
正常温度下,经常运转	每班 1～2 次	
重载,高温下经常运转	每班 2～3 次	旋盖干油杯压力球阀油杯集中干油润滑系统
轻载,间歇工作	1～3 天 1 次	
偶尔运转,不经常工作	5～10 天 1 次	

二、滚动轴承的润滑

滚动轴承是使用十分广泛的一种重要支承部件，属于高副接触。由于滚动轴承中的滚动体与内外滚道间的接触面积十分狭小，接触区内压力很高，因而对油膜的抗压强度要求很高。在滚动轴承的损坏形式中，往往由于润滑不良而引起轴承发热、异常的噪声，滚道烧伤及保持架损坏等。因此，必须十分注意选择滚动轴承的润滑方式和润滑剂。

（一）滚动轴承润滑方式的选择

滚动轴承的润滑方式与轴承的类型、尺寸和运转条件（如轴承的载荷、转速及工作温度等）有关。一般滚动轴承的润滑既可以用润滑油也可以用润滑脂（在某些特殊情况下有采用固体润滑剂的）。从润滑的作用来看，油具有很多优点，在高速下使用非常好。但从使用的角度出发，脂具有使用方便、不易泄漏和有阻止外来杂质进入摩擦副的作用等优点。目前，在滚动轴承中有 80% 是采用润滑脂来润滑的，而且，随着润滑脂性能和轴承的改进，特别是一批高性能的合成润滑脂及其他新品种润滑脂的问世，滚动轴承使用润滑脂润滑的比例还会上升。当然，近年来油雾润滑、油气润滑等新颖的润滑方式的发展，使润滑油润滑又产生了新的前景，但这毕竟只限于高速重负荷的少数重要轴承部位。表 2-17 对润滑油和润滑脂用于滚动轴承润滑的性能做了比较。

（二）滚动轴承用润滑油的选择

1. 滚动轴承用润滑油

不但要求有合适的黏度，而且要有良好的氧化安定性和热氧化安定性，不含机械杂质和水分。另外，滚动体和滚道存在较多滑动摩擦的滚动轴承（如球面滚子轴承），在载荷较重条件下，可采用加入极压添加剂的润滑油。

根据速度因数、工作温度、工作条件可以查表 2-18 选用润滑油。

在重负荷和高温（或因重负荷而形成的高温）条件下工作的滚动轴承，为保证良好的润滑，常采用有极压添加剂的高黏度耐高温的润滑油。因油在高温下的蒸发，注意不宜采用两种不同黏度掺和的油。掺和油在高温时将析出其中的轻馏分使残留部分变稠，这样影响润滑

表 2-17 滚动轴承润滑油、脂的选择

影响选择的因素	润 滑 油	润 滑 脂
温度	当油池温度超过 90℃或轴承温度超过 200℃时，可采用特殊的润滑油	当温度超过 120℃时，要用特殊润滑脂。当温度升高 200~220℃时，再润滑的时间间隔要缩短
速度因素①（dn 值）	dn 值＜450000~500000	dn 值＜300000~350000
载荷	各种载荷直到最大	低到中等
轴承形式	各种轴承	不用于不对称的球面滚子止推轴承
壳体设计	需要较复杂的密封和供油装置	较简单
长时间不维护	不可以用	可用。根据操作条件，特别要考虑温度
集中供给（同时供给其他零部件）	可用	不可用，不能有效地传热，也不能作为液压介质
最低的扭矩损失	为了获得最低功率损失，应采用有洗泵或油雾装置的循环系统	
污染条件	可用，但要采用有过滤装置的循环系统	可用，正确设计，可防止污染物的侵入

① dn 值＝轴承内径（mm）×转速（r/min），对于大轴承（直径大于 65mm）用 nd_m 值（d_m＝内外径的平均值）。

表 2-18 滚动轴承润滑油选用

轴承工作温度/℃	速度因数(dn)/(mm·r/min)	工 作 条 件			
		普 通 负 荷		重负荷或冲击负荷	
		适用黏度/(mm²/s)	适用油名称牌号	适用黏度/(mm²/s)	适用油名称牌号
−30~0	—	12~20(50℃)	32 号轴承油	12~25(50℃)	32 号抗磨液压油
0~60	15000 以下	24~40(50℃)	46 号轴承油 46 号汽轮机油	40~95(50℃)	46 号抗磨液压油
	15000~75000	12~20(50℃)	32 号轴承油 32 号汽轮机油	25~50(50℃)	32 号 HM 油
	75000~150000	12~20(50℃)	32 号轴承油 32 号汽轮机油	20~25(50℃)	32 号 HM 油
	150000~300000	5~9(50℃)	7~10 号轴承油	12~20(50℃)	10 号轴承油
60~100	15000 以下	60~95(50℃)	100 号轴承油	100~150(50℃) 15~24(100℃)	100 号齿轮油
	15000~75000	40~65(50℃)	68~100 号轴承油	60~95(50℃)	68~100 号齿轮油
	75000~150000	30~50(50℃)	46 号轴承油	40~65(50℃)	46~68 号齿轮油
	150000~300000	20~40(50℃)	32 号轴承油 22 号、30 号汽轮机油	30~50(50℃)	46 号齿轮油
100~150	—	13~16(100℃)	150 号轴承油	15~25(100℃)	220 号齿轮油

效果。某些特重负荷的机械，如轧钢机上的滚动轴承，在使用高黏度的润滑油时，还应加入极压添加剂，用以增加油膜强度，提高耐极压性能。

2. 滚动轴承用润滑油的消耗量及润滑制度

滚动轴承工作时，用油量不要太多，能保持一层薄油膜即可。如加油过多，反而会引起润滑油的温度升高，加速润滑油的氧化变质。对高速运转（1000r/min 以上）的滚动轴承，为了保证散热的需要，则应供送足够的润滑油，并设置循环润滑系统进行润滑和冷却。

滚动轴承每班（8h）润滑油的消耗量可参考表 2-19。

滚动轴承的润滑制度，对较小的滚动轴承根据其工作的连续程度 1～2 天加油一次；较大的轴承每 3～5 天加油一次；对较轻负荷、不连续运转的滚动轴承加油周期可适当延长。

表 2-19　滚动轴承每班（8h）润滑油消耗量参考

轴承号最后两位数字	轴承内径/mm	轴 承 系 列					
		轻型 200/轻宽型 500		中型 300/中宽型 600		重型 400	
		油槽容量/kg	8h 的耗油量/g	油槽容量/kg	8h 的耗油量/g	油槽容量/kg	8h 的耗油量/g
04	20	0.01	0.8	0.02	0.9	0.03	1.1
05	25		1.1	0.02	1.3	0.04	1.5
06	30	0.02	1.5	0.03	1.7	0.05	2.0
07	35		1.7	0.04	2.2	0.06	2.7
08	40	0.03	2.2	0.05	2.7	0.08	3.2
09	45	0.04	2.5	0.07	3.5	0.10	4.0
10	50	0.05	3.0	0.08	4.0	0.12	4.5
11	55	0.05	3.5	0.09	5.0	0.13	5.5
12	60	0.09	4.0	0.13	5.5	0.19	6.5
13	65	0.10	4.5	0.15	6.5	0.21	7.5
14	70	0.11	5.0	0.19	7.5	0.30	9.0
15	75	0.13	5.5	0.22	8.5	0.33	10
16	80	0.15	6.0	0.25	9.5	0.37	11.5
17	85	0.20	7.0	0.33	10.5	0.48	13.5
18	90	0.23	8.0	0.36	11	0.55	14
19	95	0.26	9.0	0.40	13	0.63	15
20	100	0.29	10	0.47	14	0.68	17
22	110	0.39	12	0.64	16	0.93	21
24	120	0.46	14	0.74	20	1.14	26
26	130	0.49	15	0.86	22	1.38	30
28	140	0.60	17	0.99	26	1.54	34

（三）滚动轴承润滑脂的选择

1. 滚动轴承润滑脂的选择

滚动轴承用润滑脂的选择主要是确定锥入度、稠化剂和添加剂的类型。

（1）锥入度的选择　一般转速和载荷的滚动轴承通常选 2 号（锥入度 265～295）润滑脂，速度较高的可选用 1 号或 0 号脂（锥入度 310～340；340～380），低速重载的轴承可选用 3 号或 4 号脂（锥入度 220～250；175～205）。锥入度的选择还与供脂方式有关，一般用油管输送的干油集中润滑系统，要求脂的泵送性要好，所以应选锥入度较大的脂，通常为 1 号或 2 号。

（2）润滑脂品种（稠化剂类型）的选择　一般来说，各种类型的通用润滑脂都可用于滚动轴承的润滑。低性能的钙基脂和钠基脂价格便宜，但润滑效果不好，轴承寿命和换脂周期都短，耗量大。对于一般转速、低负荷、工作温度低的不重要的机械的滚动轴承可以采用钙基或复合钙基脂；工作温度稍高又无水湿的环境，可以选用钠基脂；有水湿的环境采用钙钠基脂；对一般转速、工作负荷较重的轴承，可采用滚珠轴承脂，它的机械安定性、胶体安定性都比钙钠基脂好，这里，特别要推荐采用锂基脂；在低速重载甚至有冲击负荷的条件下，可采用二硫化钼锂基脂。采用干油集中润滑系统的，应采用泵送性好的压延机脂、合成复合铝基脂、0 号或 1 号锂基脂等；对高温下工作的滚动轴承可采用 7017、7019-1 高温润滑脂或

7020窑车轴承润滑脂；7018高转速润滑脂可用于转速超过5000r/min的高速轴承；对轧钢机的轴承润滑可采用合成高温压延机脂、高温极压轧钢机润滑脂等。

2. 滚动轴承润滑脂的消耗量及润滑制度

（1）滚动轴承润滑脂的消耗量　滚动轴承内润滑脂的填充量为：

① 对转速在1500r/min以上的滚动轴承，润滑脂的装入量为其空间的30%～50%；

② 对转速在1500r/min以下的滚动轴承，润滑脂的装入量为其空间的60%～70%；

③ 对在易污染的环境中工作的低速轴承，可以把轴承座内的空间全部填满，以使污染介质不易进入轴承内。

上述三条是对过去使用的钙、钠基等低性能脂的经验总结。要注意的是，除低速外，装脂量过多会因脂对轴承的摩擦阻力而使脂自身发热，使轴承温度上升，甚至发高热。

实践证明，由于润滑脂新品种的研制和推广应用，延长了加脂周期，同时又大大减少了装入量。现在有一种装填润滑脂的新方法称为"空毂润滑"，即只将滚动轴承内的空间填满润滑脂，而滚动轴承两边端盖内则不填充润滑脂。这种方法被证明是可行的，节约了大量润滑脂。但要注意，采用"空毂润滑"时，要求用机械安定性和胶体安定性都好的高性能润滑脂，否则运转中脂易流失，难以保证良好的润滑。

（2）滚动轴承的润滑制度　主要是轴承的加脂周期和滚动轴承的换脂周期，即清除轴承内残存旧脂，清洗后重加新脂。

对于使用压注油杯、旋盖式干油杯或干油集中润滑系统的滚动轴承，随着润滑脂性能的提高和高性能润滑脂新品种的采用，加脂间隔周期应加长，每次给脂量也应减少。在干油集中润滑系统中，滚动轴承加脂间隔时间通常服从于同一机组主要润滑点的间隔时间，但可通过调整各给油器调节螺丝来分别调节给脂量。通常先按设计的加脂量和加脂周期加脂，在经过试验取得经验后再修订加脂量和加脂周期。对内径小于130mm的滚动轴承，可根据内径和工作转速按图2-44及表2-20确定加脂周期。

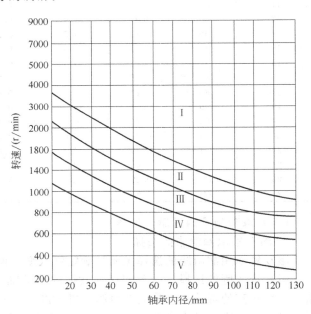

图 2-44　滚动轴承添加润滑脂间隔期

表 2-20　滚动轴承加脂间隔期

图 2-44 的区域	添脂间隔期		图 2-44 的区域	添脂间隔期	
	/天	/次		/天	/次
Ⅰ	1	1	Ⅳ	7	1
Ⅱ	2	1	Ⅴ	10	1
Ⅲ	5	1			

对于特殊情况下工作的轴承，可以根据具体情况适当增加或者减少加脂周期（或间隔时间）。

三、齿轮及蜗轮传动的润滑

（一）齿轮传动润滑方式的选择

1. 油浴润滑

油浴润滑以齿轮箱体作为油槽，齿轮浸在油中一定的深度，由于齿轮的旋转，搅动油飞溅，油滴飞溅到各个部位进行润滑。这种方法比较简单，适用于速度不高的中小型齿轮箱。因为油要有一定的速度才能够飞溅，所以齿轮的圆周速度要大于 3m/s。但是速度又不能太高，速度太高会使油甩离齿面而润滑不良，同时也会增大搅拌的功率损失。采用油浴润滑的圆柱齿轮传动，圆周速度一般不超过 12～15m/s，蜗杆蜗轮传动的蜗杆圆周速度一般不超过 6～10m/s。

2. 循环润滑

循环润滑是采用单独的一套润滑系统。油通过油泵送到齿轮箱，然后又流回油箱，如此不断循环。它兼有润滑、冷却、冲洗齿面的作用，效果较好，适用于圆周速度较高、功率较大的齿轮传动。圆柱齿轮圆周速度大于 12～15m/s，蜗杆圆周速度大于 6～10m/s，需要采用循环润滑。

3. 油雾润滑

对于传动精度要求很高，传动功率不是太大的齿轮，选用油雾润滑是有很多优点的。但是冶金设备上的齿轮，目前还很少采用油雾润滑。

4. 离心润滑

在齿轮齿底钻若干个径向小孔，如图 2-45 所示，利用齿轮旋转时离心力作用，把油从小孔甩出，供给到啮合的齿面。油在离心力的作用下有连续冲洗冷却的效果。此法也可以把高黏度的油供给到啮合齿面，防止高速齿轮因离心力作用造成的齿面润滑不良。它的功率损失，以及对振动的缓冲效果，都比其他润滑方法好。但是在齿底钻小孔加工制造上会增加很多麻烦。同时齿轮的结构上也变得复杂，另外还需要一套供油设施。所以一般的设备不宜采用这种方法。对转速较高，又要确保安全运行的重要的大型齿轮应采用这种润滑方法。

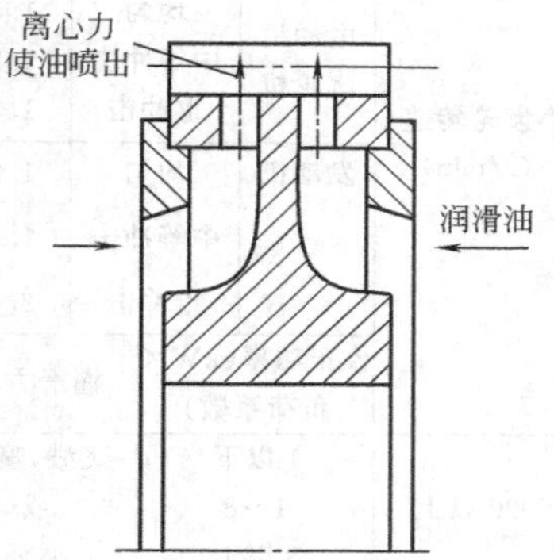

图 2-45　齿轮的离心润滑

5. 润滑脂润滑

某些低速重负荷的齿轮，用 0 号或 1 号压延机脂装入齿轮箱内，实践证明效果良好，既可减低磨损，又可避免漏油。但应注意把齿轮箱盖封好，不要让铁鳞进入，否则铁鳞落入后，不能沉淀，反而加速了磨损。可以用于齿轮箱润滑的脂还有 0 号合成锂基脂、0 号钠基脂（或含石墨的）、0 号复合钙铅润滑脂等。

6. 固体润滑

圆柱齿轮减速器负荷不大，又比较平稳，可以采用二硫化钼半干膜润滑（即底膜加保膜）。实践证明，这种润滑方式有良好的效果，是一种防止漏油的有效方法。某些部位还可以采用粉末状固体润滑剂飞扬润滑，应用时必须先做试验，取得经验之后，再推广应用。

（二）齿轮传动润滑油品的选择

润滑油品的选择是根据设备对润滑油的技术要求决定的。要选择好油品，必须首先了解设备的性能参数和对润滑有无特殊要求。根据设备润滑技术上的要求，选择能够满足这些要求的油品。通常有下列几项原则供选择时参考。

① 齿轮的载荷是选择油品的主要依据。轻负荷可选用不含添加剂的油。负荷较大、滑动较大时（例如蜗杆），可选用含有油性添加剂的油。重负荷而又有强烈冲击时（例如双曲

线齿轮、轧钢机齿轮座），应考虑选用全极压齿轮油。

② 齿轮的速度是选择油品黏度的主要依据。速度高的，选用低黏度油；速度低的，选用高黏度油。

③ 润滑方式是选油的参考条件。循环润滑必须要求油品的流动性好，含胶质沥青较多的汽缸油不宜选用。油浴式润滑则可选用汽缸油。

④ 润滑系统的对象也要考虑。与齿轮共用一个润滑系统的部件，例如滑动轴承是否对油质有特殊要求，如果齿轮要求润滑油必须含有抗磨添加剂，而轴承合金中含有银、镉等，这就要求抗磨添加剂对银、镉不起化学反应不发生腐蚀，所以必须选用既抗银又耐磨的油品。如果轴承精度较高，间隙很小，润滑油的黏度不宜选用过大，然而低黏度油对齿轮又不适应，这时只能选用低黏度的抗磨油，借助抗磨添加剂来解决齿轮的润滑问题。

选择油品牌号的具体方法，一般是查图表，或按经验公式计算黏度。

1. 渐开线齿轮传动用润滑油的选择

密闭式齿轮箱及减速器（包括圆柱直齿轮、圆锥齿轮、人字齿轮、斜齿圆柱齿轮）可按表 2-21 选出适用的润滑油。

表 2-21　一般减速机润滑油适用黏度（40℃）/(mm²/s)

小齿轮转速 /(r/min)	负荷条件工作系数			无论主动齿轮或被动齿轮，都因齿面上产生冲击负荷，而致油膜破裂倾向增加，因而把左表系数和输入功率相乘，则得近似实际的负荷（正齿轮、螺旋齿轮、伞齿轮、螺旋人字齿轮等适用）					
	驱动源	负荷	系数						
	电动机 汽轮机	均匀	1.00						
		中等冲击	1.25						
		重冲击	1.75						
	发动机	均匀	1.25	减速比					
		中等冲击	1.50	1级减速（约10∶1以下）			2级减速（约10∶1以上）		
		重冲击	2.00	润滑油温度范围（启动最低温度～运转最高温度）/℃					
	校正功率（kW× 负荷系数）	润滑方法		−30～5	5～40	40～65	−30～5	5～40	40～65
5000 以上	1 以下	飞溅,喷射		6～10	6～10	30～40	6～10	6～10	30～40
	1～8	或		6～10	20～30	60～70	6～10	30～40	60～70
	8 以上	循环		6～10	20～30	60～70	6～10	30～40	90～100
2000～5000	4 以下	飞溅,喷射		10～20	20～30	60～70	10～20	30～40	90～100
	4～15	或		10～20	30～40	90～100	20～30	60～70	150～170
	15 以上	循环		20～30	60～70	150～170	20～30	60～70	250～280
1000～2000	8 以下	飞溅,喷射		10～20	30～40	90～100	20～30	60～70	150～170
	8～40	或		20～30	60～70	150～170	20～30	90～100	250～280
	40 以上	循环		20～30	90～100	400～500	30～40	150～170	400～500
300～1000	15 以下	循环		10～20	30～40	90～100	20～30	60～70	150～170
		飞溅		20～30	60～70	150～170	30～40	90～100	250～280
	15～56	循环		20～30	60～70	250～280	20～30	90～100	400～500
		飞溅		20～30	90～100	400～500	30～40	150～170	400～500
	56 以上	循环		20～30	90～100	400～500	30～40	150～170	600～700
		飞溅		30～40	150～170	600～700	40～50	250～280	600～700
300 以下	25 以下	循环		20～30	60～70	250～280	20～30	90～100	400～500
		飞溅		20～30	90～100	400～500	30～40	150～170	600～700
	25～75	循环		20～30	90～100	400～500	30～40	150～170	600～700
		飞溅		30～40	150～170	600～700	40～50	220～240	600～700
	75 以上	循环		30～40	150～170	600～700	30～40	250～280	600～700
		飞溅		30～40	250～280	600～700	40～50	250～280	600～700

2. 蜗杆蜗轮用润滑油的选择

根据蜗杆蜗轮啮合的特点得知，普通蜗轮的啮合滑动面上不能形成动压油膜，因此不能根据其黏度选择用油。而是要根据传递的功率和滑动速度，选择具有适当抗磨性能的油品。而润滑油中的油性添加剂是极为主要的，推荐选用高黏度的油（金属切削机床中的蜗杆蜗轮传动不属于这个范围）。

低速低功率的蜗杆蜗轮，可以选用不含添加剂的汽缸油或齿轮油，黏度应大于 $20mm^2/s$。例如 680 号、1000 号汽缸油、460 号或 680 号 CKE 蜗轮蜗杆油，也可选用半流体状的润滑脂。

中速中功率的蜗轮，应选用 460 号或 680 号 CKE 蜗轮蜗杆油。

高速高功率的蜗轮，应选用 460 号或 680 号 CKE/P 蜗轮蜗杆油。

实验表明，在矿物油中加入 3%～10% 的脂肪酸，对于润滑蜗杆蜗轮有良好的效果，特别是磷青铜蜗轮，既可增强抗黏着的能力，又可降低摩擦系数。有的试验表明，硫氯型极压添加剂并不增加蜗杆蜗轮的抗黏着能力，反而促进点蚀的发展。所以对极压添加剂的使用要特别慎重。

3. 开式齿轮用油的选择

开式齿轮用油可参考表 2-22。低速低负荷的开式齿轮也可用经过过滤的旧油。负荷较大的可用二硫化钼 9 号油膏，也可以用 60% 的过滤旧油加 40% 的石油沥青混合制成的齿轮油脂来润滑。

表 2-22　开式齿轮选用润滑油脂参考

润滑方式	齿 轮 承 载 负 荷		
	轻	中	重
滴　　油	1 号开式齿轮油	1 号开式齿轮油	2 号开式齿轮油
人工涂刷	1 号、2 号开式齿轮油	1 号、2 号开式齿轮油	1 号、2 号开式齿轮油
喷　　射	1 号压延机	1 号极压锂基脂	1 号极压锂基润滑脂，9 号二硫化钼油膏，沥青油脂（自配）

第六节　桥式起重机的润滑

桥式吊车需要润滑的部位及常用润滑剂，按下述几个部分叙述。

1. 大车传动部分

① 传动轴轴毂一般都是滚动轴承，用 2 号钙基脂或锂基脂灌注润滑，定期清洗换油脂；

② 齿轮联轴器用 1 号压延机脂及高黏度传动机构用油润滑；

③ 齿轮减速机用 150 号工业齿轮油灌注飞溅式润滑，定期换油，及时补加油；

④ 电机轴承用 2 号钙钠基脂灌注润滑，定期清洗换油脂；

⑤ 液压抱闸用 45 号变压器油。

2. 大车走行部分

① 车轮轴承用 2 号锂基脂灌注润滑，定期换油脂；

② 减速机用 150 号工业齿轮油灌注飞溅润滑；

③ 开式齿轮用开式齿轮油涂抹润滑，定期加油。

3. 小车传动部分

① 立式减速机用 150 号工业齿轮油灌注飞溅润滑；最好用具有爬附性能的防漏油；

② 齿轮联轴器用 1 号压延机脂及高黏度传动机构用油润滑；

③ 电机轴承用 2 号钙基脂灌注润滑；

④ 液压抱闸用 45 号变压器油。

4. 小车走行部分

车轮轴承用 2 号锂基脂。

5. 卷扬部分

① 主卷和辅卷减速机用 150 号工业齿轮油，定期换油和补加；

② 卷筒轴承用 2 号锂基脂灌注润滑；

③ 定滑轮轴承用 2 号锂基脂灌注润滑；

④ 动滑轮和吊钩轴承用 2 号锂基脂灌注润滑；

⑤ 卷扬电机轴承用 2 号钙钠基脂灌注润滑；

⑥ 卷扬开式齿轮用开式齿轮油涂抹，每 3 天补涂一次；

⑦ 钢绳用钢绳油刷涂，如连续运行每 7 天补涂一次。

桥式吊车，除专用吊车外（铸锭吊、脱锭吊、耙式吊、钳式吊等）其余的通用吊车，在一般情况下，其环境和使用条件并不十分恶劣。如果使用性能良好的优质润滑脂，则轴承可以运行一个检修周期。当达到检修周期时，轴承即随着清洗油污并换油脂。如果吊车工作繁重，润滑点不多，注油时间并不长可以定期用油枪注入油脂。实践证明，这种方法是良好的。若设置集中干油润滑站，显然增加了维护上的麻烦。

第三章　机械的拆卸与装配

第一节　概　述

一、机械装配的概念

将机械零件或零部件按规定的技术要求组装成机器部件或机器，实现机械零件或部件的连接，通常称为机械装配。

机械装配是机器制造和修理的重要环节。机械装配工作的质量对于机械的正常运转、设计性能指标的实现以及机械设备的使用寿命等都有很大影响。装配质量差会使载荷分布不均匀、产生附加载荷、加速机械磨损甚至发生事故损坏等。对机械修理而言，装配工作的质量对机械的效能、修理工期、使用的劳力和成本等都有非常大的影响。因此，机械装配是一项非常重要而又十分细致的工作。

组成机器的零部件可以分为两大类。一类是标准零部件，如轴承、齿轮、联轴器、键销、螺栓等，它们是机器的主要组成部分，并且数量很多。另一类是非标准件，在机器中数量不多。在研究零部件的装配时，主要讨论标准零部件的装配问题。

零部件的连接分为固定连接和活动连接。固定连接是使零部件固定在一起，没有任何相对运动的连接。固定连接分为可拆的和不可拆的两种。可拆的固定连接如螺纹连接、键销连接及过盈连接等；不可拆的固定连接如铆接、焊接、胶合等。活动连接是连接起来的零部件能实现一定性质的相对运动，如轴与轴承的连接、齿轮与齿轮的连接、柱塞与套筒的连接等。无论哪一种连接都必须按照技术要求和一定的装配工艺进行，这样才能保证装配质量，满足机械的使用要求。

二、机械装配的共性知识

机器的性能和精度是在机械零件加工合格的基础上，通过良好的装配工艺实现的。机器装配的质量和效率在很大程度上取决于零件加工的质量。机械装配又对机器的性能有直接的影响，如果装配不正确，即使零件加工的质量很高，机器也达不到设计的使用要求。不同的机器其机械装配的要求与注意事项各有特色，但机械装配需注意的共性问题通常有以下几个方面。

（一）保证装配精度

保证装配精度是机械装配工作的根本任务。装配精度包括配合精度和尺寸链精度。

1. 配合精度

在机械装配过程中大部分工作是保证零部件之间的正常配合。为了保证配合精度，装配时要严格按公差要求。目前常采用的保证配合精度的装配方法有以下几种。

（1）完全互换法　相互配合零件公差之和小于或等于装配允许偏差，零件完全互换。对零件不需挑选、调整或修配就能达到装配精度要求。该方法操作方便，易于掌握，生产效率高，便于组织流水作业，但对零件的加工精度要求较高。适用于配合零件数较少、批量较大的场合。

（2）分组选配法　这种方法零件的加工公差按装配精度要求的允许偏差放大若干倍，对加工后的零件测量分组，对应的组进行装配，同组可以互换。零件能按经济加工精度制造，配合精度高，但增加了测量分组工作。适用于成批或大量生产，配合零件数少，装配精度较高的场合。

（3）调整法　选定配合副中一个零件制造成多种尺寸作为调整件，装配时利用它来调整到装配允许的偏差；或采用可调装置如斜面、螺纹等改变有关零件的相互位置来达到装配允许偏差。零件可按经济加工精度制造，能获得较高的装配精度。但装配质量在一定程度上依赖操作者的技术水平。调整法可用于多种装配场合。

（4）修配法　在某零件上预留修配量，在装配时通过修去其多余部分达到要求的配合精度。这种方法零件可按经济加工精度加工，并能获得较高的装配精度。但增加了装配过程中的手工修配和机械加工工作量，延长了装配时间，且装配质量在很大程度上依赖工人的技术水平。适用于单件小批生产，或装配精度要求高的场合。

上述四种装配方法中，分组选配法、调整法、修配法过去采用的比较多，采用完全互换法比较少。但随着科学技术的进步，生产的机械化、自动化程度不断提高，零件较高的加工精度已不难实现。由于现代化生产的大型、连续、高速和自动化的特点，完全互换法已在机械装配中日益广泛采用，成为发展的方向。

2. 尺寸链精度

机械装配过程中，有时虽然各配合件的配合精度满足了要求，但是累积误差所造成的尺寸链误差可能超出设计范围，影响机器的使用性能。因此，装配后必须进行检验，当不符合设计要求时，重新进行选配或更换某些零部件。

内燃机曲柄连杆机构装配尺寸如图3-1所示。A、B、C、D、δ 五个尺寸构成了装配尺寸链。其中 δ 是装配过程中最后形成的尺寸链的封闭环，δ 对内燃机的压缩比有很大影响。当 A 为最大，B、C、D 为

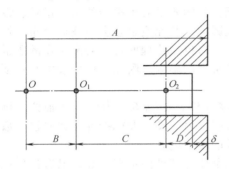

图3-1　内燃机曲柄连杆机构装配尺寸
A—曲轴座孔中心至缸体上平面的距离；B—曲轴的回转半径；C—连杆大小头中心孔之间的距离；D—活塞销孔中心至活塞顶平面之间的距离；δ—活塞位于上止点时其顶平面至缸体上平面之间的距离

最小时，δ 最大。反之，当 A 为最小，B、C、D 为最大时，δ 最小。δ 值可能超出设计要求范围，因此，必须在装配后进行检验，使 δ 符合规定。

（二）重视装配工作的密封性

在机械装配过程中，如果密封装置位置不当、选用密封材料和预紧程度不合适、密封装置的装配工艺不符合要求，都可能产生机械设备漏油、漏水、漏气等现象，轻则损失能源，造成环境污染，使机械设备降低或丧失工作能力；重则可能发生严重事故。因此在装配工作中，对密封性必须给予足够重视。要恰当地选用密封材料，严格按照正确的工艺过程合理装配，要有合理的装配紧度，并且压紧要均匀。

三、机械装配的工艺过程

机械装配的工艺过程一般是：机械装配前的准备工作、装配、检验和调整。

1. 机械装配前的准备工作

熟悉装配图及有关技术文件，了解所装机械的用途、构造、工作原理、各零部件的作用、相互关系、连接方法及有关技术要求；掌握装配工作的各项技术规范；制定装配工艺规程、选择装配方法、确定装配顺序；准备装配时所用的材料、工具、夹具和量具；对零件进行检验、清洗、润滑，重要的旋转体零件还需做静动平衡实验，特别是对于转速高、运转平

稳性要求高的机器，其零部件的平衡要求更为严格。

2. 装配

装配要按照工艺过程认真、细致地进行。装配的一般步骤是：先将零件装成组件，再将零件、组件装成部件，最后将零件、组件和部件总装成机器。装配应从里到外，从上到下，以不影响下道工序的原则进行。

3. 检验和调整

机械设备装配后需对设备进行检验和调整。检验的目的在于检查零部件的装配工艺是否正确，检查设备的装配是否符合设计图样的规定。凡检查出不符合规定的部位，都需进行调整，以保证设备达到规定的技术要求和生产能力。

四、机械装配工艺的技术要求

机械装配工艺的技术要求如下：

① 在装配前，应对所有的零件按要求进行检查；在装配过程中，要随时对装配零件进行检查，避免全部装好后再返工；

② 零件在装配前，不论是新件还是已经清洗过的旧件都应进一步清洗；

③ 对所有的配合件和不能互换的零件，要按照拆卸、修理或制造时所做的记号，成对或成套地进行装配，不许混乱；

④ 凡是相互配合的表面，在安装前均应涂上润滑油脂；

⑤ 保证密封部位严密，不漏水、不漏油、不漏气；

⑥ 所有锁紧止动元件，如开口销、弹簧、垫圈等必须按要求配齐，不得遗漏；

⑦ 保证螺纹连接的拧紧质量。

第二节 机械零件的拆卸

一、机械零件拆卸的一般规则和要求

拆卸的目的是为便于检查和维修。由于机械设备的构造各有其特点，零部件在质量、结构、精度等各方面存在差异，因此若拆卸不当，将使零部件受损，造成不必要的浪费，甚至无法修复。为保证维修质量，在解体之前必须周密计划，对可能遇到的问题有所估计，做到有步骤地进行拆卸，一般应遵循下列规则和要求。

1. 拆卸前必须先弄清楚构造和工作原理

机械设备种类繁多，构造各异。应弄清所拆部分的结构特点、工作原理、性能、装配关系，做到心中有数，不能粗心大意、盲目乱拆。对不清楚的结构，应查阅有关图纸资料，搞清装配关系、配合性质，尤其是紧固件位置和退出方向。否则，要边分析判断，边试拆，有时还需设计合适的拆卸夹具和工具。

2. 拆卸前做好准备工作

准备工作包括：拆卸场地的选择、清理；拆前断电、擦拭、放油，对电气件和易氧化、易锈蚀的零件进行保护等。

3. 从实际出发，可不拆的尽量不拆，需要拆的一定要拆

为减少拆卸工作量和避免破坏配合性质，对于尚能确保使用性能的零部件可不拆，但需进行必要的试验或诊断，确信无隐蔽缺陷。若不能肯定内部技术状态如何，必须拆卸检查，确保维修质量。

4. 使用正确的拆卸方法，保证人身和机械设备安全

拆卸顺序一般与装配顺序相反，先拆外部附件，再将整机拆成总成、部件，最后全部拆成零件，并按部件汇集放置。根据零部件连接形式和规格尺寸，选用合适的拆卸工具和设备。对不可拆的连接或拆后降低精度的结合件，拆卸时需注意保护。有的拆卸需采取必要的支承和起重措施。

5. 对轴孔装配件应坚持拆与装所用的力相同原则

在拆卸轴孔装配件时，通常应坚持用多大的力装配，就用多大的力拆卸。若出现异常情况，要查找原因，防止在拆卸中将零件碰伤、拉毛、甚至损坏。热装零件需利用加热来拆卸。一般情况下不允许进行破坏性拆卸。

6. 拆卸应为装配创造条件

如果技术资料不全，必须对拆卸过程有必要的记录，以便在安装时遵照"先拆后装"的原则重新装配。拆卸精密或结构复杂的部件，应画出装配草图或拆卸时做好标记，避免误装。零件拆卸后要彻底清洗、涂油防锈、保护加工面，避免丢失和破坏。细长零件要悬挂，注意防止弯曲变形。精密零件要单独存放，以免损坏。细小零件要注意防止丢失。对不能互换的零件要成组存放或打标记。

二、常用拆卸方法

1. 击卸法

利用锤子或其他重物在敲击或撞击零件时产生的冲击能量把零件拆下。

2. 拉拔法

对精度较高不允许敲击或无法用击卸法拆卸的零部件应使用拉拔法。它是采用专门拉器进行拆卸。

3. 顶压法

利用螺旋 C 型夹头、机械式压力机、液压压力机或千斤顶等工具和设备进行拆卸。适用于形状简单的过盈配合件。

4. 温差法

拆卸尺寸较大、配合过盈量较大或无法用机械、顶压等方法拆卸时，或为使过盈较大、精度较高的配合件容易拆卸，可用此种方法。温差法是利用材料热胀冷缩的性能、加热包容件，使配合件在温差条件下失去过盈量，实现拆卸。

5. 破坏法

若必须拆卸焊接、铆接等固定连接件，或轴与套互相咬死，或为保存主件而破坏副件时，可采用车、锯、錾、钻、割等方法进行破坏性拆卸。

三、典型连接件的拆卸

(一) 螺纹连接件

螺纹连接应用广泛，它具有简单、便于调节和可多次拆卸装配等优点。虽然它拆卸较容易，但有时因重视不够或工具选用不当、拆卸方法不正确而造成损坏，应特别引起注意。

1. 一般拆卸方法

首先要认清螺纹旋向，然后选用合适的工具，尽量使用呆扳手或螺钉旋具、双头螺栓专用扳手等。拆卸时用力要均匀，只有受力大的特殊螺纹才允许用加长杆。

2. 特殊情况的拆卸方法

(1) 断头螺钉的拆卸　机械设备中的螺钉头有时会被打断，断头螺钉在机体表面以下时，可在断头端的中心钻孔，攻反向螺纹，拧入反向螺钉旋出，见图 3-2 (b)；断头螺钉在机体表面以上时，可在螺钉上钻孔，打入多角淬火钢杆，再把螺钉拧出，见图 3-2 (a)；也可在断头上锯出沟槽，用一字形螺钉旋具拧出；或用工具在断头上加工出扁头或方头，用扳手拧出；或在断头上加焊弯杆拧出；也可在断头上加焊螺母拧出，见图 3-2 （c）；当螺钉较粗时，可用扁錾沿圆周剔出。

（2）打滑内六角螺钉的拆卸　当内六角磨圆后出现打滑现象时，可用一个孔径比螺钉头外径稍小一点的六方螺母，放在内六角螺钉头上，将螺母和螺钉焊接成一体，用扳手拧螺母即可把螺钉拧出，如图 3-3 所示。

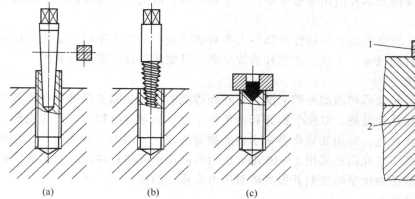

图 3-2　断头螺钉的拆卸

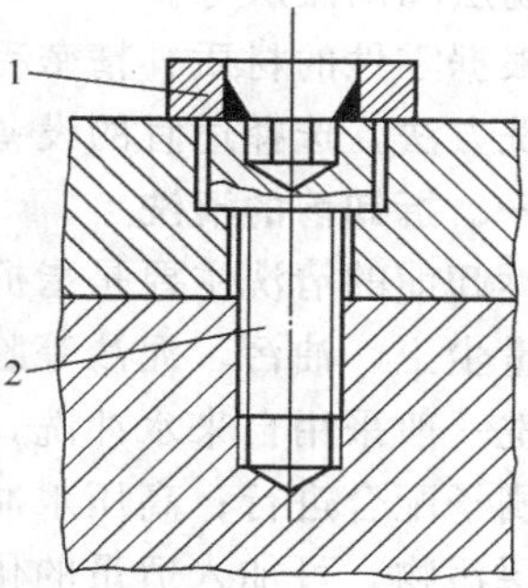

图 3-3　打滑内六角螺钉的拆卸
1—螺母；2—螺钉

（3）锈死螺纹的拆卸　可向拧紧方向拧动一下，再旋松，如此反复，逐步拧出；用手锤敲击螺钉头、螺母及四周，锈层震松后即可拧出；可在螺纹边缘处浇些煤油或柴油，浸泡 20min 左右，待锈层软化后逐步拧出；若上述方法均不可行，而零件又允许，可快速加热包容件，使其膨胀，软化锈层也能拧出；还可用錾、锯、钻等方法破坏螺纹件。

（4）成组螺纹连接件的拆卸　它的拆卸顺序一般为先四周后中间，对角线方向轮换。先将其拧松少许或半周，然后再顺序拧下，以免应力集中到最后的螺钉上，损坏零件或使结合件变形，造成难以拆卸的困难。要注意先拆难以拆卸部位的螺纹件。

（二）过盈连接件

拆卸过盈件，应按零件配合尺寸和过盈量大小，选择合适的拆卸工具和方法。视松紧程度由松至紧，依次用木锤、铜棒、手锤或大锤、拉器、机械式压力机、液压压力机、水压机等进行拆卸。过盈量过大或为保护配合面，可加热包容件或冷却被包容件后再迅速压出。

无论使用何种方法拆卸，都要检查有无定位销、螺钉等附加固定或定位装置，若有必须先拆下。施力部位要正确，受力要均匀，方向要无误。

（三）滚动轴承的拆卸

拆卸滚动轴承时，除按过盈连接件的拆卸要点进行外，还应注意尽量不用滚动体传递力；拆卸轴末端的轴承时，可用小于轴承内径的铜棒或软金属、木棒抵住轴端，在轴承下面放置垫铁，再用手锤敲击。

（四）不可拆连接的拆卸

焊接件的拆卸可用锯割、扁錾切割、小钻头钻一排孔后再錾或锯，以及气割等。铆接件的拆卸可錾掉、锯掉、气割铆钉头或用钻头钻掉铆钉等。

拆卸主要是指连接件的拆卸，除应遵守上述规则以外，还应掌握拆卸的方法。

第三节　零件的清洗

在维修过程中搞好清洗是做好维修工作的重要一环。清洗方法和清洗质量对鉴定零件的准确性、维修质量、维修成本和使用寿命等均产生重要影响。清洗包括清除油污、水垢、积炭、锈层和旧漆层等。

根据零件的材质、精密程度、污物性质和各工序对清洁程度的要求不同，必须采用不同的清洗方法，选择适宜的设备、工具、工艺和清洗介质，以便获得良好的清洗效果。

一、拆卸前的清洗

拆卸前的清洗主要是指拆卸前的外部清洗。其外部清洗的目的是除去机械设备外部积存的大量尘土、油污、泥沙等脏物，以便于拆卸和避免将尘土、油泥等脏物带入厂房内部。外部清洗一般采用自来水冲洗，即用软管将自来水接到被清洗部位，用水流冲洗油污，并用刮刀、刷子配合进行；高压水冲刷即采用 $1\sim10$MPa 压力的高压水流进行冲刷。对于密度较大的厚层污物，可加入适量的化学清洗剂并提高喷射压力和水的温度。

常见的外部清洗设备有：

① 单枪射流清洗机，它是靠高压连续射流或汽水射流的冲刷作用或射流与清洗剂的化学作用相配合来清除污物；

② 多喷嘴射流清洗机，有门框移动式和隧道固定式两种，喷嘴安装位置和数量，根据设备的用途不同而异。

二、拆卸后的清洗

（一）清除油污

凡是和各种油料接触的零件在解体后都要进行清除油污的工作，即除油。油可分为两类：可皂化的油，就是能与强碱起作用生成肥皂的油，如动物油、植物油，即高分子有机酸盐；还有一类是不可皂化的油，它不能与强碱起作用，如各种矿物油、润滑油、凡士林和石蜡等。它们都不溶于水，但可溶于有机溶剂。去除这些油类，主要是用化学方法和电化学方法。常用的清洗液为有机溶剂、碱性溶液和化学清洗液等。清洗方式则有人工清洗和机械清洗两种方式。

1. 清洗液

（1）有机溶剂　常见的有煤油、轻柴油、汽油、丙酮、酒精和三氯乙烯等。有机溶剂除油是以溶解污物为基础，它对金属无损伤，可溶解各类油脂，不需加热，使用简便，清洗效果好。但有机溶剂多数为易燃物，成本高，主要适用于规模小的单位和分散的维修工作。

（2）碱性溶液　是碱或碱性盐的水溶液。利用碱性溶液和零件表面上的可皂化油起化学反应，生成易溶于水的肥皂和不易浮在零件表面上的甘油，然后用热水冲洗，很容易除油。对不可皂化油和可皂化油不容易去掉的情况，应在清洗溶液中加入乳化剂，使油垢乳化后与零件表面分开。常用的乳化剂有肥皂、水玻璃（硅酸钠）、骨胶、树胶等。清洗不同材料的零件应采用不同的清洗溶液。碱性溶液对于金属有不同程度的腐蚀作用，尤其是对铝的腐蚀较强。表 3-1 和表 3-2 分别列出清洗钢铁零件和铝合金零件的配方，供使用时参考。

表 3-1　清洗钢铁零件的配方

成　分	配方 1	配方 2	配方 3	配方 4	成　分	配方 1	配方 2	配方 3	配方 4
苛性钠	7.5	20	—	—	磷酸三钠			1.25	9
碳酸钠	50		5		磷酸氢二钠			1.25	
磷酸钠	10	50			偏硅酸钠				4.5
硅酸钠	—	30	2.5		重铬酸钠				0.9
软肥皂	1.5	—	5	3.6	水	1000	1000	1000	450

表 3-2　清洗铝合金零件的配方

成　分	配方 1	配方 2	配方 3	成　分	配方 1	配方 2	配方 3
碳酸钠	1.0	0.4	1.5～2.0	肥皂	—	—	0.2
重铬酸钾	0.05	—	0.05	水	100	100	100
硅酸钠	—		0.5～1.0				

用碱性溶液清洗时，一般需将溶液加热到 80～90℃。除油后用热水冲洗，去掉表面残留碱液，防止零件被腐蚀。碱性溶液应用最广。

（3）化学清洗液　是一种化学合成水基金属清洗剂，以表面活性剂为主。由于其表面活性物质降低界面张力而产生湿润、渗透、乳化、分散等多种作用，具有很强的去污能力。它还具有无毒、无腐蚀、不燃烧、不爆炸、无公害、有一定防锈能力，成本较低等优点，目前已逐步替代其他清洗液。

2. 清洗方法

（1）擦洗　将零件放入装有柴油、煤油或其他清洗液的容器中，用棉纱擦洗或毛刷刷洗。这种方法操作简便，设备简单，但效率低，用于单件小批生产的中小型零件。一般情况下不宜用汽油，因其有溶脂性，会损害人的身体且易造成火灾。

（2）煮洗　将配制好的溶液和被清洗的零件一起放入用钢板焊制适当尺寸的清洗池中。在池的下部设有加温用的炉灶，将零件加温到 80～90℃煮洗。

（3）喷洗　将具有一定压力和温度的清洗液喷射到零件表面，以清除油污。此方法清洗效果好，生产效率高，但设备复杂。适于零件形状不太复杂、表面有严重油垢的清洗。

（4）振动清洗　是将被清洗的零部件放在振动清洗机的清洗篮或清洗架上，浸没在清洗液中，通过清洗机产生振动来模拟人工漂刷动作，并与清洗液的化学作用相配合，达到去除油污的目的。

（5）超声清洗　是靠清洗液的化学作用与引入清洗液中的超声波振荡作用相配合达到去污目的。

（二）清除水垢

机械设备的冷却系统长期使用硬水或含杂质较多的水，就在冷却器及管道内壁上沉积一层黄白色的水垢。它的主要成分是碳酸盐、硫酸盐，有的还含二氧化硅等。水垢使水管截面缩小，热导率降低，严重影响冷却效果，从而影响冷却系统的正常工作，必须定期清除。

水垢的清除方法可用化学去除法，有以下几种。

1. 酸盐清除水垢

用 3％～5％的磷酸三钠溶液注入并保持 10～12h 后，使水垢生成易溶于水的盐类，而后被水冲掉。洗后应再用清水冲洗干净，以去除残留碱盐而防腐。

2. 碱溶液清除水垢

对铸铁的发动机汽缸盖和水套可用苛性钠 750g、煤油 150g 加水 10L 的比例配成溶液，将其过滤后加入冷却系统中停留 10~12h 后，然后启动发动机使其以全速工作 15~20min，直到溶液开始有沸腾现象为止，然后放出溶液，再用清水清洗。

对铝制汽缸盖和水套可用硅酸钠 15g、液态肥皂 2g 加水 1L 的比例配成溶液，将其注入冷却系统中，启动发动机到正常工作温度；再运转 1h 后放出清洗液，用水清洗干净。

对于钢制零件，溶液浓度可大些，约有 10%~15% 的苛性钠；对有色金属零件浓度应低些，约 2%~3% 的苛性钠。

3. 酸洗清除水垢

酸洗液常用的是磷酸、盐酸或铬酸等。用 2.5% 盐酸溶液清洗，主要使之生成易溶于水的盐类，如 $CaCl_2$，$MgCl_2$ 等。将盐酸溶液加入冷却系统中，然后使发动机以全速运转 1h 后，放出溶液，再以超过冷却系统容量 3 倍的清水冲洗干净。

用磷酸时，取体积质量为 1.71 的磷酸（H_3PO_4）100mL、铬酐（CrO_3）50g，水 900mL，加热至 30℃，浸泡 30~60min，洗后再用 0.3% 的重铬酸盐清洗，去除残留磷酸，防止腐蚀。

清除铝合金零件水垢，可用 5% 浓度的硝酸溶液，或 10%~15% 浓度的醋酸溶液。

清除水垢的化学清除液应根据水垢成分与零件材料选用。

（三）清除积炭

在维修过程中，常遇到清除积炭的问题，如发动机中的积炭大部分积聚在气门、活塞、汽缸盖上。积炭的成分与发动机的结构、零件的部位、燃油、润滑油的种类、工作条件以及工作时间等有很大的关系。积炭是由于燃料和润滑油在燃烧过程中不能完全燃烧，并在高温作用下形成的一种由胶质、沥青质、油焦质、润滑油和炭质等组成的复杂混合物。这些积炭影响发动机某些零件散热效果，恶化传热条件，影响其燃烧性，甚至会导致零件过热，形成裂纹。

目前，经常使用机械清除法、化学法和电解法等进行积炭清除。

1. 机械清除法

机械清除法是用金属丝刷与刮刀去除积炭。为了提高生产率，在用金属丝刷时可由电钻经软轴带动其转动。此法简单，对于规模较小的维修单位经常采用，但效率很低，容易损伤零件表面，积炭不易清除干净。也可用喷射核屑法清除积炭，由于核屑比金属软，冲击零件时，本身会变形，所以零件表面不会产生刮伤或擦伤，生产效率也高。这种方法是用压缩空气吹送干燥且碾碎的桃、李、杏的核及核桃的硬壳冲击有积炭的零件表面，破坏积炭层而达到清除目的。

2. 化学法

对某些精加工零件的表面，不能采用机械清除法，可用化学法。将零件浸入苛性钠、碳酸钠等清洗溶液中，温度为 80~95℃，使油脂溶解或乳化，积炭变软，约 2~3h 后取出，再用毛刷刷去积炭，用加入 0.1%~0.3% 的重铬酸钾热水清洗，最后用压缩空气吹干。

3. 电化学法

将碱溶液作为电解液，工件接于阴极，使其在化学反应和氢气的剥离共同作用下去除积炭。这种方法有较高的效率，但要掌握好清除积炭的规范。例如，气门电化学法清除积炭的规范大致为：电压 6V、电流密度 6A/dm²，电解液温度 135~145℃，电解时间为 5~10min。

（四）除锈

锈是金属表面与空气中氧、水分以及酸类物质接触而生成的氧化物，如 FeO、Fe_3O_4、Fe_2O_3 等，通常称为铁锈。去锈的主要方法有机械法、化学酸洗法和电化学酸蚀法。

1. 机械法

机械法是利用机械摩擦、切削等作用清除零件表面锈层。常用的方法有刷、磨、抛光、喷砂等。单件小批维修靠人工用钢丝刷、刮刀、砂布等刷、刮或打磨锈蚀层。成批或有条件的，可用电动机或风动机作动力，带动各种除锈工具进行除锈，如电动磨光、抛光、滚光等。喷砂除锈是利用压缩空气，把一定粒度的砂子通过喷枪喷在零件的锈蚀表面上。它不仅除锈快，还可为油漆、喷涂、电镀等工艺做好准备。经喷砂后的表面干净，并有一定的粗糙度，能提高覆盖层与零件的结合力。机械法除锈只能用在不重要的表面。

2. 化学法

化学法是一种利用化学反应把金属表面的锈蚀产物溶解掉的酸洗法。其原理是：酸对金属的溶解，以及化学反应中生成的氢对锈层的机械作用而脱落。常用的酸包括盐酸、硫酸、磷酸等。由于金属的不同，使用的溶解锈蚀产物的化学药品也不同。选择除锈的化学药品和其使用操作条件主要根据金属的种类、化学组成、表面状况和零件尺寸精度及表面质量等确定。

3. 电化学酸蚀法

电化学酸蚀法就是零件在电解液中通以直流电，通过化学反应达到除锈目的。这种方法比化学法快，能更好地保存基体金属，酸的消耗量少。一般分为两类：一类是把被除锈的零件作为阳极；另一类是把被除锈的零件作阴极。阳极除锈是由于通电后金属溶解以及在阳极的氧气对锈层的撕裂作用而分离锈层。阴极除锈是由于通电后在阴极上产生的氢气使氧化铁还原和氢对锈层的撕裂作用使锈蚀物从零件表面脱落。上述两类方法，前者主要缺点是当电流密度过高时，易腐蚀过度，破坏零件表面，故适用于外形简单的零件。而后者虽无过蚀问题，但氢易浸入金属中，产生氢脆，降低零件塑性。因此，需根据锈蚀零件的具体情况确定合适的除锈方法。

此外，在生产中还可用由多种材料配制的除锈液，把除油、锈和钝化三者合一进行处理。除锌、镁金属外，大部分金属制件不论大小均可采用，且喷洗、刷洗、浸洗等方法都能使用。

（五）清除漆层

零件表面的保护漆层需根据其损坏程度和保护涂层的要求进行全部或部分清除。清除后要冲洗干净，准备再喷刷新漆。

清除方法一般用手工工具，如刮刀、砂纸、钢丝刷或手提式电动、风动工具进行刮、磨、刷等。有条件的也可用各种配制好的有机溶剂、碱性溶液等作退漆剂，涂刷在零件的漆层上，使之溶解软化，再借助手工工具去除漆层。

为完成各道清洗工序，可使用一整套各种用途的清洗设备，包括喷淋清洗机、浸浴清洗机、喷枪机、综合清洗机、环流清洗机、专用清洗机等。究竟采用哪一种设备，要考虑其用途和生产场所。

第四节　零件的检验

维修过程中的检验工作包含的内容很广，在很大程度上，它是制定维修工艺措施的主要依据，决定零部件的弃取和装配质量，影响维修成本，是一项重要的工作。

一、检验的原则

① 在保证质量的前提下，尽量缩短维修时间，节约原材料、配件、工时，提高利用率，降低成本。

② 严格掌握技术规范、修理规范，正确区分能用、需修、报废的界限，从技术条件和经济效果综合考虑。既不让不合格的零件继续使用，也不让不必维修或不应报废的零件进行修理或报废。

③ 努力提高检验水平，尽可能消除或减少误差，建立健全合理的规章制度。按照检验对象的要求，特别是精度要求选用检验工具或设备，采用正确的检验方法。

二、检验的内容

（一）检验分类

1. 修前检验

修前检验是在机械设备拆卸后进行。对已确定需要修复的零部件，可根据损坏情况及生产条件选择适当的修复工艺，并提出技术要求；对报废的零部件，要提出需补充的备件型号、规格和数量；不属备件的需要提出零件蓝图或测绘草图。

2. 修后检验

修后检验是指零件加工或修理后检验其质量是否达到了规定的技术标准，确定是成品、废品或返修。

3. 装配检验

装配检验是指检验待装零部件质量是否合格、能否满足要求；在装配中，对每道工序或工步都要进行检验，以免产生中间工序不合格，影响装配质量；组装后，检验累积误差是否超过技术要求；总装后要进行调整，工作精度、几何精度及其他性能检验、试运转等，确保维修质量。

（二）检验的主要内容

（1）零件的几何精度　包括尺寸、形状和表面相互位置精度。经常检验的是尺寸、圆柱度、圆度、平面度、直线度、同轴度、平行度、垂直度、跳动等项目。根据维修特点，有时不是追求单个零件的几何尺寸精度，而是要求相对配合精度。

（2）零件的表面质量　包括表面粗糙度、表面有无擦伤、腐蚀、裂纹、剥落、烧损、拉毛等缺陷。

（3）零件的物理力学性能　除硬度、硬化层深度外，对零件制造和修复过程中形成的性能，如应力状态、平衡状况、弹性、刚度、振动等也需根据情况适当进行检测。

（4）零件的隐蔽缺陷　包括制造过程中的内部夹渣、气孔、疏松、空洞、焊缝等缺陷，还有使用过程中产生的微观裂纹。

（5）零部件的质量和静动平衡　如活塞、连杆组之间的质量；曲轴、风扇、传动轴、车轮等高速转动的零部件进行静动平衡。

（6）零件的材料性质　如零件合金成分、渗碳层含碳量、各部分材料的均匀性、铸铁中石墨的析出、橡胶材料的老化变质程度等。

（7）零件表层材料与基体的结合强度　如电镀层、喷涂层、堆焊层与基体金属的结合强度，机械固定连接件的连接强度，轴承合金和轴承座的结合强度等。

（8）组件的配合情况　如组件的同轴度、平行度、啮合情况与配合的严密性等。

（9）零件的磨损程度　正确识别摩擦磨损零件的可行性，由磨损极限确定是否能继续使用。

（10）密封性　如内燃机缸体、缸盖需进行密封试验，检查有无泄漏。

三、检验的方法

（一）感觉检验法

不用量具、仪器，仅凭检验人员的直观感觉和经验来鉴别零件的技术状况，统称感觉检验法。这种方法精度不高，只适于分辨缺陷明显的或精度要求不高的零件，要求检验人员有丰富的经验和技术。具体方法有以下几种。

（1）目测　用眼睛或借助放大镜对零件进行观察和宏观检验，如倒角、圆角、裂纹、断裂、疲劳剥落、磨损、刮伤、蚀损、变形、老化等，做出可靠的判断。

（2）耳听　根据机械设备运转时发出的声音，或敲击零件时的响声判断技术状态。零件无缺陷时声响清脆，内部有缩孔时声音相对低沉，若内部出现裂纹，则声音嘶哑。

（3）触觉　用手与被检验的零件接触，可判断工作时温度的高低和表面状况；将配合件进行相对运动，可判断配合间隙的大小。

（二）测量工具和仪器检验法

这种方法由于能达到检验精度要求，所以应用最广。

① 用各种测量工具（如卡钳、钢直尺、游标卡尺、百分尺、千分尺或百分表、千分表、塞规、量块、齿轮规等）和仪器检验零件的尺寸、几何形状、相互位置精度。

② 用专用仪器、设备对零件的应力、强度、硬度、冲击性、伸长率等力学性能进行检验。

③ 用静动平衡试验机对高速运转的零件做静动平衡检验。

④ 用弹簧检验仪或弹簧秤对各种弹簧的弹力和刚度进行检验。

⑤ 对承受内部介质压力并需防止泄漏的零部件，需在专用设备上进行密封性能检验。

⑥ 用金相显微镜检验金属组织、晶粒形状及尺寸、显微缺陷，分析化学成分。

（三）物理检验法

物理检验法是利用电、磁、光、声、热等物理量，通过零部件引起的变化来测定技术状况、发现内部缺陷。这种方法的实现是和仪器、工具检测相结合，它不会使零部件受伤、分离或损坏。目前普遍称无损检测。

对维修而言，这种检测主要是对零部件进行定期检查、维修检查、运转中检查，通过检查发现缺陷，根据缺陷的种类、形状、大小、产生部位、应力水平、应力方向等，预测缺陷发展的程度，确定采取修补或报废。目前在生产中广泛应用的有磁力法、渗透法、超声波法、射线法等。

第五节　过盈配合的装配

过盈配合的装配是将较大尺寸的被包容件（轴件）装入较小尺寸的包容件（孔件）中。过盈配合能承受较大的轴向力、扭矩及动载荷，应用十分广泛，例如齿轮、联轴节、飞轮、皮带轮、链轮与轴的连接，轴承与轴承套的连接等。由于它是一种固定连接，因此装配时要求有正确的相互位置和紧固性，还要求装配时不损伤机件的强度和精度，装入简便迅速。过盈配合要求零件的材料应能承受最大过盈所引起的应力，配合的连接强度应在最小过盈时得到保证。常用的装配方法有压装配合、热装配合、冷装配合等。

一、常温下的压装配合

常温下的压装配合适用于过盈量较小的几种静配合，其操作方法简单，动作迅速，是最常用的一种方法。根据施力方式不同，压装配合分为锤击法和压入法两种。锤击法主要用于配合面要求较低、长度较短，采用过渡配合的连接件；压入法加力均匀，方向易于控制，生产效率高，主要用于过盈配合。过盈量较小时可用螺旋或杠杆式压入工具压入，过盈量较大时用压力机压入。其装配工艺如下。

（一）验收装配机件

机件的验收主要应注意机件的尺寸和几何形状偏差、表面粗糙度、倒角和圆角是否符合图样要求，是否光掉了毛刺等。机件的尺寸和几何形状偏差超出允许范围，可能造成装不进、机件胀裂、配合松动等后果。表面粗糙度不符合要求会影响配合质量。倒角不符合要求或不光掉毛刺，在装配过程中不易导正和可能损伤配合表面。圆角不符合要求，可能使机件装不到预定的位置。

机件尺寸和几何形状的检查，一般用千分尺或 0.02mm 的游标卡尺，在轴颈和轴孔长度上两个或三个截面的几个方向进行测量，而其他内容靠样板和目视进行检查。

机件验收的同时，也就得到了相配合机件实际过盈的数据，它是计算压入力、选择装配方法等的主要依据。

（二）计算压入力

压装时压入力必须克服轴压入孔时的摩擦力，该摩擦力的大小与轴的直径、有效压入长度和零件表面粗糙度等因素有关。由于各种因素很难精确计算，所以在实际装配工作中，常采用经验公式进行压入力的计算，即

$$P = \frac{a\left(\dfrac{D}{d}+0.3\right)il}{\dfrac{D}{d}+6.35} \tag{3-1}$$

式中　a——系数，当孔、轴件均为钢时 $a=73.5$，当轴件为钢、孔件为铸铁时 $a=42$；

　　　P——压入力，kN；

　　　D——孔件外径，mm；

　　　l——配合面的长度，mm；

　　　i——实测过盈量，mm；

　　　d——孔件内径，mm。

一般根据上式计算出的压入力再增加 20%～30% 选用压入机械为宜。

（三）装入

首先应使装配表面保持清洁，并涂上润滑油，以减少装入时的阻力和防止装配过程中损伤配合表面；其次应注意均匀加力，并注意导正，压入速度不可过急过猛，否则不但不能顺利装入，而且还可能损伤配合表面，压入速度一般为 2～4mm/s，不宜超过 10mm/s；另外，应使机件装到预定位置方可结束装配工作；用锤击法压入时，还要注意不要打坏机件，为此常采用软垫加以保护。装配时如果出现装入力急剧上升或超过预定数值时，应停止装配，必须在找出原因并进行处理之后方可继续装配。其原因常常是检查机件尺寸和几何形状偏差时不仔细，键槽有偏移、歪斜或键尺寸较大，以及装入时没有导正等。

二、热装与冷装配合

（一）热装配合

热装的基本原理是：通过加热包容件（孔件），使其直径膨胀增大到一定数值，再将与之配合的被包容件（轴件）自由地送入包容件中，孔件冷却后，轴件就被紧紧地抱住，其间产生很大的连接强度，达到压装配合的要求。其工艺过程如下。

1. 验收装配机件

热装时装配件的验收和测量过盈量与压入法相同。

2. 确定加热温度

热装配合孔件的加热温度常用下式计算，即

$$t=\frac{(2\sim3)i}{k_ad}+t_0 \tag{3-2}$$

式中　t——加热温度，℃；

t_0——室温，℃；

i——实测过盈量，mm；

k_a——孔件材料的线膨胀系数，℃$^{-1}$；

d——孔的名义直径，mm。

3. 选择加热方法

常用的加热方法有以下几种，在具体操作中可根据实际工况选择。

（1）热浸加热法　常用于尺寸及过盈量较小的连接件。这种方法加热均匀、方便，常用于加热轴承。其方法是将机油放在铁盒内加热，再将需加热的零件放入油内即可。对于忌油连接件，则可采用沸水或蒸汽加热。

（2）氧-乙炔焰加热法　多用于较小零件的加热，这种加热方法简单，但易于过烧，故要求具有熟练的操作技术。

（3）固体燃料加热法　适用于结构比较简单，要求较低的连接件。其方法可根据零件尺寸大小临时用砖砌一加热炉或将零件用砖垫上用木柴或焦炭加热。为了防止热量散失，可在零件表面盖一与零件外形相似的焊接罩。此法简单，但加热温度不易掌握，零件加热不均匀，而且炉灰飞扬，易生火灾，故此法最好慎用。

（4）煤气加热法　操作甚为简单，加热时无煤灰，且温度易于掌握。对大型零件只要将煤气烧嘴布置合理，亦可做到加热均匀。在有煤气的地方推荐采用。

（5）电阻加热法　用镍-铬电阻丝绕在耐热瓷管上，放入被加热零件的孔里，对镍-铬丝通电便可加热。为了防止散热，可用石棉板做一外罩盖在零件上，这种方法只用于精密设备或有易爆易燃的场所。

（6）电感应加热法　利用交变电流通过铁芯（被加热零件可视为铁芯）外的线圈，使铁芯产生交变磁场，在铁芯内与磁力线垂直方向产生感应电动势，此感应电动势以铁芯为导体产生电流。这种电流在铁芯内形成涡流现象称之为涡电流，在铁芯内电能转化为热能，使铁芯变热。此外，当铁芯磁场不断变动时，铁芯被磁化的方向也随着磁场的变化而变化，这种变化将消耗能量而变为热能使铁芯热上加热。此法操作简单，加热均匀，无炉灰，不会引起火灾，最适合于装有精密设备或有易爆易燃的场所，还适合于特大零件的加热（如大型转炉倾动机构的大齿轮与转炉耳轴就用此法加热进行热装）。

4. 测定加热温度

在加热过程中，可采用半导体点接触测温计测温。在现场常用油类或有色金属作为测温材料。如机油的闪点是 200～220℃，锡的熔点是 232℃，纯铅的熔点是 327℃。也可以用测温蜡笔及测温纸片测温。由于测温材料的局限性，一般很难测准所需加热温度，故现场常用样杆进行检测，如图3-4所示。样杆尺寸按实际过盈量 3 倍制作，当样杆刚能放入孔时，则加热温度正合适。

5. 装入

装入时应去掉孔表面上的灰尘、污物；必须将零件装到预定位置，并将装入件压装在轴肩上，直到机件完全冷却为止；不允许用水冷却机件，避免造成内应力，降低机件的强度。

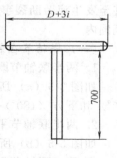

图 3-4　样杆

（二）冷装配合

当孔件较大而压入的零件较小时，采用加热孔件既不方便又不经济，甚至无法加热；或有些孔件不允许加热时，可采用冷装配合，即用低温冷却的方法使被压入的零件尺寸缩小，然后迅速将其装入到带孔的零件中去。

冷装配合的冷却温度可按下式计算，即

$$t = \frac{(2 \sim 3)i}{k_a d} - t_0 \tag{3-3}$$

式中　t——冷却温度，℃；

i——实测过盈量，mm；

k_a——被冷却材料的线膨胀系数，℃$^{-1}$；

d——被冷却件的公称尺寸，mm；

t_0——室温，℃。

常用冷却剂及冷却温度：

固体二氧化碳加酒精或丙酮——75℃；

液氨——120℃；

液氧——180℃；

液氮——190℃。

冷却前应将被冷却件的尺寸进行精确测量，并按冷却的工序及要求在常温下进行试装演习，其目的是为了准备好操作和检查的必要工具、量具及冷藏运输容器，检查操作工艺是否合适。有制氧设备的冶金工厂，此法应予推广。

冷却装配要特别注意操作安全，以防冻伤操作者。

第六节　联轴节的装配

联轴节用于连接不同机器或部件，将主动轴的运动及动力传递给从动轴。联轴节的装配内容包括两方面：一是将轮毂装配到轴上；另一个是联轴节的找正和调整。

轮毂与轴的装配大多采用过盈配合，装配方法可采用压入法、冷装法、热装法，这些方法的工艺过程前文已作过叙述。下面的内容只讨论联轴节的找正和调整。

一、联轴节装配的技术要求

联轴节装配主要技术要求是保证两轴线的同轴度，过大的同轴度误差将使联轴节、传动轴及其轴承产生附加载荷，其结果会引起机器的振动、轴承的过早磨损、机械密封的失效，甚至发生疲劳断裂事故。因此，联轴节装配时，总的要求是其同轴度误差必须控制在规定的范围内。

（一）联轴节在装配中偏差情况的分析

1. 两半联轴节既平行又同心

如图 3-5（a）所示，这时 $S_1 = S_3$，$a_1 = a_3$，此处 S_1、S_3 和 a_1、a_3 表示联轴节上方（0°）和下方（180°）两个位置上的轴向和径向间隙。

2. 两半联轴节平行但不同心

如图 3-5（b）所示，这时 $S_1 = S_3$，$a_1 \neq a_3$，即两轴中心线之间有平行的径向偏移。

3. 两半联轴节虽然同心但不平行

如图 3-5（c）所示，这时 $S_1 \neq S_3$，$a_1 = a_3$，即两轴中心线之间有角位移（倾斜角为 α）。

4. 两半联轴节既不同心也不平行

如图 3-5（d）所示，这时 $S_1 \neq S_3$，$a_1 \neq a_3$，即两轴中心线既有径向偏移也有角位移。

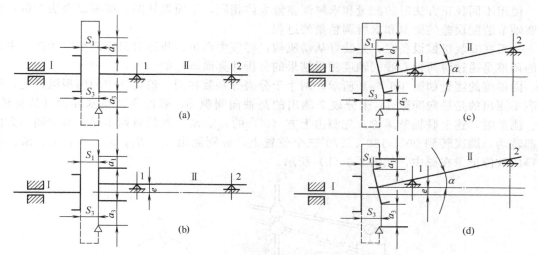

图 3-5　联轴节找正时可能遇到的四种情况

联轴节处于第一种情况是正确的，不需要调整。后三种情况都是不正确的，均需要调整。实际装配中常遇到的是第四种情况。

（二）联轴节找正的方法

联轴节找正的方法多种多样，常用的有以下几种。

1. 直尺塞规法

直尺塞规法利用直尺测量联轴节的同轴度误差，利用塞规测量联轴节的平行度误差。这种方法简单，但误差大。一般用于转速较低、精度要求不高的机器。

2. 外圆、端面双表法

外圆、端面双表法用两个千分表分别测量联轴节轮毂的外圆和端面上的数值，对测得的数值进行计算分析，确定两轴在空间的位置，最后得出调整量和调整方向。这种方法应用比较广泛。其主要缺点是对于有轴向窜动的机器，在盘车时对端面读数产生误差。它一般适用于采用滚动轴承、轴向窜动较小的中小型机器。

3. 外圆、端面三表法

外圆、端面三表法与上述不同之处是在端面上用两个千分表，两个千分表与轴中心等距离对称设置，以消除轴向窜动对端面读数测量的影响。这种方法的精度很高，适用于需要精确对中的精密机器和高速机器，如汽轮机、离心式压缩机等，但此法操作、计算均比较复杂。

4. 外圆双表法

外圆双表法用两个千分表测量外圆，其原理是通过相隔一定间距的两组外圆读数确定两轴的相对位置，以此得知调整量和调整方向，从而达到对中的目的。这种方法的缺点是计算较复杂。

5. 单表法

单表法是近年来国外应用比较广泛的一种对中方法。这种方法只测定轮毂的外圆读数，不需要测定端面读数。操作测定仅用一个千分表，故称单表法。此法对中精度高，不但能用于轮毂直径小而轴端距比较大的机器轴对中，而且又能适用于多轴的大型机组（如高转速、大功率的离心压缩机组）的轴对中。用这种方法进行轴对中还可以消除轴向窜动对找正精度的影响。操作方便，计算调整量简单，是一种比较好的轴对中方法。

二、联轴节装配误差的测量和求解调整量

使用不同找正方法时的测量和求解调整量大体相同，下面以外圆、端面双表法为例，说明联轴节装配误差的测量和求解调整量的过程。

一般在安装机械设备时，先装好从动机构，再装主动机，找正时只需调整主动机。主动机的调整是通过对两轴心线同轴度测量结果的分析计算而进行的。

同轴度的测量如图3-6（a）所示，两个千分表分别装在同一磁性座中的两根滑杆上，千分表1测出的是径向间隙a，千分表2测出的是轴向间隙S，磁性座装在基准轴（从动轴）上。测量时，连上联轴节螺栓，先测出上方（0°）的a_1、S_1，然后将两半联轴节向同一方向一起转动，顺次转到90°、180°、270°三个位置上，分别测出a_2、S_2；a_3、S_3；a_4、S_4。将测得的数值记录在图中，如图3-6（b）所示。

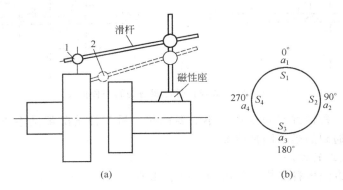

图 3-6　千分表找正及测量记录

将联轴节再向前转，核对各位置的测量数值有无变动。如无变动可用式$a_1+a_3=a_2+a_4$；$S_1+S_3=S_2+S_4$检验测量结果是否正确。如实测数值代入恒等式后不等，而有较大偏差（大于0.02mm），就可以肯定测量的数值是错误的，需要找出产生错误的原因。纠正后再重新测量，直到符合两恒等式后为止。

然后，比较对称点的两个径向间隙和轴向间隙的数值（如a_1和a_3，S_1和S_3），如果对称点的数值相差不超过规定值（0.05～0.1mm）时，则认为符合要求，否则就需要进行调整。对于精度不高或小型机器，可以采用逐次试加或试减垫片，以及左右敲打移动主机的方法进行调整；对于精密或大型机器，为了提高工效，应通过测量计算来确定增减垫片的厚度和沿水平方向的移动量。

现以两半联轴节既不平行又不同心的情况为例，说明联轴节找正时的计算与调整方法。在水平方向找正的计算、调整与垂直方向相同。

如图3-7所示，Ⅰ为从动机轴（基准轴），Ⅱ为主动机轴。根据找正测量的结果，$a_1>a_3$，$S_1>S_3$。

（一）先使两半联轴节平行

由图3-7（a）可知，欲使两半联轴节平行，应在主动机轴的支点2下增加x（mm）厚的垫片，x值可利用图中画有剖面线的两个相似三角形的比例关系算出，即

$$x=\frac{b}{D}\times L \tag{3-4}$$

式中　D——联轴节的直径，mm；

　　　L——主动机轴两支点的距离，mm；

　　　b——在 0°和 180°两个位置上测得的轴

　　　　　向间隙之差（$b=S_1-S_3$），mm。

由于支点 2 垫高了，因此轴Ⅱ将以支点 1 为支点而转动，这时两半联轴节的端面虽然平行了，但轴Ⅱ上的半联轴节的中心却下降了 y（mm），如图 3-7（b）所示。y 值可利用画有剖面线的两个相似三角形的比例关系算出，即

$$y=\frac{xl}{L}=\frac{bl}{D} \qquad (3-5)$$

式中　l——支点 1 到半联轴节测量平面的距离，mm。

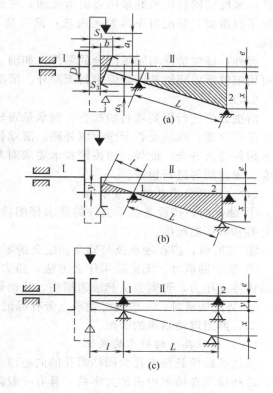

（二）再将两半联轴节同心

由于 $a_1>a_3$，原有径向位移量 $e=(a_1-a_3)/2$，两半联轴节的全部位移量为 $e+y$。为了使两半联轴节同心，应在轴Ⅱ的支点 1 和支点 2 下面同时增加厚度为 $e+y$ 的垫片。

由此可见，为了使轴Ⅰ、轴Ⅱ两半联轴节既平行又同心，则必须在轴Ⅱ支点 1 下面加厚度为 $e+y$ 的垫片，在支点 2 下面加厚度为 $x+e+y$ 的垫片，如图 3-7（c）所示。

按上述步骤将联轴节在垂直方向和水平方向调整完毕后，联轴节的径向偏移和角位移应在规定的偏差范围内。

图 3-7　联轴节的调整方法

第七节　滚动轴承的装配

滚动轴承是一种精密器件，一般由内圈、外圈、滚动体和保持架组成。由于滚动体的形状不同，滚动轴承可分为球轴承、滚子轴承和滚针轴承；按滚动体在轴承中的排列情况可分为单列、双列和多列轴承；按轴承承受载荷的方向又可分为向心轴承、向心推力轴承、推力轴承。

滚动轴承的装配工艺包括装配前的准备、装配、间隙调整等步骤。

一、装配前的准备

滚动轴承装配前的准备包括装配工具的准备、零件的清洗和检查。

（一）装配工具的准备

按照所装配的轴承准备好所需的量具及工具，同时准备好拆卸工具，以便在装配不当时能及时拆卸，重新装配。

（二）清洗

对于用防锈油封存的新轴承，可用汽油或煤油清洗；对于用防锈脂封存的新轴承，应先将轴承中的油脂挖出，然后将轴承放入热机油中使残油熔化，将轴承从油中取出冷却后，再用汽油或煤油洗净，并用干净的白布擦干；对于维修时拆下的可用旧轴承，可用碱水和清水

清洗；装配前的清洗最好采用金属清洗剂；两面带防尘盖或密封圈的轴承，在轴承出厂前已涂加了润滑脂，装配时不需要再清洗；涂有防锈润滑两用油脂的轴承，在装配时也不需要清洗。

另外，还应清洗与轴承配合的零件，如轴、轴承座、端盖、衬套、密封圈等。清洗方法与可用旧轴承的清洗相同，但密封圈除外。清洗后擦干、涂油。

（三）检查

清洗后应进行下列项目的检查：轴承是否转动灵活、轻快自如、有无卡住的现象；轴承间隙是否合适；轴承是否干净，内外圈、滚动体和隔离圈是否有锈蚀、毛刺、碰伤和裂纹；轴承附件是否齐全。此外，应按照技术要求对与轴承相配合的零件，如轴、轴承座、端盖、衬套、密封圈等进行检查。

（四）滚动轴承装配注意事项

① 装配前，按设备技术文件的要求仔细检查轴承及与轴承相配合零件的尺寸精度、形位公差和表面粗糙度。

② 装配前，应在轴承及与轴承相配合的零件表面涂一层机械油，以利于装配。

③ 装配轴承时，无论采用什么方法，压力只能施加在过盈配合的套圈上，不允许通过滚动体传递压力，否则会引起滚道损伤，从而影响轴承的正常运转。

④ 装配轴承时，一般应将轴承上带有标记的一端朝外，以便观察轴承型号。

二、典型滚动轴承的装配

（一）圆柱孔滚动轴承的装配

圆柱孔轴承是指内孔为圆柱形孔的向心球轴承、圆柱滚子轴承、调心轴承和角接触轴承等。这些轴承在轴承中占绝大多数，具有一般滚动轴承的装配共性，其装配方法主要取决于轴承与轴及座孔的配合情况。

轴承内圈与轴为紧配合，外圈与轴承座孔为较松配合，这种轴承的装配是先将轴承压装在轴上，然后将轴连同轴承一起装入轴承座孔中。压装时要在轴承端面垫一个由软金属制作的套管，套管的内径应比轴颈直径大，外径应小于轴承内圈的挡边直径，以免压坏保持架，见图 3-8。另外，装配时，要注意导正，防止轴承歪斜，否则不仅装配困难，而且会产生压痕，使轴和轴承过早损坏。

轴承外圈与轴承座孔为紧配合，内圈与轴为较松配合，对于这种轴承的装配是采用外径略小于轴承座孔直径的套管，将轴承先压入轴承座孔，然后再装轴。

轴承内圈与轴、外圈与座孔都是紧配合时，可用专门套管将轴承同时压入轴颈和座孔中。

对于配合过盈量较大的轴承或大型轴承，可采用温差法装配。采用温差法安装时，轴承的加热温度为 80～100℃；冷却温度不得低于 -80℃。对于内部充满润滑脂的带防尘盖或密封圈的轴承，不得采用温差法安装。

热装轴承的方法最为普遍。轴承加热的方法有多种，通常采用油槽加热，如图 3-9 所示。加热的温度由温度计控制，加热的时间根据轴承大小而定，一般为 10～30min。加热时应将轴承用钩子悬挂在油槽中或用网架支起，不得使轴承接触油槽底板，以免发生过热现象。轴承在油槽中加热至 100℃左右，从油槽中取出放在轴上，用力一次推到顶住轴肩的位置。在冷却过程中应始终推紧，使轴承紧靠轴肩。

（二）圆锥孔滚动轴承的装配

圆锥孔滚动轴承可直接装在带有锥度的轴颈上，或装在退卸套和紧定套的锥面上。这种轴承一般要求有比较紧的配合，但这种配合不是由轴颈尺寸公差决定，而是由轴颈压进锥形

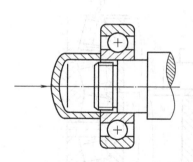

图 3-8 将轴承压装在轴上

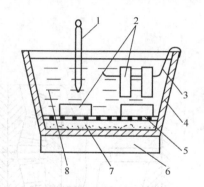

图 3-9 轴承的加热方法

1—温度计；2—轴承；3—挂钩；4—油池；
5—栅网；6—电炉；7—沉淀物；8—油

配合面的深度而定。配合的松紧程度，靠在装配过程中跟踪测量径向游隙而把握。对不可分离型的滚动轴承的径向游隙可用厚薄规测量。对可分离的圆柱滚子轴承，可用外径千分尺测量内圈装在轴上后的膨胀量，用其代替径向游隙减小量。图 3-10 和图 3-11 给出了圆锥孔轴承的两种不同装配形式。

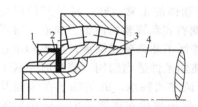

图 3-10 圆锥孔滚动轴承直接装在锥形轴颈上

1—螺母；2—锁片；3—轴承；4—轴

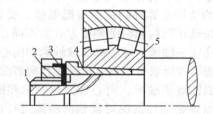

图 3-11 有退卸套的锥孔轴承的装配

1—轴；2—螺母；3—锁片；4—退卸套；5—轴承

（三）轧钢机四列圆锥滚子轴承的装配

轧钢机四列圆锥滚子轴承由三个外圈、两个内圈、两个外调整环、一个内调整环和四套带圆锥滚子的保持架组成，轴承的游隙由轴承内的调整环加以保证，轴承各部件不能互换，因此装配时必须严格按打印号规定的相互位置进行，先将轴承装入轴承座中，然后将装有轴承的轴承座整个吊装到轧辊的轴颈上。

四列圆锥滚子轴承各列滚子的游隙应保持在同一数值范围内，以保证轴承受力均匀。装配前应对轴承的游隙进行测量。

将轴承装到轴承座内，可按下列顺序进行，如图 3-12 所示。

① 将轴承座放置水平，检查校正轴承座孔中心线对底面的垂直度。

② 将第一个外圈装入轴承座孔，用小铜锤轻敲外圈端面，并用塞尺检查，使外圈与轴承座孔接触良好，然后再装入第一个外调整环 [见图 3-12 (a)]。

③ 将第一个内圈连同两套带圆锥滚子的保持架以及中间外圈装配成一组部件，用专用吊钩旋紧在保持架端面互相对称的四个螺孔内，整体装入轴承座 [见图 3-12 (b)]。

④ 装入内调整环和第二个外调整环 [见图 3-12 (c)]。

⑤ 将第二个内圈连同两套带圆锥滚子的保持架及第三个外圈整体装入，吊装方法同步骤 3 [见图 3-12 (d)]。

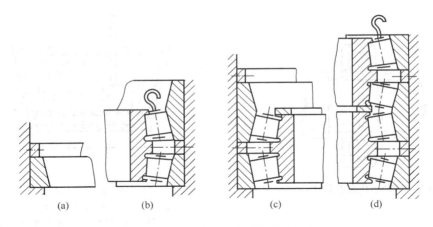

图 3-12　四列圆锥滚子轴承的装配

⑥ 把四列圆锥滚子轴承在轴承座内组装后，再连同轴承座一起装配到轴颈上。

三、滚动轴承的游隙调整

滚动轴承的游隙有两种，一种是径向游隙，即内外圈之间在直径方向上产生的最大相对游动量。另一种是轴向游隙，即内外圈之间在轴线方向上产生的最大相对游动量。滚动轴承游隙的功用是弥补制造和装配偏差、受热膨胀，保证滚动体的正常运转，延长其使用寿命。

按轴承结构和游隙调整方式的不同，轴承可分为非调整式和调整式两类。向心球轴承、向心圆柱滚子轴承、向心球面球轴承和向心球面滚子轴承等属于非调整式轴承，此类轴承在制造时已按不同组级留出规定范围的径向游隙，可根据不同使用条件适当选用，装配时一般不再调整。圆锥滚子轴承、向心推力球轴承和推力轴承等属于调整式轴承，此类轴承在装配及应用中必须根据使用情况对其轴向游隙进行调整，其目的是保证轴承在所要求的运转精度的前提下灵活运转。此外，在使用过程中调整，能部分地补偿因磨损所引起的轴承间隙的增大。

（一）游隙可调整的滚动轴承

由于滚动轴承的径向游隙和轴向游隙存在着正比的关系，所以调整时只调整它们的轴向间隙。轴向间隙调整好了，径向间隙也就调整好了。各种需调整间隙的轴承的轴向间隙见表3-3。当轴承转动精度高或在低温下工作、轴长度较短时，取较小值；当轴承转动精度低或在高温下工作、轴长度较长时，取较大值。

表 3-3　可调式轴承的轴向间隙

轴承内径 /mm	轴承系列	轴 向 间 隙			
		角接触球轴承	单列圆锥滚子轴承	双列圆锥滚子轴承	推力轴承
≤30	轻型	0.02～0.06	0.03～0.10	0.03～0.08	0.03～0.08
	轻宽和中宽型		0.04～0.11		
	中型和重型	0.03～0.09	0.04～0.11	0.05～0.11	0.05～0.11
30～50	轻型	0.03～0.09	0.04～0.11	0.04～0.10	0.04～0.10
	轻宽和中宽型		0.05～0.13		
	中型和重型	0.04～0.10	0.05～0.13	0.06～0.12	0.06～0.12
50～80	轻型	0.04～0.10	0.05～0.13	0.05～0.12	0.05～0.12
	轻宽和中宽型		0.06～0.15		
	中型和重型	0.05～0.12	0.06～0.15	0.07～0.14	0.07～0.14
80～120	轻型	0.05～0.12	0.06～0.15	0.06～0.15	0.06～0.15
	轻宽和中宽型		0.07～0.18		
	中型和重型	0.06～0.15	0.07～0.18	0.10～0.18	0.10～0.18

轴承的游隙确定后，即可进行调整。下面以单列圆锥滚子轴承为例介绍轴承游隙的调整方法。

1. 垫片调整法

利用轴承压盖处的垫片调整是最常用的方法，如图 3-13 所示。首先把轴承压盖原有的垫片全部拆去，然后慢慢地拧紧轴承压盖上的螺栓，同时使轴缓慢地转动，当轴不能转动时，就停止拧紧螺栓。此时表明轴承内已无游隙，用塞尺测量轴承压盖与箱体端面间的间隙 K，将所测得的间隙 K 再加上所要求的轴向游隙 C，$K+C$ 即是所应垫的垫片厚度。一套垫片应由多种不同厚度的垫片组成，垫片应平滑光洁，其内外边缘不得有毛刺。间隙测量除用塞尺法外，也可用压铅法和千分表法。

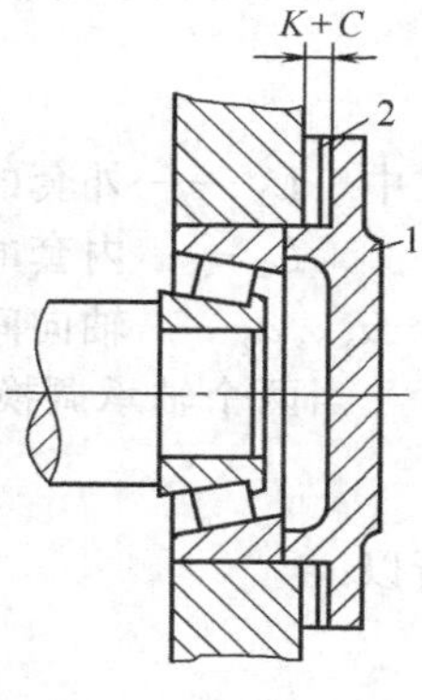

图 3-13　垫片调整法
1—压盖；2—垫片

2. 螺钉调整法

如图 3-14 所示，首先把调整螺钉上的锁紧螺母松开，然后拧紧调整螺钉，使止推盘压向轴承外圈，直到轴不能转动时为止。最后根据轴向游隙的数值将调整螺钉倒转一定的角度 α，达到规定的轴向游隙后再把锁紧螺母拧紧以防止调整螺钉松动。

调整螺钉倒转的角度可按下式计算，即

$$\alpha = \frac{c}{t} \times 360° \tag{3-6}$$

式中　c——规定的轴向游隙；

　　　t——螺栓的螺距。

3. 止推环调整法

如图 3-15 所示，首先把具有外螺纹的止推环 1 拧紧，直到轴不能转动时为止，然后根据轴向游隙的数值，将止推环倒转一定的角度（倒转的角度可参见螺钉调整法），最后用止动片 2 予以固定。

4. 内外套调整法

当同一根轴上装有两个圆锥滚子轴承时，其轴向间隙常用内外套进行调整，如图 3-16 所示。这种调整法是在轴承尚未装到轴上时进行的，内外套的长度是根据轴承的轴向间隙确定的。具体算法如下。

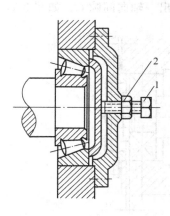

图 3-14　螺钉调整法
1—调整螺钉；2—锁紧螺母

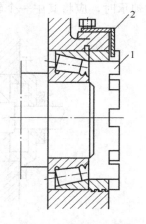

图 3-15　止推环调整法
1—止推环；2—止动片

当两个轴承的轴向间隙为零［见图 3-16（a）］时，内外套长度为

$$L_1 = L_2 - (a_1 + a_2) \tag{3-7}$$

式中　L_1——外套的长度，mm；

　　　　L_2——内套的长度，mm；

　　a_1、a_2——轴向间隙为零时轴承内外圈的轴向位移值，mm。

当两个轴承调换位置互相靠紧，轴向间隙为零［见图 3-16（b）］时，测量尺寸为

$$A - B = a_1 + a_2 \tag{3-8}$$

所以
$$L_1 = L_2 - (A - B) \tag{3-9}$$

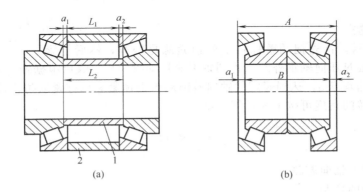

图 3-16　用内外套调整轴承的轴向游隙
1—内套；2—外套

为了使两个轴承各有轴向间隙 C，内外套的长度应有下列关系，即

$$L_1 = L_2 - (A - B) - 2C \tag{3-10}$$

（二）游隙不可调整的滚动轴承

游隙不可调整的滚动轴承，由于在运转时轴受热膨胀而产生轴向移动，从而使轴承的内外圈共同发生位移，若无位移的余地，则轴承的径向游隙减小。为避免这种现象，在装配双支承的滚动轴承时，应将其中一个轴承和其端盖间留出一轴向间隙 C，如图 3-17 所示。C 值

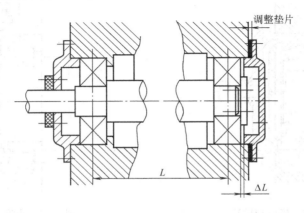

图 3-17　轴承装配的轴向热膨胀间隙

可按下式计算，即

$$C=\Delta L+0.15=L\alpha\Delta t+0.15 \tag{3-11}$$

式中 C ——轴向间隙，mm；

ΔL ——轴因温度升高而发生的轴向膨胀量，mm；

L ——两轴承的中心距，mm；

α ——轴材料的线膨胀系数，$℃^{-1}$；

Δt ——轴的温度变化区间，℃；

0.15——轴膨胀后的剩余轴向间隙量，mm。

在一般情况下，轴向间隙 C 值常取 0.25～0.50mm。

第八节　滑动轴承的装配

滑动轴承的类型很多，常见的主要有剖分式滑动轴承、整体式滑动轴承。

一、剖分式滑动轴承的装配

剖分式滑动轴承的装配过程是：清洗、检查、刮研、装配和间隙的调整等。

（一）轴瓦的清洗与检查

首先核对轴承的型号，然后用煤油或清洗剂清洗干净。轴瓦质量的检查可用小铜锤沿轴瓦表面轻轻地敲打，根据响声判断轴瓦有无裂纹、砂眼及孔洞等缺陷，如有缺陷应采取补救措施。

（二）轴承座的固定

轴承座通常用螺栓固定在机体上。安装轴承座时，应先把轴瓦装在轴承座上，再按轴瓦的中心进行调整。同一传动轴上的所有轴承的中心应在同一轴线上。装配时可用拉线的方法进行找正（见图 3-18），之后用涂色法检查轴颈与轴瓦表面的接触情况，符合要求后，将轴承座牢固地固定在机体或基础上。

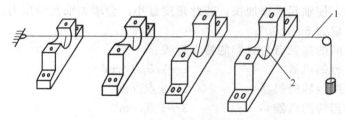

图 3-18　用拉线法检测轴承同轴度
1—钢丝；2—内径千分尺

（三）瓦背的刮研

为将轴上的载荷均匀地传给轴承座，要求轴瓦背与轴承座内孔应有良好接触，配合紧密。下轴瓦与轴承座的接触面积不得小于 60%，上轴瓦与轴承盖的接触面积不得小于 50%。这就要进行刮研，刮研的顺序是先下瓦后上瓦。刮研轴瓦背时，以轴承座内孔为基准进行修配，直至达到规定要求为止。另外，要刮研轴瓦及轴承座的剖分面。轴瓦剖分面应高于轴承座剖分面，以便轴承座拧紧后，轴瓦与轴承座具有过盈配合性质。

（四）轴瓦的装配

上下两轴瓦扣合，其接触面应严密，轴瓦与轴承座的配合应适当，一般采用较小的过盈配合，过盈量为 0.01～0.05mm。轴瓦的直径不得过大，否则轴瓦与轴承座间就会出现"加

107

帮"现象，如图 3-19 所示。轴瓦的直径也不得过小，否则在设备运转时，轴瓦在轴承座内会产生颤动，如图 3-20 所示。

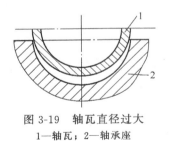

图 3-19　轴瓦直径过大
1—轴瓦；2—轴承座

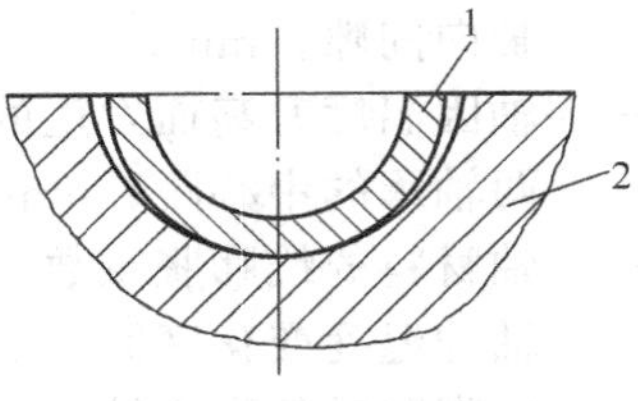

图 3-20　轴瓦直径过小
1—轴瓦；2—轴承座

为保证轴瓦在轴承座内不发生转动或振动，常在轴瓦与轴承座之间安放定位销。为了防止轴瓦在轴承座内产生轴向移动，一般轴瓦都有翻边，没有翻边的则带有止口，翻边或止口与轴承座之间不应有轴向间隙，如图 3-21 所示。

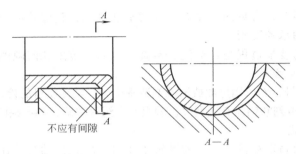

不应有间隙

图 3-21　轴瓦翻边或止口应无轴向间隙

装配轴瓦时，必须注意两个问题：轴瓦与轴颈间的接触角和接触点。

轴瓦与轴颈之间的接触表面所对的圆心角称为接触角，此角度过大，不利润滑油膜的形成，影响润滑效果，使轴瓦磨损加快；若此角度过小，会增加轴瓦的压力，也会加剧轴瓦的磨损。一般接触角取为 $60° \sim 90°$。

轴瓦和轴颈之间的接触点与机器的特点有关：

低速及间歇运行的机器　　　　　　　　$1 \sim 1.5$ 点/cm^2
中等负荷及连续运转的机器　　　　　　$2 \sim 3$ 点/cm^2
重负荷及高速运转的机器　　　　　　　$3 \sim 4$ 点/cm^2

用涂色法检查轴颈与轴瓦的接触，应注意将轴上的所有零件都装上。首先在轴颈上涂一层红铅油，然后使轴在轴瓦内正、反方向各转一周，在轴瓦面较高的地方则会呈现出色斑，用刮刀刮去色斑。刮研时，每刮一遍应改变一次刮研方向，继续刮研数次，使色斑分布均匀，直到接触角和接触点符合要求为止。

（五）间隙的检测与调整

1. 间隙的作用及确定

轴颈与轴瓦的配合间隙有两种，一种是径向间隙，一种是轴向间隙。径向间隙包括顶间隙和侧间隙，如图 3-22 所示。

顶间隙的主要作用是保持液体摩擦，以利形成油膜。侧间隙的主要作用是为了积聚和冷却润滑油。在侧间隙处开油沟或冷却带，可增加油的冷却效果，并保证连续地将润滑油吸到轴承的受载部分，但油沟不可开通，否则运转时将会漏油。

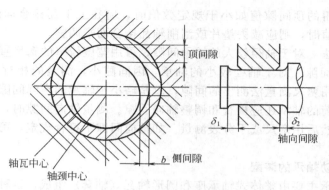

图 3-22 滑动轴承间隙

轴向间隙的作用是轴在温度变化时有自由伸长的余地。

顶间隙可由计算决定，也可根据经验决定。对于采用润滑油润滑的轴承，顶间隙为轴颈直径的 0.10%～0.15%；对于采用润滑脂润滑的轴承，顶间隙为轴颈直径的 0.15%～0.20%。如果负荷作用在上轴瓦时，上述顶间隙值应减小 15%。

同一轴承两端顶间隙之差（即图 3-23 中 S_1 与 S_2 之差）应符合表 3-4 的规定。

表 3-4 滑动轴承两端顶间隙之差/mm

轴颈公称直径	≤50	>50～120	>120～220	>220
两端顶间隙之差	≤0.02	≤0.03	≤0.05	≤0.10

侧间隙两侧应相等，单侧间隙应为顶间隙的 1/2～2/3。

轴向间隙如图 3-22 所示，在固定端轴向间隙 $\delta_1 + \delta_2$ 不得大于 0.2mm，在自由端轴向间隙不应小于轴受热膨胀时的伸长量。

2. 间隙的测量及调整

检查轴承径向间隙，一般采用压铅测量法和塞尺测量法。

（1）压铅测量法   测量时，先将轴承盖打开，用直径为顶间隙 1.5～3 倍、长度为 10～40mm 的软铅丝或软铅条，分别放在轴颈上和轴瓦的剖分面上。因轴颈表面光滑，为了防止滑落，可用润滑脂粘住。然后放上轴承盖，对称而均匀地拧紧连接螺栓，再用塞尺检查轴瓦剖分面间的间隙是否均匀相等。最后打开轴承盖，用千分尺测量被压扁的软铅丝的厚度，如图 3-23 所示，并按下列公式计算顶间隙，即

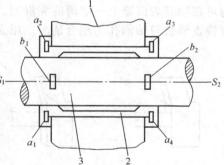

图 3-23 压铅法测量轴承顶间隙
1—轴承座；2—轴瓦；3—轴

$$S_1 = b_1 - \frac{a_1 + a_2}{2} \qquad (3\text{-}12)$$

$$S_2 = b_2 - \frac{a_3 + a_4}{2} \qquad (3\text{-}13)$$

式中 S_1 ——一端顶间隙，mm；

　　　　 S_2 ——另一端顶间隙，mm；

　　 b_1、b_2——轴颈上各段铅丝压扁后的厚度，mm；

a_1、a_2、a_3、a_4——轴瓦接合面上各铅丝压扁后的厚度，mm。

按上述方法测得的顶间隙值如小于规定数值时，应在上下瓦接合面间加垫片来重新调整。如大于规定数值时，则应减去垫片或刮削轴瓦接合面来调整。

（2）塞尺测量法　对于轴径较大的轴承间隙，可用宽度较窄的塞尺直接塞入间隙内，测出轴承顶间隙和侧间隙。对于轴径较小的轴承，因间隙小，测量的相对误差大，故不宜采用。必须注意，采用塞尺测量法测出的间隙，总是略小于轴承的实际间隙。

对于受轴向负荷的轴承还应检查和调整轴向间隙。测量轴向间隙时，可将轴推移至轴承一端的极限位置，然后用塞尺或千分表测量。如轴向间隙不符合规定，可修刮轴瓦端面或调整止推螺钉。

二、整体式滑动轴承的装配

整体式滑动轴承主要由整体式轴承座和圆形轴瓦（轴套）组成。这种轴承与机壳连为一体或用螺栓固定在机架上。轴套一般由铸造青铜等材料制成。为了防止轴套的转动，通常设有止动螺钉。整体式滑动轴承的优点是：结构简单，成本低。缺点是：当轴套磨损后，轴颈与轴套之间的间隙无法调整。另外，轴颈只能从轴套端穿入，装拆不方便。因而整体式滑动轴承只适用于低速、轻载而且装拆场所允许的机械。

整体式滑动轴承的装配过程主要包括轴套与轴承孔的清洗、检查、轴套安装等。

（一）轴套与轴承孔的清洗检查

轴套与轴承孔用煤油或清洗剂清洗干净后，应检查轴套与轴承孔的表面情况以及配合过盈量是否符合要求，然后再根据尺寸以及过盈量的大小选择轴套的装配方法。

轴套的精度一般由制造保证，装配时只需将配合面的毛刺用刮刀或油石清除。必要时才做刮配。

（二）轴套安装

轴套的安装可根据轴套与轴承孔的尺寸以及过盈量的大小选用压入法或温差法。

压入法一般是用压力机压装或用人工压装。为了减少摩擦阻力，使轴套顺利装入，压装前可在轴套表面涂上一层薄的润滑油。用压力机压装时，轴套的压入速度不宜太快，并要随时检查轴套与轴承孔的配合情况。用人工压装时，必须防止轴套损坏。不得用锤头直接敲打

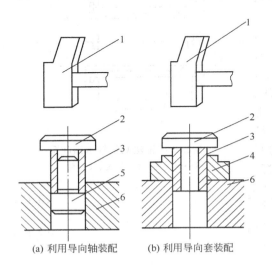

(a) 利用导向轴装配　　(b) 利用导向套装配

图 3-24　轴套装配方法

1—手锤；2—软垫；3—轴套；4—导向套；

5—导向轴；6—轴承孔

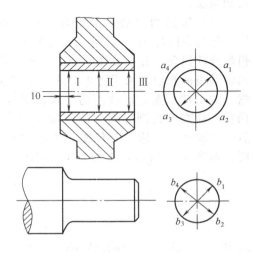

图 3-25　轴套与轴颈的测量

轴套，应在轴套上端面垫上软质金属垫，并使用导向轴或导向套如图 3-24 所示，导向轴、导向套与轴套的配合应为动配合。

对于较薄且长的轴套，不宜采用压入法装配，而应采用温差法装配，这样可以避免轴套的损坏。

轴套压入轴承孔后，由于是过盈配合，轴套的内径将会减小，因此在轴颈未装入轴套之前，应对轴颈与轴套的配合尺寸进行测量。测量的方法如图 3-25 所示，即测量轴套时应在距轴套端面 10mm 左右的两点和中间一点，在相互垂直的两个方向上用内径千分尺测量。同样在轴颈相应的部位用外径千分尺测量。根据测量的结果确定轴颈与轴套的配合是否符合要求，如轴套内径小于规定的尺寸，可用铰刀或刮刀进行刮修。

第九节 齿轮的装配

齿轮传动的装配是机器检修时比较重要、要求较高的工作。装配良好的齿轮传动，噪声小、振动小、使用寿命长。要达到这样的要求，必须控制齿轮的制造精度和装配精度。

齿轮传动装置的形式不同，装配工作的要求是不同的。

封闭齿轮箱且采用滚动轴承的齿轮传动，两轴的中心距和相对位置完全由箱体轴承孔的加工来决定。齿轮传动的装配工作只是通过修整齿轮传动的制造偏差，没有两轴装配的内容。封闭齿轮箱采用滑动轴承时，在轴瓦的刮研过程中，使两轴的中心距和相对位置在较小范围内得到适当的调整。对具有单独轴承座的开式齿轮传动，在装配时除了修整齿轮传动的制造偏差，还要正确装配齿轮轴，这样才能保证齿轮传动的正确连接。

一、齿轮传动的精度等级与公差

这里主要介绍最常见的圆柱齿轮传动的精度等级及其公差。

（一）圆柱齿轮的精度

圆柱齿轮的精度包括以下四个方面。

（1）传递运动准确性精度 指齿轮在一转范围内，齿轮的最大转角误差在允许的偏差内，从而保证从动件与主动件的运动协调一致。

（2）传动的平稳性精度 指齿轮传动瞬时传动比的变化。由于齿形加工误差等因素的影响，使齿轮在传动过程中出现转动不平稳，引起振动和噪声。

（3）接触精度 指齿轮传动时，齿与齿表面接触是否良好。接触精度不好，会造成齿面局部磨损加剧，影响齿轮的使用寿命。

（4）齿侧间隙 指齿轮传动时非工作齿面间应留有一定的间隙，这个间隙对储存润滑油、补偿齿轮传动受力后的弹性变形、热膨胀以及齿轮传动装置制造误差和装配误差等都是必需的。否则，齿轮在传动过程中可能造成卡死或烧伤。

目前中国使用的圆柱齿轮公差标准是 GB 10095—88，该标准对齿轮及齿轮副规定了 12 个精度等级，精度由高到低依次为 1，2，3，…，12 级。齿轮的传递运动准确性精度、传动的平稳性精度、接触精度，一般情况下，选用相同的精度等级。根据齿轮使用要求和工作条件的不同，允许选用不同的精度等级。选用不同的精度等级时以不超过一级为宜。

确定齿轮精度等级的方法有计算法和类比法。多数场合采用类比法，类比法是根据以往产品设计、性能实验、使用过程中所积累的经验以及较可靠的技术资料进行对比，从而确定齿轮的精度等级。

表 3-5 列出了各种机械所用齿轮的精度等级。

表 3-5　各种机械采用的齿轮的精度等级

应 用 范 围	精 度 等 级	应 用 范 围	精 度 等 级
测量齿轮	3～5	拖拉机	6～10
汽轮机减速器	3～6	一般用途的减速器	6～9
金属切削机床	3～8	轧钢设备的小齿轮	6～10
内燃机车与电气机车	6～7	矿用绞车	8～10
轻型汽车	5～8	起重机机构	7～10
重型汽车	6～9	农用机械	8～11
航空发动机	4～7		

（二）圆柱齿轮公差

按齿轮各项误差对传动的主要影响，将齿轮的各项公差分为 Ⅰ、Ⅱ、Ⅲ 三个公差组。在生产中，不必对所有公差项目同时进行检验，而是将同一公差级组内的各项指标分为若干个检验组，根据齿轮副的功能要求和生产规模，在各公差组中，选定一个检验组来检验齿轮的精度（参见 GB 10095—88 规定的检验组）。

选择检验组时，应根据齿轮的规格、用途、生产规模、精度等级、齿轮的加工方式、计量仪器、检验目的等因素综合分析合理选择。

圆柱齿轮传动的公差参见 GB 10095—88《渐开线圆柱齿轮精度》。

二、齿轮传动的装配

（一）圆柱齿轮的装配

对于冶金和矿山机械的齿轮传动，由于传动力大，圆周速度不高，因此齿面接触精度和齿侧间隙要求较高，而对运动精度和工作平稳性精度要求不高。齿面接触精度和适当的齿侧间隙与齿轮和轴、齿轮轴组件与箱体的正确装配有直接关系。

圆柱齿轮传动的装配过程，一般是先把齿轮装在轴上，再把齿轮轴组件装入齿轮箱。

1. 齿轮与轴的装配

齿轮与轴的连接形式有空套连接、滑移连接和固定连接三种。

空套连接的齿轮与轴的配合性质为间隙配合，其装配精度主要取决于零件本身的加工精度，因此在装配前应仔细检查轴、孔的尺寸是否符合要求，以保证装配后的间隙适当；装配中还可将齿轮内孔与轴进行配研，通过对齿轮内孔的修刮使空套表面的研点均匀，从而保证齿轮与轴接触的均匀度。

滑移齿轮与轴之间仍为间隙配合，一般多采用花键连接，其装配精度也取决于零件本身的加工精度。装配前应检查轴和齿轮相关表面和尺寸是否合乎要求；对于内孔有花键的齿轮，其花键孔会因热处理而使直径缩小，可在装配前用花键拉刀修整花键孔，也可用涂色法修整其配合面，以达到技术要求；装配完成后应注意检查滑移齿轮的移动灵活程度，不允许有阻滞，同时用手扳动齿轮时，应无歪斜、晃动等现象发生。

固定连接的齿轮与轴的配合多为过渡配合（有少量的过盈）。过盈量不大的齿轮和轴在装配时，可用锤子敲击装入；当过盈量较大时可用热装或专用工具进行压装；过盈量很大的齿轮，则可采用液压无键连接等装配方法将齿轮装在轴上。在进行装配时，要尽量避免齿轮出现齿轮偏心、齿轮歪斜和齿轮端面未贴紧轴肩等情况。

对于精度要求较高的齿轮传动机构，齿轮装到轴上后，应进行径向圆跳动和端面圆跳动的检查。其检查方法如图 3-26 所示，将齿轮轴架在 V 形铁或两顶尖上，测量齿轮径向跳动量时，在齿轮齿间放一圆柱检验棒，将千分表测头触及圆柱检验棒上母线得出一个读数，然后转动齿轮，每隔 3～4 个轮齿测出一个读数，在齿轮旋转一周范围内，千分表读数的最大代数差即为齿轮的径向圆跳动误差；检查端面圆跳动量时，将千分表的测头触及齿轮端面上，在齿轮旋转一周范围内，千分表读数的最大代数差即为齿轮的端面圆跳动误差（测量时注意保证轴不发生轴向窜动）。

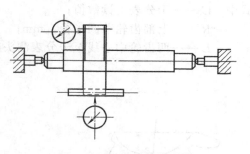

图 3-26　齿轮跳动量检查

圆柱齿轮传动装配的注意事项。

① 齿轮孔与轴配合要适当，不得产生偏心和歪斜现象。

② 齿轮副应有准确的装配中心距和适当的齿侧间隙。

③ 保证齿轮啮合时，齿面有足够的接触面积和正确的接触部位。

④ 如果是滑移齿轮，则当其在轴上滑移时，不得发生卡住和阻滞现象，且变换机构保证齿轮的准确定位，使两啮合齿轮的错位量不超过规定值。

⑤ 对于转速高的大齿轮，装配在轴上后应做平衡试验，以保证工作时转动平稳。

2. 齿轮轴组件装入箱体

齿轮轴组件装入箱体是保证齿轮啮合质量的关键工序。因此在装配前，除对齿轮、轴及其他零件的精度进行认真检查外，对箱体的相关表面和尺寸也必须进行检查，检查的内容一般包括孔中心距、各孔轴线的平行度、轴线与基面的平行度、孔轴线与端面的垂直度以及孔轴线间的同轴度等。检查无误后，再将齿轮轴组件按图样要求装入齿轮箱内。

3. 装配质量检查

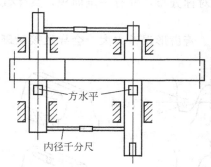

图 3-27　齿轮中心距测量

齿轮组件装入箱体后其啮合质量主要通过齿轮副中心距偏差、齿侧间隙、接触精度等进行检查。

（1）测量中心距偏差值　中心距偏差可用内径千分尺测量。图 3-27 所示为内径千分尺及方水平测量中心距。

（2）齿侧间隙检查　齿侧间隙的大小与齿轮模数、精度等级和中心距有关。齿侧间隙大小在齿轮圆周上应当均匀，以保证传动平稳没有冲击和噪声。在齿的长度上应相等，以保证齿轮间接触良好。

齿侧间隙的检查方法有压铅法和千分表法两种。

① 压铅法。此法简单，测量结果比较准确，应用较多。具体测量方法是：在小齿轮齿宽方向上如图 3-28 所示，放置两根以上的铅丝，铅丝的直径根据间隙的大小选定，铅丝的长度以压上三个齿为好，并用干油粘在齿上。转动齿轮将铅丝压好后，用千分尺或精度为 0.02mm 的游标卡尺测量压扁的铅丝的厚度。在每条铅丝的压痕中，厚度小的是工作侧隙，厚度较大的是非工作侧隙，最厚的是齿顶间隙。轮齿的工作侧隙和非工作侧隙之和即为齿侧间隙。

② 千分表法。此法用于较精确的啮合。如图 3-29 所示，在上齿轮轴上固定一个摇杆 1，摇杆尖端支在千分表 2 的测头上，千分表安装在平板上或齿轮箱中。将下齿轮固定，在上下两个方向上微微转动摇杆，记录千分表指针的变化值，则齿侧间隙 C_n 可用下式计算，即

$$C_n = C \times \frac{R}{L}$$

（3-14）

式中　　C——千分表上读数值；

　　　　R——上部齿轮节圆半径，mm；

　　　　L——两齿轮中心线至千分表测头间距离，mm。

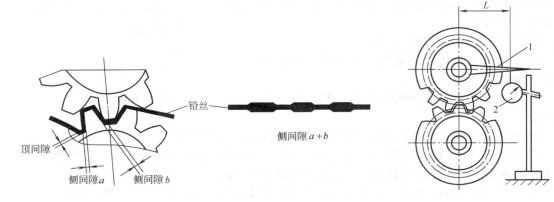

图 3-28　压铅法测量齿侧间隙	图 3-29　千分表法测量齿侧间隙
	1—摇杆；2—千分表

当测得的齿侧间隙超出规定值时，可通过改变齿轮轴位置和修配齿面来调整。

（3）齿轮接触精度的检验　评定齿轮接触精度的综合指标是接触斑点，即装配好的齿轮副在轻微制动下运转后齿侧面上分布的接触痕迹。可用涂色法检查。将齿轮副的一个齿轮侧面涂上一层红铅粉，并在轻微制动下，按工作方向转动齿轮 2～3r，在另一齿轮侧面上留下的痕迹斑点。正常啮合的齿轮，接触斑点应在节圆处上下对称分布，并有一定面积，具体数值可查有关手册。

影响齿轮接触精度的主要因素是齿形误差和装配精度。若齿形误差太大，会导致接触斑点位置正确但面积小，此时可在齿面上加研磨剂并转动两齿轮进行研磨以增加接触面积；若齿形正确但装配误差大，在齿面上易出现各种不正常的接触斑点，可在分析原因后采取相应措施进行处理。

如图 3-30 所示，可根据接触斑点的分布判断啮合情况。

（4）测量轴心线平行度误差值　轴心线平行度误差包括水平方向轴心线平行度误差 δ_x 和垂直方向平行度误差 δ_y。水平方向轴心线平行度误差 δ_x 的测量方法可先用内径千分尺测出两轴两端的中心距尺寸，然后计算出平行度误差。垂直方向平行度误差 δ_y 可用千分表法，也可用涂色法及压铅法。

（二）圆锥齿轮的装配

圆锥齿轮的装配与圆柱齿轮的装配基本相同。所不同的是圆锥齿轮传动两轴线相交，交角一般为 90°。装配时值得注意的问题主要是轴线夹角的偏差、轴线不相交偏差和分度

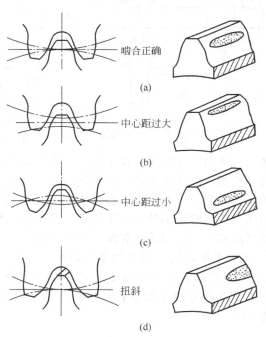

图 3-30　根据接触斑点的分布判断啮合情况

圆锥顶点偏移，以及啮合齿侧间隙和接触精度应符合规定要求。

圆锥齿轮传动轴线的几何位置一般由箱体加工所决定，轴线的轴向定位一般以圆锥齿轮的背锥作为基准，装配时使背锥面平齐，以保证两齿轮的正确位置。圆锥齿轮装配后要检查齿侧间隙和接触精度。齿侧间隙一般是检查法向侧隙，检查方法与圆柱齿轮相同。若侧隙不符合规定，可通过齿轮的轴向位置进行调整。接触精度也用涂色法进行检查，当载荷很小时，接触斑点的位置应在齿宽中部稍偏小端，接触长度约为齿长的 2/3 左右。载荷增大，斑点位置向齿轮的大端方向延伸，在齿高方向也有扩大。如装配不符合要求，应进行调整。

第十节　密封装置的装配

为了防止润滑油脂从机器设备接合面的间隙中泄漏出来，并不让外界的脏物、尘土、水和有害气体侵入，机器设备必须进行密封。密封性能的优劣是评价机械设备的一个重要指标。由于油、水、气等的泄漏，轻则造成浪费、污染环境，又对人身、设备安全及机械本身造成损害，使机器设备失去正常的维护条件，影响其寿命；重则可能造成严重事故。因此，必须重视和认真搞好设备的密封工作。

机器设备的密封主要包括固定连接的密封（如箱体结合面、连接盘等的密封）和活动连接的密封（如填料密封、轴头油封等）。采用的密封装置和方法种类很多，应根据密封的介质种类、工作压力、工作温度、工作速度、外界环境等工作条件以及设备的结构和精度等进行选用。

一、固定连接密封

（一）密封胶密封

为保证机件正确配合，在结合面处不允许有间隙时，一般不允许只加衬垫，这时一般用密封胶进行密封。密封胶具有防漏、耐温、耐压、耐介质等性能，而且有效率高、成本低、操作简便等优点，可以广泛应用于许多不同的工作条件。

密封胶使用时应严格按照如下工艺要求进行。

1. 密封面的处理

各密封面上的油污、水分、铁锈及其他污物应清理干净，并保证其应有的粗糙度，以便达到紧密结合的目的。

2. 涂敷

一般用毛刷涂敷密封胶。若黏度太大时，可用溶剂稀释，涂敷要均匀，不要过厚，以免挤入其他部位。

3. 干燥

涂敷后要进行一定时间的干燥，干燥时间可按照密封胶的说明进行，一般为 3~7min。干燥时间长短与环境温度和涂敷厚度有关。

4. 紧固连接

紧固时施力要均匀。由于胶膜越薄，凝附力越大，密封性能越好，所以紧固后间隙为 0.06~0.1mm 比较适宜。当大于 0.1mm 时，可根据间隙数值选用固体垫片结合使用。

表 3-6 列出了密封胶使用时泄漏原因及分析。

（二）密合密封

由于配合的要求，在结合面之间不允许加垫料或密封胶时，常常依靠提高结合面的加工精度和降低表面粗糙度进行密封。这时，除了需要在磨床上精密加工外，还要进行研磨或刮

表 3-6　密封胶使用时泄漏原因及分析

泄　漏　原　因	原　因　分　析
工艺问题	(1)结合处处理得不洁净 (2)结合面间隙过大(不宜大于 0.1mm) (3)涂敷不周 (4)涂层太厚 (5)干燥时间过长或过短 (6)连接螺栓拧紧力矩不够 (7)原有密封胶在设备拆除重新使用时未更换新密封胶
选用密封胶材质不当	所选用密封胶与实际密封介质不符
温度、压力问题	工作温度过高或压力过大

研使其达到密合,其技术要求是有良好的接触精度和做不泄漏试验。机件加工前,还需经过消除内应力退火。在装配时注意不要损伤其配合表面。

(三) 衬垫密封

承受较大工作负荷的螺纹连接零件,为了保证连接的紧密性,一般要在结合面之间加刚性较小的垫片,如纸垫、橡胶垫、石棉橡胶垫、紫铜垫等。垫片的材料根据密封介质和工作条件选择。衬垫装配时,要注意密封面的平整和清洁,装配位置要正确,应进行正确的预紧。维修时,拆开后如发现垫片失去了弹性或已破裂,应及时更换。

二、活动连接的密封

(一) 填料密封

填料密封 (见图 3-31) 的装配工艺要点有以下几点。

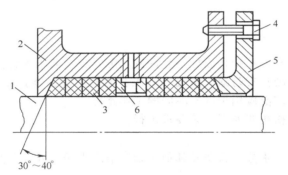

图 3-31　填料密封
1—主轴;2—壳体;3—软填料;4—螺钉;5—压盖;6—孔环

① 软填料可以是一圈圈分开的,各圈在轴上不要强行张开,以免产生局部扭曲或断裂。相邻两圈的切口应错开 180°。软填料也可以做成整条的,在轴上缠绕成螺旋形。

② 当壳体为整体圆筒时,可用专用工具把软填料推入孔内。

③ 软填料由压盖 5 压紧。为了使压力沿轴向分布尽可能均匀,以保证密封性能和均匀磨损,装配时,应由左到右逐步压紧。

④ 压盖螺钉 4 至少有两只,必须轮流逐步拧紧。以保证圆周力均匀。同时用手转动主轴,检查其接触的松紧程度,要避免压紧后再行松出。软填料密封在负荷运转时,允许有少量泄漏。运转后继续观察,如泄漏增加,应再缓慢均匀拧紧压盖螺钉 (一般每次再拧进1/6~1/2 圈)。但不应为争取完全不漏而压得太紧,以免摩擦功率消耗太大或发热烧坏。

(二) 油封密封

油封是广泛用于旋转轴上的一种密封装置,其结构比较简单 (见图 3-32),按结构可分为骨架式和无骨架式两类。装配时应使油封的安装偏心量和油封与轴心线的相交度最小，要防止油封刃口、唇部受伤，同时要使压紧弹簧有合适的拉紧力。装配要点如下。

① 检查油封孔、壳体孔和轴的尺寸，壳体孔和轴的表面粗糙度是否符合要求，密封唇部是否损伤，并在唇部和主轴上涂以润滑油脂。

② 压入油封要以壳体孔为准，不可偏斜，并应采用专门工具压入，绝对禁止棒打锤敲等做法。壳体孔应有较大倒角。油封外圈及壳体孔内涂以少量润滑油脂。

③ 油封装配方向，应该使介质工作压力把密封唇部紧压在主轴上，而不可装反。如用作防尘时，则应使唇部背向轴承。如需同时解决防漏和防尘，应采用双面油封。

④ 油封装入壳体孔后，应随即将其装入密封轴上。当轴端有键槽、螺钉孔、台阶等时，为防止油封刃口在装配中损伤，可采用导向套如图 3-33 所示。

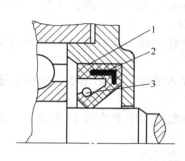

图 3-32　油封结构

1—油封体；2—金属骨架；3—压紧弹簧

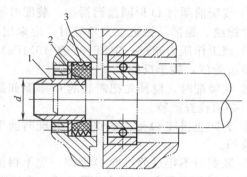

图 3-33　防止唇部受伤的装配导向套

1—导向套；2—轴；3—油封

装配时要在轴上与油封刃口处涂润滑油，防止油封在初运转时发生干摩擦而使刃口烧坏。另外，还应严防油封弹簧脱落。

油封的泄漏及防止措施见表 3-7。

表 3-7　油封的泄漏及防止措施

泄漏原因	原因分析	防止措施
唇部损伤或折叠	装配时由于与键槽、螺钉孔、台阶等的锐边接触，或毛刺未去除干净	去除毛刺、锐边，采用装配导向套，并注意保持唇部的正确位置
	轴端倒角不合适	倒角 30°左右，并与轴颈光滑过渡
	由于包装、储藏、输送等工作未做好	油封不用时不要拆开包装，不要过多重叠堆积，应存储在阴凉干燥处
唇部早期磨损或老化龟裂	唇部和轴的配合过紧	配合过盈量对低速可大点，对高速可小点
	拉紧弹簧径向压力过大	可改较长的拉紧弹簧
	唇部与轴间润滑油不充分或无润滑油	加润滑油
	与主轴线速度不适应	低速油封不能用于高速
	前后轴承孔的同轴度超差，以致主轴作偏心旋转	装配前应校正轴承的同轴度
	与使用温度不相应	应根据需要选用耐热或耐寒的橡胶油封
	油液压力超过油封承受限度	压力较大时应采用耐压油封或耐压支撑圈
油封与主轴或壳体孔未完全密贴	主轴或壳体孔尺寸超差	装配前应进行检查
	在主轴或壳体孔装油封处有油漆或其他杂质	装油封处注意清洗和保持清洁
	装配不当	遵守装配规程

(三) 密封圈密封

密封元件中最常用的就是密封圈，密封圈的断面形状有圆形（O 形）和唇形，其中用得最早、最多、最普遍的是 O 形密封圈。

1. O 形密封圈及装配

O 形密封圈是压紧型密封，故在其装入密封沟槽时，必须保证 O 形密封圈有一定的预压缩量，一般截面直径压缩量为 8％～25％。O 形密封圈对被密封表面的粗糙度要求很高，一般规定静密封零件表面粗糙度 Ra 值为 6.3～3.2，动密封零件表面粗糙度 Ra 值为 0.4～0.2。

O 形密封圈既可用作静密封，又可用于动密封。O 形圈的安装质量，对 O 形圈的密封性能与寿命均有重要影响，在装配 O 形圈时应注意以下几点。

① 装配前须将 O 形圈涂润滑油，装配时轴端和孔端应有 15°～20°的引入角。当 O 形圈需通过螺纹、键槽、锐边、尖角等时，应采用装配导向套。

② 当工作压力超过一定值（一般 10MPa）时，应安放挡圈，需特别注意挡圈的安装方向，单边受压，装于反侧。

③ 在装配时，应预先把需装的 O 形圈如数领好，放入油中，装配完毕，如有剩余的 O 形圈，必须检查重装。

④ 为防止报废 O 形圈的误用，装配时换下来的或装配过程中弄废的 O 形圈，一定立即剪断收回。

⑤ 装配时不得过分拉伸 O 形圈，也不得使密封圈产生扭曲。

⑥ 密封装置固定螺孔深度要足够，否则两密封平面不能紧固封严，产生泄漏，或在高压下把 O 形圈挤坏。

2. 唇形密封圈及装配

唇形密封圈的应用范围很广，既适用于大中小直径的活塞、柱塞的密封，也适用于高低速往复运动和低速旋转运动的密封。

唇形密封圈的装配应按下列要求进行。

① 唇形圈在装配前，首先要仔细检查密封圈是否符合质量要求，特别是唇口处不应有损伤、缺陷等。其次仔细检查被密封部位相关尺寸精度和粗糙度是否达到要求，对被密封表面的粗糙度要求一般 $Ra \leqslant 1.6$。

② 装配唇形圈的有关部位，如缸筒和活塞杆的端部，均需倒成 15°～30°的倒角，以避免在装配过程中损伤唇形圈唇部。

③ 在装配唇形圈时，如需通过螺纹表面和退刀槽，必须在通过部位套上专用套筒，或在设计时，使螺纹和退刀槽的直径小于唇形圈内径。反之，在装配唇形圈时，如需通过内螺纹表面和孔口，必须使通过部位的内径大于唇形圈的外径或加工出倒角。

④ 为减小装配阻力，在装配时，应将唇形圈与装入部位涂敷润滑脂。

⑤ 在装配中，应尽力避免使其有过大的拉伸，以免引起塑性变形。当装配现场温度较低时，为便于装配，可将唇形圈放入 60℃ 左右的热油中加热，但不可超过唇形圈的使用温度。

⑥ 当工作压力超过 20MPa 时，除复合唇形圈外，均须加挡圈，以防唇形圈挤出。挡圈均应装在唇形圈的根部一侧，当其随同唇形圈向缸筒里装入时，为防止挡圈斜切口被切断，放入槽沟后，用润滑脂将斜切口粘接固定，再行装入。

开口式挡圈在使用中，有时可能在切口处出现间隙，影响密封效果。因此，在一般情况下，应尽量采用整体式挡圈。聚四氟乙烯制作的挡圈，一旦拉伸，要恢复原尺寸，需要较长时间。因此，不应该将拉伸后装入活塞上的挡圈立即装入缸筒内，须等尺寸复原后再行装配。

唇形密封圈种类很多，根据断面形状不同，可分为 V 形（见图 3-34）、Y 形、Y_x 形、U 形、L 形等。V 形密封圈是唇形密封圈中应用最早、最广泛的一种。根据采用材质的不同，V 形密封圈可分为 V 形夹织物橡胶密封圈、V 形橡胶密封圈和 V 形塑料密封圈。其中 V 形夹织物橡胶密封圈应用最普遍。

V 形夹织物橡胶密封圈由一个压环、数个重叠的密封环和一个支承环组成。使用时，必须将这三部分有机地组合起来，不能单独使用。密封环的使用个数随压力高低和直径大小而不同，压力高、直径大时可用多个密封环。在 V 形密封装置中真正起密封作用的是密封环，压环和支承环只起支承作用。

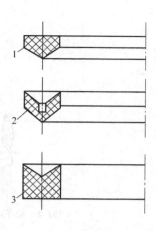

图 3-34　V 形密封圈的断面形状
1—支承环；2—密封环；3—压环

Y 形密封圈可分为两种：Y 形橡胶密封圈（见图 3-35）和 Y_x 形聚氨酯密封圈（见图 3-36、图 3-37）。这两种密封圈在使用中只要用单圈就可以实现密封。适用于运动速度较高的场合，工作压力可达 20MPa。Y 形密封圈对被密封表面的粗糙度要求，一般规定轴的表面的粗糙度 $Ra \leqslant 0.4$，孔的表面的粗糙度 $Ra \leqslant 0.8$。

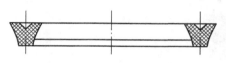

图 3-35　Y 形橡胶密封圈

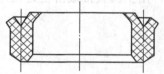

图 3-36　Y_x 形聚氨酯密封圈（孔用）

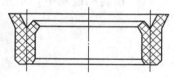

图 3-37　Y_x 形聚氨酯密封圈（轴用）

Y_x 形聚氨酯密封圈装配时，必须区分是孔用还是轴用，不得互相代替。所谓孔用即是密封圈的短脚（外唇边）和缸筒内壁做相对运动，长脚（内唇边）和轴相对静止，起支承作用。所谓轴用即是密封圈的短脚（内唇边）和轴做相对运动，长脚（外唇边）和缸筒相对静止，起支承作用。

（四）机械密封

机械密封是旋转轴用的一种密封装置。它的主要特点是密封面垂直于旋转轴线，依靠动环和静环端面接触压力来阻止和减少泄漏。

机械密封装置密封原理如图 3-38 所示。轴 1 带动动环 2 旋转，静环 5 固定不动，依靠动环 2 和静环 5 之间接触端面的滑动摩擦保持密封。在长期工作摩擦表面磨损过程中，弹簧 3 推动动环 2，以保证动环 2 与静环 5 接触而无间隙。为了防止介质通过动环 2 与轴 1 之间的间隙泄漏，装有密封圈 7；为防止介质通过静环与壳体 4 之间的间隙泄漏，装有密封圈 6。

对机械密封装置在装配时，必须注意事项如下。

① 按照图样技术要求检查主要零件，如轴的表面粗糙度、动环及静环密封表面粗糙度和平面度等是否符合规定。

② 找正静环端面，使其与轴线的垂直度误差小于 0.05mm。

③ 必须使动、静环具有一定的浮动性，以便在运动过程中能适应影响动、静环端面接触的各种偏差，这是保证密封性能的重要条件。浮动性取决于密封圈的准确装配、与密封圈接触的主轴或轴套的粗糙度、动环与轴的径向间隙以及动、静环接触面上摩擦力的大小等，

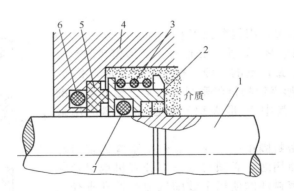

图 3-38　机械密封装置

1—轴；2—动环；3—弹簧；4—壳体；5—静环；6—静环密封圈；7—动环密封圈

而且还要求有足够的弹簧力。

　　④ 要使主轴的轴向窜动、径向跳动和压盖与轴的垂直度误差在规定范围内。否则将导致泄漏。

　　⑤ 在装配过程中应保持清洁，特别是主轴装置密封的部位不得有锈蚀，动、静环端面应无任何异物或灰尘。

　　⑥ 在装配过程中，不允许用工具直接敲击密封元件。

第四章 机械零件修复技术

失效的机械零件大部分可以应用各种修复技术修复后重新使用。修复失效的机械零件与直接更换零件相比具有以下优点：修复零件一般可以节约原材料，节约加工以及拆装、调整、运输等费用，降低维修成本；可以避免因某些备件不足而等待配件，有利于缩短停修时间，提高设备利用率；可以减少备件储备量，从而减少资金的占用；一般不需要精、大、稀关键设备，易于组织生产；利用新技术修复旧件还可提高零件的某些性能，如电镀、堆焊和热喷涂等表面技术，只将少量的高性能材料填充于零件表面，成本并不高，但大大提高了零件的耐磨性能，延长了零件使用寿命。

修复技术是机修行业修理技术中的重要组成部分，合理地选择和运用修复技术，是提高维修质量、节约资源、缩短停修时间和降低维修费用的有效措施。尤其对贵重、大型、加工周期长、精度要求高、需要特殊材料和特种加工的零件，其意义就更为突出。

第一节 金属扣合技术

金属扣合技术是利用扣合件的塑性变形或热胀冷缩的性质将损坏的零件连接起来，以达到修复零件裂纹或断裂的目的。这种技术可用于不易焊补的钢件、不允许有较大变形的铸件，以及有色金属的修复，对于大型铸件如机床床身、轧机机架等基础件的修复效果就更为突出。

一、金属扣合技术的特点

① 整个工艺过程完全在常温下进行，排除了热变形的不利因素。

② 操作方法简便，不需特殊设备，可完全采用手工作业，便于现场就地进行修理工作，具有快速修理的特点。

③ 波形槽分散排列，扣合件（波形键）分层装入，逐片铆击，避免了应力集中。

二、金属扣合法的分类

金属扣合技术可分为强固扣合法、强密扣合法、优级扣合法和热扣合法四种。在实际应用中，可根据具体情况和技术要求，选择其中一种或多种联合使用，以达到最佳效果。

（一）强固扣合法

强固扣合法是先在垂直于损坏零件的裂纹或折断面上，加工出若干个一定形状和尺寸的凹槽（波形槽），然后把形状与波形槽相吻合的高强度材料制成的扣合件（波形键）镶入槽中，并在常温下铆击波形键，使其产生塑性变形而充满波形槽腔，甚至使其嵌入零件基体之内。这样，由于波形键的凸缘和波形槽相互扣合，便将损坏的零件重新牢固地连接成一体，如图 4-1 所示。

这种方法适用于修复壁厚 8～40mm 的一般强度要求的薄壁机件。

1. 波形键的设计和制造

（1）波形键尺寸的确定　波形键的形状如图 4-2 所示。它的主要尺寸有凸缘直径 d、颈部宽度 b、间距 L 和厚度 t。通常以尺寸 b 作为基本尺寸来确定其他尺寸值，一般取 $b=3\sim6mm$。其他尺寸可按下列经验公式计算，即

$$d = (1.4 \sim 1.6)b$$
$$L = (2 \sim 2.2)b$$
$$t \leqslant b$$

$$(4\text{-}1)$$

设计波形键时根据机件受力大小和壁厚来确定波形键的凸缘数目。通常波形键的凸缘个数分别选用 5、7、9 个，凸缘数越多，则波形槽各凹洼断面上的应力越小，并可使最大应力远离裂缝处。但凸缘过多，会使波形键镶配工作增加难度。

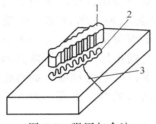

图 4-1 强固扣合法

1—波形键；2—波形槽；3—裂纹

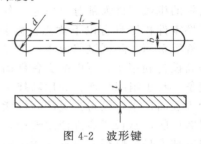

图 4-2 波形键

（2）波形键的材料 对波形键材料的要求如下。

① 具有足够的强度和韧性。

② 经热处理后，材料应变软以便于铆击。

③ 冷作硬化倾向大，而且不发脆，使铆紧后的波形键具有很高的强度。

④ 对受热机件的扣合波形键材料的热膨胀系数要略低于或与机件材料相一致。

因此，一般扣合用波形键材料常采用 1Cr18Ni9 或 1Cr18Ni9Ti 等奥氏体铬镍钢，扣合高温机件用的波形键材料是 Ni36 等高镍合金钢。

（3）波形键的制造 波形键的制造工艺是在液压压力机上用模具冷挤压成形，然后对其上、下两平面进行机加工并修整凸缘圆弧，最后需热处理，硬度要求达到 140HBS 左右。

2. 波形槽的设计和加工

（1）波形槽尺寸的确定 除槽深 T 大于波形键厚度 t 外，其余尺寸与波形键尺寸相同，它们之间的配合最大允许间隙可达到 $0.1 \sim 0.2mm$，波形槽深度 T 一般为工件壁厚 H 的 $0.7 \sim 0.8$ 倍，即 $T = (0.7 \sim 0.8)H$，见图 4-3 （a）、图 4-3 （b）。

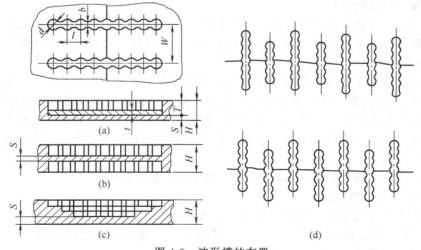

图 4-3 波形槽的布置

（2）波形槽的布置　为使最大应力分布在较大范围内，改善工件受力状况，在布置波形槽时，可采用一长一短式或一前一后式［见图4-3（d）］。对于承受弯曲载荷的机件，因机件外层受有最大拉应力，往里逐渐减少，可将波形槽设计成阶梯状［见图4-3（c）］，以减小机件内壁因开槽而遭削弱的影响。

波形槽间距 W 可根据波形键和损坏机件原有承载能力相等的强度条件按下式计算，即

$$W=bT/H(\sigma_p/\sigma_g+1) \tag{4-2}$$

式中　b ——波形键宽度，mm；

　　　T ——波形槽深度，mm；

　　　H ——机件壁厚，mm；

　　　σ_p ——波形键经铆击后的抗拉强度极限，N/mm²；

　　　σ_g ——机件的抗拉强度极限，N/mm²。

对于受载荷不大的机件，波形槽间距 W 也可根据经验公式来确定，一般取 $W=(5\sim6)b$。

（3）波形槽的加工　小型机件的波形槽可在镗床、铣床等设备上加工，对于拆卸和搬运不便的大型机件，其波形槽则可采用手电钻、钻模等简便工具现场加工。

波形槽现场加工的简要工艺过程：

① 划出各波形槽的位置线；

② 借助于钻模加工波形槽各凸缘孔及凸缘间孔，锪孔至深度 T；

③ 钳工修整宽度 b 和两平面，保证槽与键之间的配合间隙。

3. 铆击工艺

用压缩空气吹净波形槽内的金属屑末，用频率高、冲击力小的小型铆钉枪铆击波形键，将其扣入波形槽内，压缩空气压力为 0.2～0.4MPa。铆击时应注意使铆击杆垂直于铆击面，先铆波形键两端的凸缘，再逐渐向中间推进，轮换对称铆击，最后铆裂纹上的凸缘时不宜过紧，以免将裂纹撑开。根据机件要求、壁厚等因素正确掌握好铆紧度，一般控制每层波形键铆低 0.5mm 左右为宜。为使波形键充分冷作硬化，以提高其抗拉强度极限，操作时每个部位应先用圆弧面冲头铆击其中心，再用平底冲头铆击边缘。

（二）强密扣合法

强密扣合法是在强固扣合工艺原理的基础上，再在两波形键之间、裂纹或折断面的结合线上，每间隔一定距离加工缀缝栓孔，并使第二次钻的缀缝栓孔稍微切入已装好的波形键和缀缝栓，形成一条密封的"金属纽带"，达到阻止流体受压渗漏的目的，如图4-4 所示。对于承受高压的汽缸和高压容器等的修复，此法具有很高的使用价值，是一种行之有效的方法。

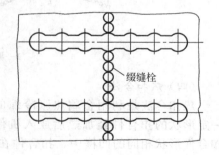

缀缝栓

图 4-4　强密扣合法

缀缝栓有螺栓形和圆柱形两种，前者用于承受较低压力的断裂件修复，后者用于承受较高压力、密封要求高的机件。

缀缝栓的尺寸主要参考波形键和波形槽的尺寸选用。缀缝栓直径的选择应考虑到两波形键之间的裂缝或折断面间的长度，以保证缀缝栓能密布于缝的全长上，一般螺栓形采用 M3～M8，圆柱形取 $\phi3\sim\phi8$，缀缝栓之间间距要尽可能小。缀缝栓的材料与波形键相同，对于要求不高的修复部位，也可用低碳钢或纯铜等软性材料。

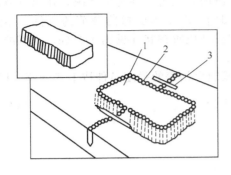

图 4-5 优级扣合法
1—加强件；2—缀缝栓；3—波形键

缀缝栓采用螺栓时，也可涂以环氧树脂胶或无机黏结剂，然后一件件旋入，确保密封性能良好；采用圆柱形时，分片装入逐步铆紧。

（三）优级扣合法

优级扣合法也称加强扣合法，这种方法是在垂直于裂纹或断裂面的修复区上加工出一定形状的空穴，然后将形状、尺寸相同的钢制加强件镶入空穴中，在零件与加强件的结合处再加缀缝栓，使其一半嵌在加强件上，另一半嵌在零件基体上，必要时还可再加入波形键，如图 4-5 所示。此法主要用于要求承受高负荷的厚壁机件，如水压机横梁、轧钢机轧辊支架、辊筒等的修复。

优级扣合法以一些特别制造的加强件来代替普通的波形键。这些加强件比波形键能承受更大的负荷，而且能使负荷分散到更大的面积，离裂纹和断裂处更远。

加强件的形状可根据零件材料性质、载荷性质和大小以及扣合处形状等因素设计成不同形式，如图 4-6 所示，主要有钢制砖形、十字形、X 形、圆形、三角形等。

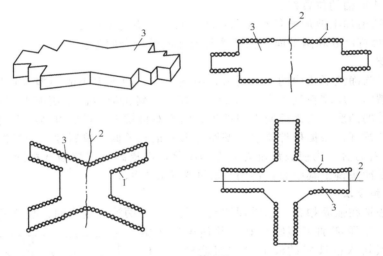

图 4-6 加强件
1—缀缝栓；2—裂纹；3—加强件

（四）热扣合法

热扣合法是利用金属热胀冷缩的原理，将选定的具有一定形状的扣合件经加热后放入机件损坏处已加工好的与扣合件形状相同的凹槽中，扣合件在冷却过程中产生收缩，将破裂的机件重新密合，如图 4-7 所示。这种方法比其他扣合法更为简便实用，多用来修复大型飞轮、齿轮和重型设备的机身等。

扣合法目前已在各行各业越来越普遍地应用。实践证明，采用扣合法修复，质量可靠，精度能够得到保证，工艺成熟简便，成本低廉，外形美观，具有明显的经济效益。

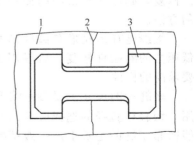

图 4-7 热扣合法
1—零件；2—裂纹；3—扣合件

第二节 工件表面强化技术

零件的修复，有时不仅仅是补偿尺寸，恢复配合关系，还要赋予零件表面更好的性能，如耐磨性、耐高温性等。采用表面强化技术可以使零件表面获得更好的性能。

工件表面强化技术是指采用某种工艺手段，通过材料表层的相变、改变表层的化学成分、改变表层的应力状态以及提高工件表面的冶金质量等途径来赋予基体材料本身所不具备的特殊力学、物理和化学性能，从而满足工程上对材料及其制品提出的要求的一种技术。

表面强化技术作为表面工程学的一项重要技术，对于改善材料的表面性能，提高零件表面的耐磨性，抗疲劳性，延长其使用寿命等具有重要意义。它可以节约稀有、昂贵材料，对各种高新技术发展具有重要作用。下面对常用的几种表面强化技术进行介绍。

一、表面形变强化

表面形变强化的基本原理是通过喷丸、滚压、挤压等手段使工件表面产生压缩变形，表面形成强化层，其深度可达 0.5~1.5mm，从而有效地提高工件表面强度和疲劳强度。

表面形变强化成本低廉，强化效果显著，在机械设备维修中常用，其中喷丸强化应用最为广泛。

（一）喷丸强化

喷丸强化是利用高速弹丸强烈冲击工件表面，使之产生形变硬化层并引进残余应力的一种机械强化工艺方法。喷丸技术通常用于表面质量要求不太高的零件。

喷丸强化用于提高零件的抗疲劳及耐应力腐蚀能力，适合各种机械，如航空、航海、石油、矿山、铁路、运输、重型机械等。通过喷丸强化，一般可显著提高疲劳寿命，应用在飞机起落架、发动机、各种接头、曲轴、连杆、叶片等零件。在飞机制造和维修中，零件磨削后，电镀、喷涂前大都进行喷丸强化处理，以提高抗疲劳和耐应力腐蚀能力，是一种不可缺少的工艺。

（二）滚压强化

滚压强化的原理是利用球形金刚石滚压头或表面有连续沟槽的球形金刚石滚压头以一定滚压力对零件表面进行滚压，使表面形变强化产生硬化层。目前滚压强化用的滚轮、滚压力大小等工艺规范尚无标准，滚压技术一般只适用于回转体类零件。

二、表面热处理强化和表面化学热处理强化

（一）表面热处理强化

表面热处理是仅对零件表层进行热处理，使表层发生相变，从而改变表层组织和性能的工艺，是最基本、应用最广泛的表面强化技术之一。它可使零件表层具有高强度、硬度、耐磨性及疲劳极限，而心部仍保留原组织状态。

根据加热方式不同，常用的表面热处理强化包括：感应加热（高频、中频、工频）表面淬火、火焰加热表面淬火、电接触加热表面淬火、浴炉（高温盐浴炉）加热表面淬火等。下面介绍生产中广泛应用的感应加热表面淬火和火焰加热表面淬火。

1. 感应加热表面淬火

感应加热表面淬火的基本原理如图 4-8 所示。将工件放在铜管绕制的感应圈内，当感应圈通过一定频率的电流时，感应圈内部和周围产生同频率的交变磁场，于是工件中相应产生

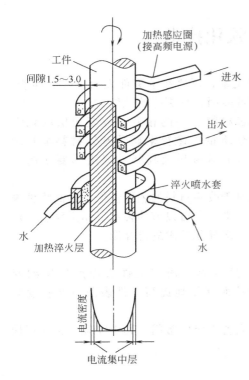

图4-8 感应加热表面淬火

了自成回路的感应电流，由于集肤效应，感应电流主要集中在工件表层，使工件表面迅速加热到淬火温度，随即喷水冷却，使工件表层淬硬。

经感应加热表面淬火的工件，表面不易氧化、脱碳，变形小，淬火层深度容易控制，生产率高，还便于实现生产机械化，多用于大批量生产的形状较简单的零件。

2. 火焰加热表面淬火

火焰加热表面淬火是用乙炔-氧或煤气-氧的混合气体燃烧的火焰，将工件表面快速加热到淬火温度，然后立即喷水冷却，从而获得预期的硬度和淬硬层深度的表面淬火方法，如图4-9所示。

火焰加热表面淬火的淬硬层深度一般为2～6mm。这种表面淬火方法简便，无需特殊设备，投资少，但加热时易过热，淬火质量往往不够稳定。适用于单件或小批量生产的大型零件或需要局部淬火的工件，如大型轴类、大模数齿轮等。

（二）表面化学热处理强化

表面化学热处理强化是将工件置于一定的活性介质中，加热到一定温度，使活性介质通过扩散并释放欲渗入元素的活性原子，渗入到工件表层，从而改变表层的成分、组织和性能。

表面化学热处理强化可以提高工件表面的强度、硬度和耐磨性，提高表面疲劳强度，提高表面的耐腐蚀性，使工件表面具有良好的抗黏着能力和低的摩擦系数。

表面化学热处理种类较多，一般以渗入的元素来命名。常用的表面化学热处理强化方法有渗碳、渗氮、碳氮共渗、渗硼、渗金属（通常为W、V、Cr等）等。

三、三束表面改性技术

近年来，随着激光束、离子束、电子束的出现与发展，采用激光束、离子束、电子束对材料表面进行改性已成为材料表面增强新技术，通常

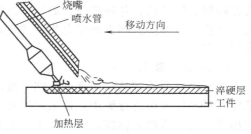

图4-9 火焰加热表面淬火

称为"三束表面改性技术"。中国于1992年在大连理工大学和复旦大学成立了三束表面改性技术国家重点联合实验室。

（一）激光表面处理技术

激光表面处理技术是应用光学透镜将激光束聚集到很高的功率密度与很高的温度，照射到材料表面，借助于材料的自身传导冷却，改变表面层的成分和显微结构，从而提高表面性能的方法。它可以解决其他表面处理方法无法解决或不好解决的材料强化问题，可大幅度提高材料或零部件抗磨损、抗疲劳、耐腐蚀、防氧化等性能，延长其使用寿命。广泛应用于汽车，冶金，机床，以及刀具、模具等的生产和修复中。

1. 激光束的特点

（1）高功率密度（高亮度） 与其他光源相比，激光光源发射激光束的功率密度较大，经过光学透镜聚集后，功率密度进一步增强，可达到 $10^{14}\,W/cm^2$，焦斑中心温度可达几千度到几万度，比太阳的表面亮度高 10^{10} 倍。

（2）高方向性 激光光束的发散角很小，小到一至几毫弧度，所以可以认为光束基本上是平行的。

（3）高单色性 激光具有相同的位相和波长，单色性好。

2. 激光表面处理的特点

激光表面处理技术与其他表面处理相比，具有以下特点。

（1）无需使用外加材料，仅改变被处理材料表面层的组织结构 处理后的改性层具有足够的厚度，可根据需要调整深浅一般可达 0.1～0.8mm。

（2）处理层和基体结合强度高 激光表面处理的改性层和基体材料之间是致密的冶金结合，而且处理层本身是致密的冶金组织，具有较高的硬度和耐磨性。

（3）被处理件变形极小 由于激光功率密度高，与零件的作用时间极短，故零件的热影响区和整体变化都很小。适合于高精度零件处理，作为材料和零件的最后处理工序。

（4）加工柔性好，适用面广 利用灵活的导光系统可随意将激光导向处理部位，从而可方便地处理深孔、内孔、盲孔和凹槽等，可进行选择性的局部处理。

（5）工艺简单优越 激光表面处理均在大气环境中进行，免除了镀膜工艺中漫长的抽真空时间，没有明显的机械作用力和工具损耗，无噪声、无污染、无公害、劳动条件好。再加上激光器配以微机控制系统，很容易实现自动化生产，易于批量生产。产品成品率极高，几乎达到100％，效率很高、经济效益显著。

3. 常见的激光表面处理技术

常见的激光表面处理技术有激光表面淬火、激光表面合金化等。

（1）激光表面淬火 也称为激光相变强化，指用激光向零件表面加热，在极短的时间内，零件表面被迅速加热到奥氏体化温度以上，在激光停止辐照后，快速自冷淬火得到马氏体组织的一种工艺方法。目前激光表面淬火强化已广泛应用于工业生产中，如采用球墨铸铁制造的汽车曲轴，其圆弧处经表面淬火后，硬度可升高到 HRC55～62，耐磨性与疲劳强度也大为提高；采用钢或铸铁制造的凸轮、齿轮、活塞环、缸套、模具等，经激光表面淬火后，大大提高其表面硬度和耐磨性。

激光表面淬火对材料的性能有如下影响。

① 硬度升高。几种钢经激光表面淬火后的表面硬度见表 4-1。

表 4-1 几种钢经激光表面淬火后的表面硬度

钢种	45 钢	T8 钢	T12 钢	W18Cr4V
硬度	HV780	HV980	HV1050	HV1100

② 提高耐磨性能。激光表面淬火后，表层晶粒明显细化，有利于提高强韧性综合性能指标，同时硬度明显升高，可显著提高耐磨性，且被处理的零部件不受尺寸限制。

③ 改善疲劳性能。钢经激光表面淬火后，表层发生马氏体相变而体积膨胀，从而在表层形成残余应力，这种表层压应力可大大提高疲劳强度。例如，15MnVN、25CrMnSi 等低含碳量的钢进行激光表面淬火后，疲劳寿命大幅度提高。但对含碳量较高的钢进行激光表面淬火处理效果不明显，这是由于含碳量较高的钢经激光表面淬火后，虽然表面硬度升高，但内部应力增加幅度较大，使疲劳寿命提高不明显。

④ 残余应力。经激光表面淬火后，零件表面由于获得马氏体组织发生膨胀，而内部限

制其膨胀，从而在表面形成残余压应力，到一定深度后，残余压应力转变为残余拉应力。表面残余压应力的存在，有利于提高零部件的疲劳强度，推迟零部件在服役过程中裂纹的萌生与扩展。

（2）激光表面涂敷　其原理与堆焊相似，将预先配好的合金粉末（或在合金粉末中添加硬质陶瓷颗粒）预涂到基材表面。在激光的辐照下，混合粉末熔化（硬质陶瓷颗粒可以不熔化）形成熔池，直到基材表面微熔。激光停止辐照后，熔化氏凝固，并在界面处与基材达到冶金结合。它可避免热喷涂方法使涂层内有过多的气孔、熔渣夹杂、微观裂纹和涂层结合强度低等缺点。

基材一般选择廉价的钢铁材料，有时也可选择铝合金、铜合金、镍合金、钛合金。涂敷材料一般为 Co 基、Ni 基、Fe 基自熔合金粉末。也可将此三种自熔合金作为陶瓷增强涂层的黏结材料，耐增强陶瓷颗粒一般选择为 WC、SiC、TiC、TiN 等。

激光表面涂敷的目的是提高零部件的耐磨、耐热与耐腐蚀性能。例如，汽轮机和水轮机叶片表面涂敷 Co-Cr-Mo 合金，提高耐磨与耐腐蚀性能。

（3）激光表面合金化　是一种既改变表面的物理状态，又改变其化学成分的激光表面处理技术。它是预先用电镀或喷涂等技术把所需合金元素涂敷在金属表面，再用激光照射该表面。也可以涂敷与激光照射同时进行。由于激光照射使涂敷层合金元素和基体表面薄层熔化、混合，而形成物理状态、组织结构和化学成分不同的新的表层，从而提高表层的耐磨性、耐腐蚀性和高温抗氧化性等。如在碳钢表面预涂一定配比的 W、V、Cr、C 元素混合粉末，经激光表面合金化后，可在钢表面获得类似 W18Cr4V 高速钢的成分、组织与性能，从而大大提高表面硬度与耐磨性。它特别适合于工件的重要部位的表面处理。

（4）激光表面非晶态处理　是指金属表面在激光束辐照下熔化并快速冷却，熔化的合金在快速凝固过程中来不及结晶，从而在表层形成厚度为 $1\sim10\mu m$ 的非晶相，这种非晶相薄层不仅具有高强度、高韧度、高耐磨性和高耐腐蚀性，而且具有独特的电磁性和氧化性。

例如，纺纱钢令跑道用激光非晶态处理后，表面硬度提高至 HV1000 以上，耐磨性提高 $1\sim3$ 倍，纺纱断头率下降 75%，经济效益显著。又如，汽车凸轮轴和柴油机铸钢套外壁经激光表面非晶态处理后，强度和耐腐蚀性均明显提高。

（5）激光气相沉积　以激光束作为热源在金属表面形成金属膜，通过控制激光的工艺参数可精确控制膜的形成。用这种方法可以在普通材料上涂敷与基体完全不同的具有各种功能的金属或陶瓷，节省资源效果明显。

（二）离子束表面处理

离子束表面处理是指把所需要元素的原子电离成离子，并使其在几十至几百千伏的电压下进行加速，进而轰击零部件表面，使离子注入表层一定深度的真空处理工艺技术，从而改变材料表面层的物理化学和力学性能。

1. 离子束注入技术的优缺点

（1）优点　与电子束和激光束及其他表面处理工艺相比，离子注入表面处理的优点如下。

① 离子注入是一个非热力学平衡过程，注入离子的能量很高，可以高出热平衡能量的 $2\sim3$ 个数量级。因此，原则上讲，周期表上的任何元素，都可注入任何基体材料内。

② 离子注入表层与基体材料无明显界面，使力学性能在注入层至基材为连续过渡，保证了注入层与基材之间具有良好的动力学匹配性，与基体结合牢固，避免了表面层的破裂与剥落。

③ 注入元素的种类、能量、剂量均可选择，用这种方法形成的表面合金，不受扩散和溶解度的经典热力学参数的限制，可获得其他方法得不到的新合金相。

④ 离子注入为常温真空表面处理技术，零部件经表面处理后，无形变、无氧化，能保持原有尺寸精度和表面状态，特别适合于高精密部件的最后工艺。

（2）缺点　与其他表面处理技术相比，离子束注入技术也存在一些缺点：设备昂贵，成本较高。故目前主要用于重要的精密关键部件。另外，离子注入层较薄，如 10 万电子伏的氮离子注入 GCr15 轴承钢中的平均深度仅为 $0.1\mu m$，这就限制了它的应用范围。离子注入不能用来处理具有复杂凹腔表面的零件。并且，离子注入要在真空室中处理，受到真空室尺寸的限制。

2. 离子注入工艺及其应用简介

（1）离子注入工艺简介　离子注入装置如图 4-10 所示。将离子引出的吸板电压调至 $0\sim30kV$ 之间。正离子从离子源中引出后，具有一定的初速度。磁分析器从引出的正离子中选出所需要注入的纯度极高的离子。加速管将选出的正离子加速到所需能量，以控制注入深度。聚焦扫描系统将离子束聚焦扫描，有控制地注入工件的表面。注入离子的剂量由与工件相连的电荷积分仪给出。

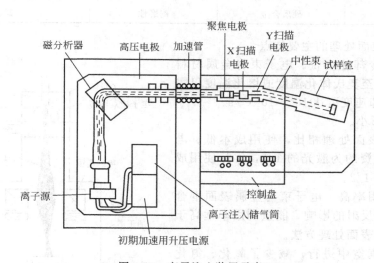

图 4-10　离子注入装置示意

（2）金属表面离子注入的应用举例　目前，采用离子注入提高金属表面耐磨与耐腐蚀性已广泛应用于各种机械零部件中，见表 4-2。

（三）电子束表面处理

1. 电子束的产生及工作原理

电子由电子枪阴极发射后，在加速电压的作用下，速度高达光束的 2/3。高速电子束经电磁透镜聚焦后辐照在待处理工件的表面，如图 4-11 所示。当高速电子束照射到金属表面时，电子能达到金属表面一定深度，与基体金属的原子核及电子发生相互作用。电子与原子核碰撞可看作为弹性碰撞，因此能量传递主要是通过电子与金属表层电子碰撞而完成的。所传递的能量立即以热能形式传给金属表层电子，从而使金属表层温度迅速升高。

电子束加热与激光加热不同，激光加热时金属表面吸收光子能量，激光并未穿过金属表面。目前电子束加速电压达 125kV，输出功率达 150kW，能量密度达 $10MW/m$，这是激光器无法比拟的。因此，电子束加热的深度和尺寸比激光大。

表 4-2　金属表面离子注入的应用举例

离 子 种 类	基　体	性　能	零 部 件 名 称
$Ti^+ + C^+$	铁基合金	耐磨性	轴承
Cr^+	铁基合金	耐蚀性	外科手术器械
$Ta^+ + C^+$	铁基合金	抗咬合性	齿轮
P^+	不锈钢	耐蚀性	海洋器械、化工装置
C^+、N^+	Ti 合金	耐磨性与耐蚀性	人工骨骼、宇航器件
Mo^+	Al 合金	耐蚀性	宇航、海洋用器件
N^+	Al 合金	耐磨性	橡胶、塑料模具
N^+	Zr 合金	耐磨性与耐蚀性	原子炉构件、化工装置
N^+	硬 Cr 层	硬度	阀座、搓丝板、移动式起重机
Y^+、Ce^+、Al^+	超合金	抗氧化性	涡轮机叶片
$Ti^+ + C^+$	超合金	耐磨性	纺丝模口
Cr^+	铜合金	耐蚀性	电池
B^+	Be 合金	耐磨性	轴承
N^+	硬质合金	耐磨性	工具、刀具

2. 电子束表面处理的主要特点

① 加热和冷却速度快。电子束将金属材料表面由室温加热至奥氏体化温度或熔化温度仅需 $1/1000s$，其冷却速度可达 $10^6 \sim 10^8 ℃/s$。

② 零件变形小。

③ 与激光表面处理相比，使用成本低。电子束设备一次投资约为激光的 $1/3$，实际使用成本也只有激光的 $1/2$。

④ 能量利用率高。电子束与金属表面耦合性好，几乎不受反射的影响，能量利用率远高于激光，属节能型表面处理方法。

⑤ 处理在真空中进行，减少了氧化、氮化的影响，可得到纯净的表面处理层。

⑥ 不论形状多复杂，凡是能观察到的地方就可用电子束处理。

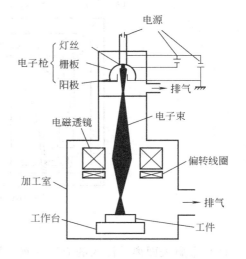

图 4-11　电子束的产生及工作原理示意

3. 电子束表面处理技术

（1）电子束表面淬火　与激光表面淬火相似，采用散焦方式的电子束轰击金属工件表面，控制加热速度为 $10^3 \sim 10^5 ℃/s$，使金属表面超过奥氏体转变温度，在随后高速冷却过程中发生马氏体转变，使表面强化。这种方法适用于碳钢、中碳合金钢、铸铁等材料的表面强化。如在柴油机阀门凸轮推杆的制造中，采用电子束对汽缸底部球座部分进行表面淬火处理，可大大提高表层耐磨性。

（2）电子束表面重熔　采用电子束轰击金属工件表面，使表面产生局部熔化并快速凝固，从而细化晶粒组织，提高表面强度与韧性。此外，电子束重熔可使表层中各组成相的化学元素重新分布，降低元素的微观偏析，改善工件的表面性能。电子束表面重熔主要用于工模具的表面处理方面，近年来，电子束表面重熔技术在汽车制造业也得到了广泛应用，如汽车的转缸式发动机中振动最厉害的顶部密封件的制造，采用电子束表面重熔处理后，大大提高了使用寿命。

（3）电子束表面合金化 预先将选择好的具有特殊性能的合金粉末涂敷在金属表面，再用电子束轰击加热熔化，冷却后形成与基材冶金结合的表面合金层，主要用来提高表面的耐磨、耐腐蚀与耐热性能。

（4）电子束表面非晶态处理 与激光表面非晶态处理相似，只是热源不同。由于电子束的能量密度很高以及作用时间短，使工件表面在极短的时间内迅速熔化，又迅速冷却，金属液体来不及结晶而成为非晶态。这种非晶态的表面层具有良好的强韧性与抗腐蚀性能。

第三节　塑性变形修复技术

塑性变形修复技术是利用金属或合金的塑性变形性能，使零件在一定外力作用的条件下改变其几何形状而不损坏。

这种方法是将零件不工作部位的部分金属向磨损的工作部位移动，以补偿磨损掉的金属，恢复零件工作表面原来的尺寸和形状。它实际上也就是一般的压力加工方法，但其工作对象不是毛坯，而是具有一定尺寸和形状的磨损零件。因此，用这种方法不仅可改变零件的外形，而且可改变金属的力学性能和组织结构。

利用塑性变形修复零件一般有以下几种方法。

一、镦粗法

镦粗法是借助压力来减小零件的高度、增大零件的外径或缩小内径尺寸的一种方法，主要用来修复有色金属套筒和圆柱形零件。例如，当铜套的内径或外径磨损时，在常温下通过专用模具进行镦粗，设备一般可采用压床、手压床或用锤手工敲击，作用力的方向应与塑性变形的方向垂直，如图4-12所示。

镦粗法可修复内径或外径磨损量小于 0.6mm 的零件，对必须保持内外径尺寸的零件，可采用镦粗法补偿其中一项磨损量后，再用其他的修复方法来保证另一项恢复到原来尺寸。

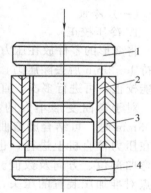

图 4-12　镦粗法修复铜套
1—上模；2—铜套；
3—轴承；4—下模

用镦粗法修复零件，零件被压缩后的缩短量不应超过其原高度的 15%，对于承载较大的则不应超过其原高度的 8%。为保证镦粗均匀，其高度与直径之比不应大于 2，否则不宜采用这种方法。

二、挤压法

挤压法是利用压力将零件不需严格控制尺寸部分的材料挤压到已磨损部位，主要用于筒形零件内径的修复。

一般都利用模具进行挤压，挤压零件的外径来缩小其内径尺寸，再进行加工以达到恢复原尺寸的目的。例如，修复轴套可用图4-13所示的模具进行。将所要修复的轴套2放在外模的锥形孔1中，利用冲头3在压力的作用下使轴套2的内径缩小。可用金属喷涂、电镀或镶套等方法修复缩小的轴套外径，然后进行机械加工，使内径和外径均达到规定尺寸要求。

模具锥形孔的大小根据零件材料塑性变形性的大小和需要挤压量数值的大小来确定。当零件的塑性变形性质低：挤压值较大时，模具锥形孔可采用 10°～20°；挤压值较小时，模具锥形孔可采用 30°～40°。对塑性变形性质高的材料，模具锥形孔可采用 60°～70°。

三、扩张法

扩张法的原理与挤压法相同，所不同的是零件受压向外扩张，以增大外形尺寸，补偿磨损部分，主要应用于外径磨损的套筒形零件。根据具体情况可做简易模具和在冷或热的状态下进行，使用设备的操作方法都与前两种方法相同。

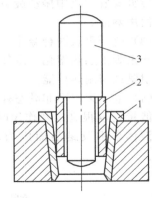

图 4-13　挤压法修复轴套
1—外模；2—轴套；3—冲头

例如，空心活塞销外圆磨损后，一般用镀铬法修复。但若没有镀铬设备时，可用扩张法进行修复，活塞销的扩张既可在热态下进行，也可在冷态下进行。扩张后的活塞销，应按技术要求进行热处理，然后磨削其外圆，直到达到尺寸要求。

四、校正法

零件在使用过程中，常会发生弯曲、扭曲等残余变形。利用外力或火焰使零件产生新的塑性变形，从而消除原有变形的方法称为校正。

校正分为冷校和热校，而冷校又分为冷压校正与冷作校正。

（一）冷校

1. 冷压校正

将变形的零件放在压力机的 V 形铁中，使凸面朝上，施加压力使零件发生反方向变形，保持 1～2min 后去除压力，利用材料的弹性后效作用将变形抵消。检查校正情况，若一次不能校正，可进行多次，直到校正为止。

对于弯曲变形不大的小型钢制曲轴，可采用此方法校直。曲轴的弯曲度，如小于0.05mm 时，可结合磨修曲轴得以修整。如超过 0.05mm 时，则须加以校正。冷压校正一般在压力校直机上进行，也可用手动螺旋压力装置在地平台上进行。校正前应测出曲轴的弯曲部位、方向及数值。将其主轴颈支承在 V 形铁上，使弯曲凸面朝上，并使最大弯曲点对准加压装置的压头，然后固定曲轴。在加压点相对 180°的位置架设百分表，借以观察加压时的变形量。当曲轴的弯曲变形度较大时，必须分次进行，以防压校时，反向弯曲变形量过大，而使曲轴折断。校正时的反向弹性变形量不宜超过原弯曲量的 1～1.5 倍。

冷压校正简单易行，但校正的精度不容易控制，零件内留下较大的残余应力，效果不稳定，疲劳强度下降。

2. 冷作校正

冷作校正是用手锤敲击零件的凹面，使其产生塑性变形。该部分的金属被挤压延展，在塑性变形层中产生压缩应力。弯曲的零件在变形层应力的推动下被校正。

利用冷作校正法来校正弯曲的曲轴时，根据曲轴弯曲的方向和程度，使用球形手锤或气锤，沿曲柄臂的左右两侧进行敲击（锤击区应选在弯曲后曲柄臂受压应力的一侧），由于冷作而产生残余应力，使曲柄臂敲击侧伸长变形，曲轴轴线产生位移，在各个曲柄臂变形的综合作用下，达到校直曲轴的目的。

冷作校正的校正精度容易控制，效果稳定，且不降低零件的疲劳强度。但是，它不能校正弯曲量太大的零件，通常零件的弯曲量不能超过零件长度的 $0.03\% \sim 0.05\%$。

（二）热校

热校一般是将零件弯曲部分的最高点用气焊的中性焰迅速加热到 450℃ 以上。然后快速冷却，由于加热区受热膨胀，塑性随温度升高而增加，又因受周围冷金属的阻碍，不可能随温度增高而伸展。当冷却时，收缩量与温度降低幅度成正比，造成收缩量大于膨胀量，收缩力很大，靠它校正零件的变形。

热校适用于校正变形量较大，形状复杂的大尺寸零件，其校正保持性好，对疲劳强度影响较小，应用比较普遍。热校正的关键在于弯曲的位置及方向必须找正确，加热的火焰也要和弯曲的方向一致，否则会出现扭曲或更多的弯曲。

下面简单介绍利用热校法校正弯曲的轴，如图 4-14 所示，一般操作规范如下。

① 利用车床或 V 形铁，找出弯曲零件的最高点，确定加热区。

② 加热用的氧-乙炔火焰喷嘴，按零件直径决定其大小。

③ 加热区的形状有如下几种。

a. 条状。在均匀变形和扭曲时常用。

b. 蛇形。在变形严重，需要热区面积大时采用。

c. 圆点状。用于精加工后的细长轴类零件。

④ 若弯曲量较大时，可分数次加热校正，不可一次加热时间过长，以免烧焦工件表面。

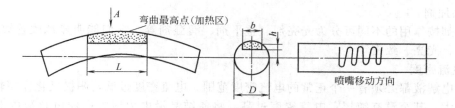

图 4-14　轴类零件的热校正

第四节　电镀修复技术

电镀是应用电化学的基本原理，在含有欲镀金属的盐类溶液中，以被镀基体金属作为阴极，通过电解作用，使镀液中欲镀金属的阳离子在基体金属表面上沉积，形成牢固覆盖层的一种表面加工技术。

电镀法形成的金属镀层不仅可补偿零件表面磨损，而且还能改善零件的表面性质，如可提高耐磨性（如镀铬、镀铁），提高防腐能力（如镀锌、镀铬等），形成装饰性镀层（如镀铬、镀银等），以及特殊用途，如防止渗碳用的镀铜、提高表面导电性的镀银等；有些电镀还可改善润滑条件。因此，电镀是常用的修复技术之一，主要用于修复磨损量不大、精度要求高、形状结构复杂、批量较大和需要某种特殊层的零件。

常用的电镀技术有槽镀、电刷镀等。槽镀由于占地面积大，污染环境，设备维修部门不宜单独设置，需要槽镀时，可到电镀车间或电镀专业厂去完成。电刷镀由于设备简单，工艺灵活，可在现场使用，所以在设备维修中使用非常广泛。

一、概述

(一) 电镀基本原理

图 4-15 所示为电镀的基本原理。镀槽中的电解液，除镀铬采用铬酸溶液外，一般都用欲镀金属的盐类水溶液。镀槽中的阴极为电镀的零件，阳极为与镀层材料相同的极板（镀铬除外）。接通电源，在电场力的作用下，带正电荷的阳离子向阴极方向移动，带负电荷的阴离子向阳极方向移动。

电解液中的阳离子，主要是欲镀金属的离子和氢离子，金属离子在阴极表面得到电子，生成金属原子，并覆盖在阴极表面上。同时氢离子也从阴极表面得到电子，生成氢原子，一部分进入零件镀层，另一部分逸出镀槽。

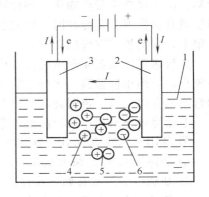

图 4-15　电镀基本原理示意
1—电解液；2—阳极；3—阴极；
4—阳离子；5—电解质；6—阴离子

(二) 影响镀层质量的基本因素

影响镀层质量的因素较多，包括镀液的成分以及电镀工艺参数等。现对主要影响因素进行讨论。

1. pH 值

镀液中的 pH 值可以影响氢的放电电位、碱性夹杂物的沉淀、络合物的组成和平稳、添加剂的吸附程度等。最佳的 pH 值往往要通过试验来决定。

2. 添加剂

添加剂按作用的不同可分为光亮剂、整平剂、润湿剂等，它们能明显地改善镀层组织，使之平整、光亮、致密等。

3. 电流密度

任何电解液都必须有一个正常的电流密度范围。电流密度过低，阴极极化作用较小，镀层结晶粗大，甚至没有镀层；电流密度过高，将使结晶沿电力线方向向电解液内部迅速增长，造成镀层产生结瘤和枝状结晶，甚至烧焦；电流密度大小的确定应与电解液的组成、主盐浓度、pH 值、温度及搅拌等条件相适应，加大主盐浓度、升温及搅拌等措施均可提高电流密度的上限。

4. 温度

温度升高使扩散加快，浓差极化、电化学极化降低，晶粒变粗；但温度升高可以提高电流密度，从而提高生产效率。

5. 搅拌

搅拌可降低阴极极化，使晶粒变粗，但可提高电流密度，从而提高生产效率。此外，搅拌还可增强整平剂的效果。

(三) 电镀前预处理和电镀后处理

1. 电镀前预处理

电镀前预处理的目的是为了使待镀面呈现干净新鲜的金属表面，以获得高质量镀层。首先通过表面磨光和抛光等方法使表面粗糙度达到一定要求，再用溶剂溶解或化学、电化学除油，接着用机械、酸洗以及电化学方法除锈，最后把表面放在弱酸中浸蚀一定时间进行镀前表面活性化处理等。

2. 电镀后处理

电镀后处理包括钝化处理和除氢处理。钝化处理是指把已镀表面放入一定的溶液中进行化学处理，在镀层上形成一层坚实致密的、稳定性高的薄膜的表面处理方法。钝化处理使镀层耐腐蚀性大大提高，并增加表面光泽和抗污染能力。有些金属如锌，在电沉积过程中，除自身沉积出来外，还会析出一部分氢，这部分氢渗入镀层中，使镀件产生脆性甚至断裂，这称为氢脆。为了消除氢脆，往往在电镀后，使镀件在一定的温度下热处理数小时，称为除氢处理。

（四）电镀金属

在维修中最常用的有镀铬、镀铜、镀铁等。

1. 镀铬

镀铬层在大气中很稳定，不易变色和失去光泽，硬度高，耐磨性、耐热性较好，是用电解法修复零件最有效方法之一。

（1）镀铬工艺的特点　镀铬工艺具有以下特点。

① 铬具有较高的导热及耐热性能，在 480℃ 以下不变色，到 500℃ 以上才开始氧化，700℃ 时硬度才显著下降。

② 镀铬层化学稳定性好，硬度高（高达 HV400～1200），摩擦系数小，所以耐磨性好。

③ 铬层与基体金属有较高的结合强度，甚至高于它自身晶间的结合强度。

④ 抗腐蚀能力强，铬层与有机酸、硫、硫化物、稀硫酸、硝酸或碱等均不起作用，能长期保持其光泽，使外表美观。

⑤ 铬层性脆，不宜承受不均匀的载荷、不能抗冲击，一般镀层不宜超过 0.3mm。工艺较复杂，成本高，一般不重要的零件不宜采用。

（2）镀铬层的分类、特点与应用　见表 4-3。

表 4-3　镀铬层的分类、特点与应用

镀铬层分类		特　点	应　用
硬质镀铬	无光泽铬层	在低温、高电流密度下获得。铬层硬度高、韧性差，有稠密的网状裂纹，结晶组织粗大，耐磨性低，表面呈灰暗色	由于脆性太大，很少使用，只用于某些工具、刀具的镀铬
	光泽铬层	在中等温度和电流密度下获得。硬度高、韧性好，耐磨，内应力较小，有密集的网状裂纹，结晶组织细致，表面光亮	适用于修复磨损的零件或作一般装饰性镀铬
	乳白铬层	在高温、低电流密度下获得。铬层硬度低、韧性好，无网状裂纹，结晶组织细致，耐磨性高，颜色呈乳白色	适用于承受冲击载荷的零件或增加尺寸和用于装饰性镀铬方面
多孔镀铬		多孔镀铬层的外表面形成无数网状沟纹和点状孔隙，能保存足够的润滑油以改善摩擦条件，使其具有吸附润滑性能及更高的耐磨性能	修复承受重载荷、温度高、滑动速度大和润滑供油不能充分的条件下工作的零件，如活塞环、汽缸套筒等

2. 镀铜

镀铜层较软，富有延展性，导电和导热性能好，对于水、盐溶液和酸，在没有氧的溶解或氧化反应条件下具有良好的耐蚀性，它与基体金属的结合能力很强，不需要进行复杂的镀前准备，在室温和很小的电流密度下即可进行，操作很方便。

镀铜在维修中常用于以下方面：改善间隙配合件的摩擦表面，提高磨合质量，如缸套和齿轮镀铜；恢复过盈配合的表面，如滚动轴承、铜套、轴瓦、缸套外圈的加大；对紧固件起防松作用，如在螺母上镀铜可不用弹簧垫圈或开尾销；在钢铁零件镀铬、镀镍之前常用镀铜作底层；零件渗碳处理前，对不需要渗碳部分镀铜作防护层等。

3. 镀铁

镀铁是电镀工艺的一种，由于镀铁工艺比镀铬工艺成本低，效率高，对环境污染小，因此，近年来镀铁工艺发展很快，在修理中已逐渐取代镀铬，成为零件修复的重要手段之一。

镀铁按电解液的温度分为高温镀铁和低温镀铁。在90～100℃温度下进行镀铁，使用直流电源的称高温镀铁。这种方法获得的镀层硬度不高，且与基体结合不可靠；在40～50℃常温下进行镀铁，采用不对称交流电源的称为低温镀铁。它解决了常温下镀层与基体结合的强度问题，镀层的力学性能较好，工艺简单、操作方便，在修复和强化机械零件方面可取代高温镀铁，并已得到广泛应用。

镀铁层耐磨性能相当于或高于经过淬火的45钢。镀铁层经过机械（磨削）加工后，宏观观察表面致密，无缺陷。在零件的本身强度和疲劳强度未到极限的前提下，镀铁修复后零件的使用寿命可与新件媲美。

二、电刷镀

电刷镀是电镀的一种特殊方式，不用镀槽，只需在不断供应电解液的条件下，用一支镀笔在工件表面上进行擦拭，从而获得电镀层。所以，它又称为无槽镀或涂镀。主要应用于改善和强化金属材料工件的表面性质，使之获得耐磨损、耐腐蚀、抗氧化、耐高温等方面的一种或数种性能。在机械修理和维护方面，电刷镀广泛地应用于修复因金属表面磨损失效、疲劳失效、腐蚀失效而报废的机械零部件，恢复其原有的尺寸精度，具有维修周期短、费用低、修复后的机械零部件使用寿命长等特点，特别是对大型和昂贵机械零部件的修复经济效益更加显著。在施镀过程中基体材料无变形，镀层均匀致密与基体结合力强，是修复金属工件表面失效的最佳工艺。

（一）电刷镀的基本原理、特点及应用

1. 基本原理

电刷镀也是一种电化学沉积过程，其基本原理如图4-16所示。将表面处理好的工件与刷镀电源的负极相连，作为电刷镀的阴极，将刷镀笔与电源的正极相连，作为电刷镀的阳极，阳极包套包裹着有机吸水材料（如用脱脂棉或涤纶、棉套或人造毛套等）。刷镀时，包裹的阳极与工件欲刷镀表面接触并做相对运动，含有需镀金属离子的电刷镀专用镀液供送至阳极和工件表面处，在电场力的作用下，镀液中的金属离子向工件表面做定向迁移，

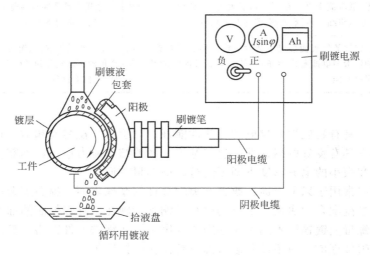

图4-16　电刷镀工作原理示意

在工件表面获得电子还原成原子成为镀层在工件表面沉积。镀层厚度随刷镀时间的延长而增厚，直至所需的镀层厚度时为止。镀层厚度由专用的刷镀电源控制，镀层种类由刷镀液品种决定。

2. 特点

（1）设备简单，操作灵活　不用镀槽，不需很大的工作场地，投资少，收效快。工件尺寸不受限制，可以不拆卸解体就可在现场刷镀修复，可以进行槽镀困难或实现不了的局部电镀，如对某些质量大、体积大的零件实行局部电镀。操作简便，具有初中以上文化水平者，经一周培训即可独立工作。

（2）结合强度高　镀层是在电、化学、机械力（刷镀笔与工件的摩擦）的作用下沉积的，因而结合强度比槽镀高，比喷涂更高，结合强度$\geqslant 70$MPa。

（3）工件加热温度低　通常小于70℃，不会引起变形和金相变化。

（4）镀层厚度可以控制，控制精度为$\pm 10\%$　镀后一般不必进行加工，表面粗糙度低，可以直接使用，修复时间短，维修成本低。

（5）沉积速度快　电刷镀时电流密度一般可达$50\sim 300$A/dm^2，因此镀层沉积速度比槽镀快$5\sim 10$倍。

（6）适用材料广　常用金属材料基本都可以用电刷镀修复，如低碳钢、中碳钢、高碳钢、铸铁、铝和铜及其合金、淬火钢等。焊接层、喷涂层、镀铬层等的返修或局部返修也可应用电刷镀技术；淬火层、氮化层不必进行软化处理，不必破坏原工件表面，可直接电刷镀修复。

（7）操作安全，对环境污染小　电刷镀的溶液不含氰化物和剧毒药品，对人体无毒害，可循环使用，排除废液少。

3. 应用

近年来电刷镀技术在中国推广甚速。在航空、船舶、机车、电子、化工、汽车、机械、冶金以至文物保护部门都获得广泛应用，并已取得明显经济效益。在机修部门主要应用于以下几方面。

① 对使用后产生磨损和腐蚀的或加工失误的工件进行修复，恢复尺寸和几何精度，同时使工件表面具有指定的技术性能，如使零件表面具有耐磨性。特别是精密零件的修复，如滚动轴承内外座圈的孔和外圆、花键轴的键齿宽度、曲轴轴颈等。

② 大型及精密零件（如轴、套、油缸、机体、导杆、导轨等）局部磨损、划伤、凹坑、腐蚀的修复。用刷镀修补机床导轨划伤或研伤，它比选用机械加工、金属喷涂、粘接等修复技术效果更佳。

③ 改善零件表面的性能，如做防护层，用于防磨、防蚀、抗高温氧化等场合，使零件具有工况需要的特殊性能，节约贵重金属；改善材料的钎焊性，在铜和铝的表面经过电刷镀过渡层即可实现铝铜之间的钎焊；作为零件局部防渗碳、渗氮等保护层等。

④ 适用于槽镀难以完成的作业，如盲孔、超大件、难拆难运等，也常用来修补铬层。

⑤ 对建筑物、雕刻、塑像、古代文物的装饰或维护。

⑥ 修复电气元件，如印刷电路板、电气触点、整流子以及微电子元件等。

⑦ 用于模具的修理与防护。另外也能实现模具的刻字、去毛刺等。

但是，电刷镀仍有一定的局限性，如不适宜用在大面积、大厚度、大批量修复，此时其技术经济指标不如槽镀；它不能修复零件上的断裂缺陷；不适宜修复承受高接触应力的滚动或滑动摩擦表面，如齿轮表面、滚动轴承滚道等。

（二）影响电刷镀镀层质量的主要因素

1. 工作电压和电流

一般来说，电压低时，电流小，沉积速度慢，获得的镀层光滑细密，内应力小；而电压高时，沉积速度快，生产率高，但容易使镀层粗糙、发黑、甚至烧伤。

2. 阴、阳极相对速度

相对运动速度过低，易使镀层粗糙、脆化，有些镀层会发黑，甚至烧伤；相对运动速度过高，会使电流效率和沉积速度降低，甚至不能沉积金属，并加剧阳极包套的磨损。

3. 镀液和工作温度

工件最好和镀液都预热到 50℃ 左右起镀，一般不允许超过 70℃。

4. 镀液的洁净

各种镀液不能交叉使用，更换镀液时应清洗各部位。一般全部使用旧镀液或在新镀液中掺入 50% 的旧镀液，都会使电刷镀生产效率降低。

（三）电刷镀设备

电刷镀设备由电刷镀电源、刷镀笔和辅助装置组成。

1. 电刷镀电源

电刷镀电源是电刷镀的主要设备，它的质量直接影响着电刷镀镀层的质量。它应满足：输出直流电压可无级调节、平稳直流输出；有过电流保护功能；电源应设有正、反向开关，以满足电净、活化、电镀的需要；能监控镀层厚度等。同时为了适应现场作业，应使电源尽可能体积小、质量小、工作可靠、计量精度高，操作简单和维修方便。

考虑到实际应用中待镀面积大小的不同，常把刷镀电源按输出电流和电压的最大值分成几个等级（见表 4-4），并配套使用。

表 4-4　国产电刷镀电源的配套等级及主要用途

配套等级		主要用途
电流/A	电压/V	
5	30	电子、仪表零件，首饰及小工艺品镀金、镀银等
15	20	中小型工艺品、电器元件、印刷电路板、量具、夹具的修复，模具保护和光亮处理等
30	30	小型工件的刷镀
60		中等尺寸零件的刷镀
75		
100		
120		大中型零件的刷镀
150		
300	20	特大型工件的刷镀
500		

电刷镀电源主要有恒压式刷镀电源、恒流式刷镀电源和脉冲式刷镀电源。全国电刷镀技术协作组已经制定了恒压式刷镀电源试行标准。目前，恒压式刷镀电源技术比较成熟，因此，工业应用中电刷镀技术采用恒压式刷镀电源较多。在选择电刷镀电源时，主要考虑镀件的尺寸大小和电源功能来选择电源型号及其配套等级。若实际应用中，主要对中小型零件进

行修复工作，可以选择 MS-30（～100）型恒压式电源或脉冲式电源等。

电刷镀电源由整流电路、极性转换装置、过载保护电路及安培小时计（或镀层厚度计）等几部分组成。

整流电路的作用是用来提供平稳直流输出，输出电压可无级调节。极性转换装置用来进行任意选择正极或负极的电解操作，以满足电刷镀过程中各工序的需要。过载保护电路是用来在电刷镀过程中，当电流超过额定值时或镀笔与零件发生短路时，可快速切断主电源，以保护电源和零件。安培小时计的原理是通过直接计量电刷镀时所消耗的电量来间接指示已镀镀层的厚度。

2. 刷镀笔

刷镀笔是电刷镀的主要工具，其作用是在镀笔阳极与工件之间构成电流回路，使刷镀液中待沉积物质沉积到工件表面形成镀层，完成刷镀作业。它主要由阳极和导电手柄组成，它们之间的连接方式主要通过螺母锁紧式或螺纹连接，如图 4-17 所示。根据允许使用电流的大小，分为大、中、小和回转镀笔四种类型，可根据电刷镀的零件大小和形状不同选用不同类型的镀笔。

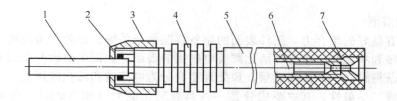

图 4-17　刷镀笔的结构

1—阳板；2—O 形密封圈；3—锁紧螺母；4—柄体；
5—尼龙手柄；6—导电螺栓；7—电缆插头

（1）阳极　是镀笔的工作部分，一般采用不熔性材料制成。一般为含碳量为 99.7% 以上的高纯度石墨阳极，只有尺寸很小的阳极，为了保证其强度才用铂铱合金制造。为适用零件的不同形状，阳极有圆柱形、平板形、瓦片形等，如图 4-18 所示。

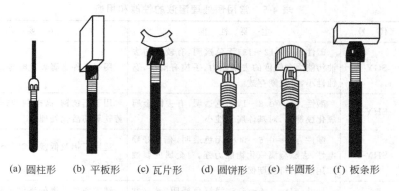

(a) 圆柱形　(b) 平板形　(c) 瓦片形　(d) 圆饼形　(e) 半圆形　(f) 板条形

图 4-18　各种形状的阳极

电刷镀时阳极的表面用脱脂棉和针织套包裹，其作用是为了储存镀液和防止阳极与工件直接接触而产生电弧，烧伤工件，同时对阳极脱落的石墨粒子起过滤作用。

在电刷镀实际应用中，应当根据待镀件表面的形状和面积大小、镀液种类、工作空间等因素，考虑阳极的材料、形状、尺寸等几方面，选择适当的阳极，才能获得最佳的刷镀效率和效果。对于特殊形状和尺寸的待镀表面，可根据需要设计阳极形状。为了保证电刷镀时的质量，避免刷液相互污染，阳极必须专用，即一个阳极只用于一种镀液。

（2）导电手柄　一般用不锈钢或铝制成。其作用是连接电源和阳极，使操作者可以握持或用机具夹持。其上凡与手柄接触的部位，均装有塑料套管绝缘，以保证操作者的安全。

3. 辅助装置

（1）电刷镀机床　用来夹持工件并使其按一定转速旋转，保证刷镀笔与工件的相对运动，以获得均匀的镀层。电刷镀机床应能调节转速（0～600r/min），并带有尾架顶尖，一般可利用旧车床代替，对于批量刷镀的零部件，可以在专用机床上进行刷镀。

（2）供液、集液装置　电刷镀时，根据被镀零件的大小，可采用不同的方式给镀笔供液，如蘸取式、浇淋式和泵液式。流淌下来的电刷镀溶液一般使用塑料桶、塑料盘等容器收集，供循环使用。

（四）电刷镀溶液

电刷镀溶液是电刷镀过程中的主要物质条件，对电刷镀质量有关键性的影响。根据其作用可分为四大类：预处理溶液、金属电刷镀溶液、退镀液和钝化溶液。用量最大的是前两种溶液。

1. 预处理溶液

镀层是否有良好的结合力，工件表面的制备情况是个关键。预处理溶液的作用就是除去待镀件表面油污和氧化膜，净化和活化需要电刷镀的表面，保证电刷镀时金属离子电化学还原顺利进行，获得结合牢固的刷镀层。预处理溶液分为电净液和活化液两类。

（1）电净液　呈碱性，其主要成分是一些具有皂化能力（如 $NaOH$）和乳化能力（如 Na_3PO_4）的化学物质，用于清洗工件表面的油污。在电流作用下具有较强的去油污能力，同时也有轻度的去锈能力，适用于所有金属基体的净化。

（2）活化液　呈酸性，主要成分为常用的无机酸，也有一些是有机酸，用于去除金属表面的氧化膜和疲劳层，使金属表面活化，保证镀层与基体金属间有较强的结合力。

常用的预处理溶液有四种：电净液、1号活化液、2号活化液、3号活化液。4号活化液也时常使用。其性能和用途见表4-5。

表4-5　常用预处理溶液的性能和用途

名　称	代　号	主　要　性　能	主　要　用　途
电净液	SGY-1	碱性,pH＝12～13,无色透明,有较强的去油污能力和轻度的去锈能力,手摸有滑感,腐蚀性小,可长期存放	用于各种金属表面电解去油污
1号活化液	SHY-1	酸性,pH＝0.8～1,无色透明,有去除金属氧化膜能力,对基体腐蚀性小	用于不锈钢、高碳钢、高合金钢、铬镍合金、铸铁等的活化处理
2号活化液	SHY-2	酸性,pH＝0.6～0.8,无色透明,有良好导电性,去除金属氧化物能力强,对金属的腐蚀作用较快,可长期保存	适用于铝及低镁的铝合金、钢、铁、不锈钢等活化处理
3号活化液	SHY-3	酸性,pH＝4.5～5.5,浅绿色透明,导电性较差,腐蚀性小,可长期保存。对其他活化液活化后残留的石墨或炭黑具有强的去除能力	通常作为后继处理液使用。适用于去除经1号或2号活化液活化的碳钢和铸铁表面残留的石墨（或碳化物）或者是不锈钢表面的污物
4号活化液	SHY-4	酸性,pH＝0.2,无色透明,去除金属表面氧化物能力很强	用于经其他活化液活化仍难以镀上镀层的基体金属材料的活化,并可用于去除金属毛刺或剥蚀镀层

2. 电刷镀溶液

电刷镀溶液多为络合物水溶液，其金属离子含量高，沉积速度快。金属电刷镀溶液的品种很多，根据镀层成分可分为单金属和合金电刷镀溶液；根据镀液酸碱程度分为酸性和碱性两类。酸性镀液的突出优点是沉积速度快，但它对基体金属有腐蚀性，故不宜用于多孔的基体（如铸铁等）及易被酸浸蚀的材料（如锌和锡等）。碱性镀液的优点是能适用于各种金属材料，其镀层致密，对边角、裂缝和盲孔部位有较好的刷镀能力，不腐蚀基体和邻近的镀层，且镀层晶粒细、致密度高，但沉积速度慢。除镀镍溶液外，大多数使用中性或碱性镀液。电刷镀溶液在工作过程中性能稳定，中途不需调整成分，可以循环使用。表 4-6 列出了几种主要的刷镀溶液性能、特点和应用范围。

表 4-6　几种主要的刷镀溶液性能、特点和应用范围

溶液名称	主 要 性 能 特 点	应 用 范 围
特殊镍	深绿色，pH＝0.9～1.0，金属离子含量 86g/L，工作电压 6～16V，有较强烈的醋酸味，有较高的结合强度，沉积速度较慢	适用于铸铁、合金钢、镍、铬及铜、铝等材料的底层和耐磨表面层
快速镍	蓝绿色，pH＝7.5～8.0，金属离子含量 53g/L，工作电压 8～20V，略有氨的气味，沉积速度快，镀层具有多孔倾向和良好的耐磨性	适用于恢复尺寸和作一般耐磨镀层
低应力镍	绿色，酸性，pH＝3～3.5，金属离子含量 75g/L，工作电压 10～25V，有醋酸气味，组织致密孔隙少，镀层内具有压应力	可改善镀层应力状态，用作夹心镀层、防护层
镍钨合金	深绿色，酸性，pH＝1.8～2.0，金属离子含量 15g/L，工作电压 6～20V，有轻度的醋酸气味，镀层致密，耐磨性很好，有一定耐热性，沉积速度低	主要用作耐磨涂层
碱铜	蓝绿色，碱性，pH＝9～10，金属离子含量 64g/L，工作电压 5～20V，溶液在 −21℃ 左右结冰，回升到室温后性能不变，镀层组织细密，孔隙率小，结合强度好	主要作底层和防渗碳、防渗氮层，改善钎焊性镀层，抗黏着磨损镀层，特别适用于铝、锌和铸铁等难镀金属

金属电刷镀溶液一般按待修零件对镀层性能要求选择。如需要快速修复尺寸，常用铜、镍和钴等镀液；要求表面有一定硬度和耐磨性，则用镍、镍-钨合金等镀液；要求表面防腐蚀，可用镍、镉、金和银等镀液；需要镀层有良好的导电性，用铜、金、银等镀液；要求改变表面可焊性，可用锡和金等镀液。

（五）电刷镀工艺

电刷镀工艺过程包括工件表面准备阶段、电刷镀阶段和镀后处理。工件表面准备阶段又包括机械准备、电净处理、活化处理，电刷镀阶段包括镀底层和刷镀工作层。

1. 机械准备

对工件表面进行预加工，除油、去锈，去除飞边毛刺和疲劳层，获得正确的几何形状和较低的表面粗糙度（宜在 $Ra3.2\mu m$ 以下，最大不得高于 $Ra6.3\mu m$，因为每刷镀 0.1mm 厚的镀层，其粗糙度大约提高一级）。当修补划伤和凹坑等缺陷时，需进行修整和扩宽。

2. 电净处理

电净处理是指采用电解方法对工件欲镀表面及邻近部位进行精除油。通电使电净液成分

离解，形成气泡，撕破工件表面油膜，达到去油的目的。电净时一般为正极性进行，即工件接负极，刷镀笔接正极；反之，工件接正极，刷镀笔接负极称为负极性。只有对疲劳强度要求甚严的工件，才用负极性电净，旨在减少氢脆。

电净时的工作电压和时间应根据镀件的材质而定。电净后，用清水将工件冲洗干净，彻底除去残留的电净液和其他污物。电净的标准是水膜均摊。

3. 活化处理

活化处理是指使用活化液对工件表面进行处理，除去工件表面的氧化膜，使工件表面活化，呈现出坚实可靠的金属基体，为镀层与基体之间的良好结合创造条件。

不同的金属材料应选用不同的活化液及其工艺参数。常见的中碳钢、高碳钢的活化过程是：第一次活化，用2号活化液，反极性，6～12V，3～15s（刷镀笔与工件单位表面接触的净时间），这时工件表面呈均匀灰黑色，水冲至净；第二次活化，用3号活化液，反极性，11～18V，10～20s，这时工件表面呈均匀银灰色，水冲洗净残留活化液。活化的标准是达到指定的颜色。

4. 镀底层

在刷镀工作层之前，首先刷镀很薄一层（1～5μm）特殊镍、碱铜或低氢脆镉作底层，它是位于基体金属和工件镀层之间的特殊层，其作用主要是提高镀层与基体的结合强度及稳定性。

镀底层时，用正极性，15V，阳极与阴极相对运动速度为15m/min。一般最好先无电擦拭3～5s，然后再通电擦刷，这样效果才比较理想。

5. 刷镀工作层

根据工件的使用要求，选择合适的金属镀液刷镀工作层。它是最终镀层，将直接承受工作载荷、运动速度、温度等工况，应满足工件表面的力学、物理和化学性能要求。为保证镀层质量，合理地进行镀层设计很有必要。在设计镀层时，要注意控制同一种镀层一次连续刷镀的厚度。因为随着镀层厚度的增加，镀层内残余应力也随之增大，同种镀层厚度过大可能使镀层产生裂纹或剥离。由经验总结出的单一刷镀层一次连续刷镀的安全厚度见表4-7。

表4-7　单一刷镀层一次连续刷镀的安全厚度/mm

刷镀液种类	镀层单边厚度	刷镀液种类	镀层单边厚度
特殊镍	底层0.001～0.002	铁合金	0.2
快速镍	0.2	铁	0.4
低应力镍	0.13	铬	0.025
半光亮镍	0.13	碱铜	0.13
镍-钨合金	0.103	高速酸铜	0.13
镍-钨(D)合金	0.13	高堆积碱铜	—
镍-钴合金	0.05	锌	0.13
钨-钴合金	0.005	低氢脆镉	0.13

当镀层较厚时，通常选用两种或两种以上镀液，分层交替刷镀，得到复合镀层。这样既可迅速增补尺寸，又可减少镀层内应力，也保证了镀层的质量。若有不合格镀层部分可用退镀液去除，重新操作，冲洗、打磨、再电净和活化。

6. 镀后处理

刷镀后彻底清洗工件表面的残留镀液并擦干，检查质量和尺寸，需要时送机械加工。若镀件不再加工，采取必要的保护措施如涂油等。剩余镀液过滤后分别存放，阳极、包套拆下清洗、晾干、分别存放，下次对号使用。

（六）镀层剥离的主要原因及防止措施

1. 工件和镀液温度太低

工件和镀液温度太低，而选用的电压和电流又太大，造成镀层应力过大，从而开裂剥离。

措施：用温水浸泡加热中小件，镀液加热到 50℃，起镀时用低电流刷镀，然后逐渐增大电流。

2. 电流脉冲太大

镀平面时，因操作不当，总停留在一处或总在一处起镀，使工件多次承受大电流脉冲；夹持偏心或阳极与工件周期性的在某固定部位挤压接触，产生较大电流脉冲；停车或起车时，阳极与工件并未脱离也能造成大的脉冲电流。

措施：针对不同的产生原因，采用不同的措施。

3. 工件和镀层氧化

氧化的原因较多，如工序间停顿时间太长、极性用错等。

措施：工序间应紧凑不中断；勤换笔防止工件温升太大；极性一旦用错，一定要重新活化等。

4. 工件—阳极相对运动速度低

在刷镀有划痕、擦伤、凹坑等局部缺陷的工件时，由于阳极移动受限制，工件—阳极相对运动速度低，产生过热、结合力低等缺陷，容易造成镀层剥离。

措施：使用 SDB-4 型旋转刷镀笔或其他方法刷镀。

5. 其他原因

如阳极混用，造成交叉污染；工件边缘未倒角；疲劳层未能除去等。

措施：针对不同的原因，分别处理。

第五节　热喷涂修复技术

热喷涂技术是表面工程技术的重要组成部分。它是利用电弧、离子弧或燃烧的火焰等将粉末状或丝状的金属或非金属材料加热到熔融状态，在高速气流推动下，喷涂材料被雾化并以一定速度射向预处理过的基体零件表面，形成具有一定结合强度涂层的工艺方法。

热喷涂技术可用来喷涂几乎所有的固体工程材料，如硬质合金、陶瓷、金属、石墨和尼龙等，形成耐磨、耐蚀、隔热、抗氧化、绝缘、导电、防辐射等具有各种特殊功能的涂层。该技术还具有工艺灵活、施工方便、适应性强及经济效益好等优点，被广泛应用于宇航、机械、化工、冶金、地质、交通、建筑等工业部门，并获得了迅猛的发展。

一、热喷涂技术的分类及特点

（一）分类

按提供热源的不同，热喷涂技术可分火焰喷涂（含爆炸喷涂、超音速喷涂）、电弧喷涂、等离子喷涂、激光喷涂和电子束喷涂等。

几种热喷涂工艺特点的比较见表 4-8。

表 4-8　几种热喷涂工艺特点的比较

项　目	火焰喷涂	电弧喷涂	等离子喷涂	爆炸喷涂
典型涂层孔隙率/%	10～15	10～15	1～10	1～2
典型黏结强度/MPa	7.1	10.2	30.6	61.2
优点	成本低,沉积效率高,操作简便	成本低,沉积速度高	孔隙率低,能喷薄壁易变形件,热能集中,热影响区小,黏结强度高	孔隙率很低,黏结强度极高
缺点	孔隙率高,黏结强度差	孔隙率高,喷涂材料仅限于导电丝材,活性材料不能喷涂	成本高	成本极高,沉积速度慢

（二）特点

1. 适用范围广

各种金属乃至非金属的表面都可以利用热喷涂工艺获得特定性能（如耐腐蚀、耐磨、抗氧化、绝缘等）的覆盖层。同时，喷涂材料广，金属及其合金、非金属（如聚乙烯、尼龙等工程塑料，金属氧化物、碳化物、硼化物、硅化物等陶瓷材料）以及复合材料等都可以做喷涂材料。

2. 工艺简便、沉积快，生产效率高

大多数喷涂技术的生产率可达到每小时喷涂数千克喷涂材料，有些工艺方法更高。

3. 设备简单、质量小，移动方便，不受场地限制

特别适用于户外大型金属结构如铁架、铁桥，大型设备如化工容器、储罐和船舶的防蚀喷涂。

4. 工件受热影响小

热喷涂过程中整体零件的温升不太高，一般控制在 70～80℃，故工件热变形小，材料组织不发生变化。

5. 涂层厚度可控制

薄者可为几十微米，厚者可为几毫米。而且喷涂层系多孔组织，易存油，润滑性好。

但热喷涂技术也存在缺点，例如喷涂层与基体结合强度不很高，不能承受交变载荷和冲击载荷；涂层孔隙多，虽有利于润滑，但不利于防腐蚀；基体表面制备要求高，表面粗糙化处理会降低零件的强度和刚性；涂层质量主要靠工艺来保证，目前尚无有效的检测方法。

二、热喷涂材料

热喷涂材料有粉、线、带和棒等不同形态，它们的成分是金属、合金、陶瓷、金属陶瓷及塑料等。粉末材料居重要地位，种类逾百种。线材与带材多为金属或合金（复合线材尚含有陶瓷或塑料）；棒材只有十几种，多为氧化物陶瓷。

主要热喷涂材料可归纳为以下几大类。

（一）自熔性合金粉末

自熔性合金粉末是在合金粉末中加入适量的硼、硅等强脱氧元素，降低合金熔点，增加液态金属的流动性和湿润性。主要有镍基合金粉末、铁基合金粉末、钴基合金粉末等。它们在常温下具有较高的耐磨性和耐腐蚀性。

（二）喷涂合金粉末

可分为结合层用粉和工作层用粉两类。

1. 结合层用粉

结合层用粉喷在基体与工作层之间，它的作用是提高基体与工作层之间的结合强度。它又称为打底粉。主要是镍、铝复合粉末，其特点是每个粉末颗粒中镍和铝单独存在，常温下不发生反应。但在喷涂过程中，粉末被加热到 600℃ 以上时，镍和铝之间就发生强烈的放热反应。同时，部分铝还被氧化，产生更多的热量。这种放热反应在粉末喷射到工件表面后还能持续一段时间，使粉末与工件表面接触处瞬间达到 900℃ 以上的高温。在此高温下镍会扩散到母材中去，形成微区冶金结合。大量的微区冶金结合可以使涂层的结合强度显著提高。

2. 工作层用粉

工作层用粉种类较多，主要分为镍基、铁基、铜基三大类。每种工作粉所形成的涂层均有一定适用范围。

（三）复合粉末

复合粉末是由两种或两种以上性质不同的固相物质组成的粉末，能发挥多材料的优点，得到综合性能的涂层。按复合粉末涂层的使用性能，大致可分为以下几种。

1. 硬质耐磨复合粉末

常以镍或钴包覆碳化物，如碳化钨、碳化铬等。碳化物分散在涂层中，成为耐磨性能良好的硬质相，同时与铁、钴、镍合金有极好的液态润湿能力，增强与基体结合能力，且有耐蚀性耐高温性能。

2. 抗高温耐热和隔热复合粉末

一般采用具有自黏结性能的耐热合金复合粉末（$NiCr/Al$）或耐热合金线材打底，形成一层致密的耐热涂层，中间采用金属陶瓷型复合粉末材料（如 Ni/Al_2O_3），外层采用热导率低的耐高温的陶瓷粉末（如 Al_2O_3）。

3. 减磨复合粉末

一般常用的有镍包石墨、镍包二硫化钼、镍包硅藻土、镍包氟化钙等。镍包石墨、镍包二硫化钼具有减磨自润滑性能；镍包硅藻土、镍包氟化钙有减磨性能和耐高温性能，可在 800℃ 以下使用。

4. 放热型复合粉末

常用的是镍包铝，其镍铝比为 80：20，90：10，95：5。它常作为涂层的打底材料。

（四）丝材

丝材主要有钢质丝材，如 T12、T9A、80$^\#$ 及 70$^\#$ 高碳钢丝等，用于修复磨损表面；还有纯金属丝材，如锌、铝等，用于防腐。

三、热喷涂技术主要方法及设备

（一）氧-乙炔火焰粉末喷涂

氧-乙炔火焰粉末喷涂是以氧-乙炔焰为热源，借助高速气流将喷涂粉末吸入火焰区，加热到熔融状态后再以一定的速度喷射到已制备好的工件表面，形成喷涂层。其典型装置示意如图 4-19 所示，其原理如图 4-20 所示。喷涂的粉末从上方料斗通过进料口 1，送入输送粉末气体（氧气）通道 2 中，与气体一起在喷嘴 3 出口处遇到氧-乙炔燃烧气流而被加热，同时喷射到工件 6 的表面上。

氧-乙炔火焰粉末喷涂设备与一般气焊设备大体相似，主要包括喷枪、氧气和乙炔供给装置以及辅助装置等。

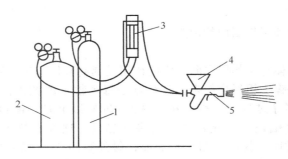

图 4-19　氧-乙炔火焰粉末喷涂典型装置示意

1—氧气；2—燃料气；3—气体流量计；4—料斗；5—喷枪

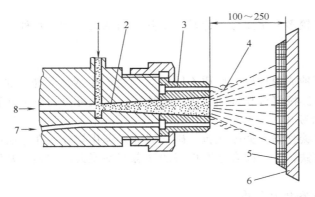

图 4-20　氧-乙炔火焰粉末喷涂原理示意

1—进料口；2—气体通道；3—喷嘴；4—火焰；5—喷涂层；

6—工件；7—氧-乙炔入口；8—气体入口

1. 喷枪

喷枪是氧-乙炔火焰粉末喷涂技术的主要设备。目前国产喷枪大体上可分为中小型和大型两类。中小型喷枪主要用于中小型件和精密件的喷涂，其适应性强；大型喷枪主要用于大直径和大面积的零件，生产率高。

中小型喷枪的典型结构如图 4-21 所示。当送粉阀不开启时，其作用与普通气焊枪相同，

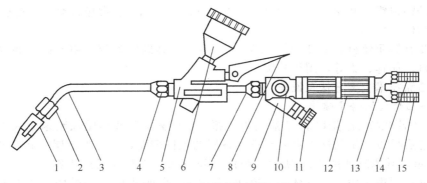

图 4-21　中小型喷枪的典型结构

1—喷嘴；2—喷嘴接头；3—混合气管；4—混合气管接头；5—粉阀体；6—粉斗；

7—气接头螺母；8—粉阀开关阀柄；9—中部主体；10—乙炔开关阀；11—氧气

开关阀；12—手柄；13—后部接体；14—乙炔接头；15—氧气接头

可作喷涂前的预热及喷粉后的重熔。按下送粉阀柄，送粉阀开启，喷涂粉末从粉斗流进枪体，随着氧-乙炔混合气被熔融、喷射到工件表面上。

2. 氧气供给装置

一般用瓶装氧气，通过减压器供氧即可。

3. 乙炔供给装置

比较好的办法是使用瓶装乙炔。如使用乙炔发生器，以 $3m^3/h$ 的中压乙炔发生器为好。

4. 辅助装置

一般包括喷涂机床、测量工具、粉末回收装置等。

（二）电弧喷涂

电弧喷涂是将两根被喷涂的金属丝作自耗性电极，以电弧为热源，将熔化的金属丝用高速气流雾化，并以高速喷射到工件表面形成涂层的一种工艺。其特点：涂层性能优异、效率高、节能经济、使用安全。应用范围包括制备耐磨涂层、结构防腐涂层和磨损零件的修复（如曲轴、一般轴、导辊）等。

电弧喷涂的过程如图 4-22 所示。

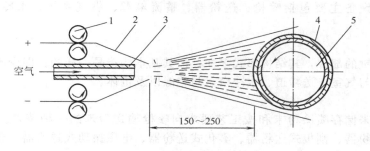

图 4-22　电弧喷涂的过程
1—送丝轮；2—金属丝；3—喷嘴；4—涂层；5—工件

两根金属丝 2 作为两个消耗电极，在电机的动力带动下向前送进，在喷嘴 3 的喷口处相交时，因短路产生电弧。金属丝不断被电弧熔化，紧接着又被压缩空气吹成细小微粒，并以高速喷向工件 5，在已制备的工件表面上堆积成涂层 4。

电弧喷涂设备主要由直流电焊机、控制箱、空气压缩机及供气装置、电弧喷枪等组成。

下面主要介绍一下电弧喷枪。电弧喷枪是进行电弧喷涂的主要工具，电弧喷涂技术的进步是与喷枪的改进和发展分不开的。两根金属丝在送丝滚轮的带动下，通过导丝管和导电嘴，成一定角度汇交于一点。在导电嘴上紧固接电片，通过电缆软线连接电源。金属丝与导电嘴接触而带电。引入的压缩空气通过空气喷嘴形成高速气流雾化熔化的金属。由导电嘴、空气喷嘴、绝缘块和弧光罩等组成的雾化头，是喷枪的关键部分。最早的雾化头结构仅是由导电嘴和空气喷射管组成，称为敞开式喷嘴，这种结构虽然简单，但对熔化金属的雾化效果不好，喷出的颗粒比较粗大。目前采用的雾化头结构，是通过加装空气帽，将电弧区适当封闭，并分成两路雾化气流，通过辅助的二次雾化气流，对电弧适当压缩，称为封闭式喷嘴。这种结构增加了弧区的压力，相应提高了空气流的喷射速度和电弧温度，加强了对熔化金属的雾化效果，使喷出的颗粒更加细微。

（三）等离子喷涂

等离子喷涂是以电弧放电产生等离子体作为高温热源，将喷涂材料迅速加热至熔化或熔融状态，在等离子射流加速下获得高速度，喷射到经过预处理的零件表面形成涂层。

由于等离子喷涂的焰流温度高（喷嘴出口处的温度可长时间保持在数千到一万多摄氏度），可以简便地对几乎所有的材料进行喷涂，涂层细密、结合力强，能在普通材料上形成耐磨、耐腐蚀、耐高温、导电、绝缘的涂层，零件的寿命可提高 1～8 倍。它主要用于喷涂耐磨层，已在修复动力机械中的阀门、阀座、气门等磨损部位取得良好的成效。

图 4-23 所示为等离子喷涂原理。在阴极和阳极（喷嘴）之间产生一直流电弧，该电弧把导入的工作气体加热电离成高温等离子体并从喷嘴喷出形成等离子焰。粉末由送粉气体送入火焰中被熔化、加速、喷射到基体材料上形成膜。工作气体可以用氩气、氮气，或者在这些气体中再掺入氢气，也可采用氩和氦的混合气体。

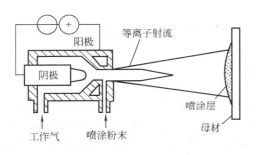

图 4-23　等离子喷涂原理示意

等离子喷涂设备主要包括喷枪、送粉器、整流电源、供气系统、水冷系统及控制系统等。

1. 喷枪

喷枪是最关键的部件，其结构形式多样，但其基本构造是一样的，即少不了阴极、喷嘴（阳极）、进气道与气室、送粉道、水冷密封与绝缘以及枪体。

2. 送粉器

送粉器是用来储存喷涂粉末和按工艺要求向喷枪输送粉末的一种装置。送粉器种类很多，有自重式送粉器、刮板式送粉器、雾化式送粉器、电磁振动式送粉器、鼓轮式送粉器及其他新研制的送粉器。

3. 整流电源

等离子喷涂均采用直流电源，整流器大致有三种：饱和电抗器式或硅整流电源、可控硅型电源、直流发电机电源。

4. 供气系统

供气系统是包括工作气和送粉气的供给系统，主要由气瓶、减压阀、储气筒、流量计以及管道和接头组成。

5. 水冷系统

水冷系统用于冷却电源整流元件、电缆和喷枪。

6. 控制系统

控制系统用于对水、电、气、粉的调节和控制，此外还有对喷涂自动化的控制。

（四）爆炸喷涂

爆炸喷涂是 20 世纪 50 年代美国联合碳合物公司（UCAR）发明的一项技术。它是将经过严格定量的氧和乙炔的混合气体送到喷枪的水冷燃烧筒内，同时再利用氮气流注入一定量的喷涂粉末，悬浮于混合气体中，通过火花塞点燃氧和乙炔，造成气体膨胀而产生爆炸，释放出热能和冲击波，热能使喷涂的粉末熔融，冲击波使熔融粉末以约 800m/s 的速度喷射到工件表面上形成涂层。图 4-24 所示为爆炸喷枪示意。

爆炸喷涂的喷射能量大、密度高，所以涂层与基体的结合强度高。它可喷涂高熔点、高硬度的陶瓷粉末材料，制成优良的抗磨层，用于汽轮机叶片、刀具、模具等。但其成本也极高，沉积速度很慢，目前应用较少，但应用前景广阔。

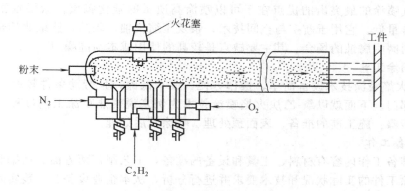

图 4-24 爆炸喷枪示意

（五）超音速火焰喷涂技术

影响涂层质量的重要因素之一是粒子的飞行速度。20 世纪 80 年代初，出现了一种可以获得极高的粒子速度的新的热喷涂方法。开始时人们把这个新方法称为超音速火焰喷涂，现在称为高速燃气喷涂（HVOF，High Velocity Oxy Fuel）。

这个方法使用像火箭发动机那样的燃烧装置来产生高温的超声速气流，用来对粉末材料加热与加速。这个喷涂装置的特点在于喷涂粒子可以获得极高的飞行速度和不太高的温度。极高的粒子飞行速度使获得的涂层非常致密。不高的温度避免了喷涂粒子在喷涂过程中发生冶金学变化，很好地保持喷涂材料本身的性能。这对于碳化物的喷涂至关重要。

高速燃气喷涂技术设备并不复杂，它由喷涂枪、送粉器、控制系统及供气系统等组成。

高速燃气喷涂枪像一个小型的火箭发动机，图 4-25 所示为 Jet Kote 喷涂枪的结构。它由封闭的燃烧室和喷嘴组成。燃气与氧气以 0.5～3.5MPa 的压力和高达 0.016m^3/s 的流量注入到燃烧室中，混合气连续燃烧，燃烧产物剧烈膨胀，从一个长喷嘴喷出，形成超音速火焰。粉末的喷涂材料从燃烧室与喷嘴相接处注入到喷嘴，进入到焰流的中心，经加热与加速，获得很高的动能而从喷嘴喷出。

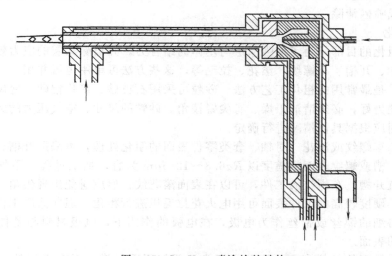

图 4-25 Jet Kote 喷涂枪的结构

高速燃气喷涂的最突出的优点在于可以喷涂高质量的碳化钨层。涂层致密，结合强度高，氧化物含量低。它用于航空与空间技术，泵及压缩机轴，阀门，造纸业的辊子以及石化工业中需要耐磨耐腐蚀的场合。其主要缺点是较高的使用成本与高噪声。

四、热喷涂工艺

氧-乙炔火焰喷涂技术设备简单，操作方便，成本低廉，且劳动条件较好，因而广泛应用于机修等部门。下面就以氧-乙炔火焰喷涂技术为例来说明热喷涂工艺过程。热喷涂施工基本有四个步骤：施工前的准备、表面预处理、喷涂及后处理。

（一）准备工作

喷涂的准备工作内容有材料、工具和设备的准备，工艺制订两方面。在编制工艺前首先应了解被喷涂工件的实际状况和技术要求并进行分析，从本企业设备、工装实际出发，努力创造条件定出最佳工艺方案。工艺制订中主要考虑以下几方面。

1. 确定喷涂层的厚度

一般来说，喷涂后必须进行机械加工，因此涂层厚度中应包括加工余量，同时还要考虑喷涂时的热胀冷缩。

2. 确定涂层材料

选择涂层材料的依据是涂层材料的性能应满足被喷涂工件的材料、配合要求、技术要求以及工作条件等，分别选择结合层和工作层用材料。

3. 确定喷涂参数

根据涂层的厚度、材料性能、粒度确定热喷涂的参数，包括乙炔、氧气的压力、喷距、喷枪与工件的相对运动速度等。

（二）工件表面的预处理

工件表面的预处理也称表面制备，它是保证涂层与基体结合质量的重要工序。

1. 凹切

表面存在疲劳层和局部严重拉伤的沟痕时，在强度允许的前提下，可以凹切处理。凹切是指为提供容纳热喷涂层的空间在工件表面上车掉或磨掉一层材料。

2. 基体表面的清理

基体表面的清理即清除油污、铁锈、漆层等，使工件表面洁净。油污、油漆可用溶剂、清洗剂清除，如果油渍已渗入基体材料（如铸铁）内，可用乙炔-氧焰烘烤。对锈层可用酸浸、机械打磨或喷砂清除。

3. 表面粗化

基体表面粗化的目的是为了增强涂层与基体的结合力，并消除涂层的应力效应。常用的粗化方法有喷砂、开槽、车螺纹、滚花、拉毛等，这些方法可单用也可并用。

（1）喷砂　是最常用的粗化工艺方法。砂粒可采用石英砂、氧化铝砂、冷硬铁砂等，砂粒以锋利、坚硬为好，必须清洁干燥、有尖锐棱角。砂粒的尺寸、空气压力的大小、喷砂角度、距离和时间应根据具体情况进行确定。

（2）开槽、车螺纹或滚花　对轴、套类零件表面的粗化处理，可采用开槽、车螺纹或滚花等粗化方法，槽或螺纹表面粗糙度以 $Ra6.3\sim12.5\mu m$ 为宜，加工过程中不加润湿剂和冷却液。对不适宜开槽、车螺纹的工件，可以在表面滚花纹，但应避免出现尖角。

（3）拉毛　硬度较高的工件表面可用电火花拉毛机进行粗化，但薄涂层工件应慎用。电火花拉毛法是将细的镍丝或铝丝作为电极，在电弧的作用下，电极材料与基体表面局部熔合，产生粗糙的表面。

表面粗化后呈现的新鲜表面，应防止污染，严禁用手触摸，保存在清洁、干燥的环境中。粗化后应尽快喷涂，一般间隔时间不超过 2h。

4. 非喷涂部位表面的防护

喷涂表面附近的非喷涂表面需加以防护，常用的方法是用耐热的玻璃布或石棉布屏蔽起来，必要时应按零件形状制作相应夹具进行保护，注意夹具材料要有一定强度，且不得使用低熔点合金，以免污染涂层。对基体表面上的键槽、油孔等不允许喷涂的部位，可用石墨块或粉笔堵平或略高于基面。喷后清除时，注意不要碰伤涂层，棱角要倒钝。

（三）喷涂

1. 喷前预热

喷涂时先预热到 100～250℃，减少涂层与基体的温度差。一般小件在烘箱内预热，通常零件用乙炔-氧预热，即直接用喷枪或气焊炬加热。

2. 喷结合层

涂层厚度应控制在 Ni/Al 层为 0.1～0.2mm，Al/Ni 层为 0.08～0.1mm。但因涂层薄很难测量，故一般考虑用单位喷涂面积的喷粉量来确定，即为 0.08～0.15g/cm²。喷粉时用中性或弱碳火焰，送粉后出现集中亮红火束，并有蓝白色烟雾。如果火焰末端呈白亮色，表明粉有过烧现象，应调整火焰或减小送粉量，或增大流速；若火焰末端呈暗红色，说明粉末没有熔透，应加大火焰，控制粉量与流速。如果调整火焰和粉量无效时，可改变粉末粒度和含镍量，可改用粗粉末或用含镍量大的粉末。喷粉时喷射角度要尽量垂直喷涂表面，喷涂距离一般掌握在 180～200mm。

3. 喷涂工作层

结合层喷完后，用钢丝刷去灰粉和氧化膜，即换料斗喷工作层。使用铁基粉末时用弱碳化焰，使用铜基粉末用中性焰，而使用镍基粉末时介于两者之间，视其成分进行调整。喷距控制在 180～200mm 为宜，喷距过大，则熔粒温度降低、速度减慢而能量不足，结合强度低，组织疏松；喷距过小，粉粒熔不透，冲击力强产生反弹，沉积效率低，结合强度也低。喷涂时喷枪与工件相对移动速度最好在 70～150mm/s。喷涂过程中，应经常测量基体温度，超过 250℃时宜暂停喷涂。

4. 喷后工件冷却

喷涂后冷却时，主要要防止涂层脱裂和工件变形。特别对一些特殊形状零件应采取一定预防措施，如长轴在机床上边转动边自然冷却，或将其垂直悬挂。

（四）喷涂后处理

喷涂后处理包括封孔、机械加工等工序。

涂层的孔隙约占总体积的 15%，而且有的孔隙相互连通由表及里。零件为摩擦副时，可在喷后趁热将零件浸入润滑油中，利用孔隙储油有利于润滑；但对于承受液压的零件，孔隙则容易产生泄漏，则应在零件喷涂后，用封孔剂填充孔隙，这一工序称为封孔。

对于封孔剂的性能要求是：浸透性好，耐化学作用（不溶解、不变质），在工作温度下性能稳定，能增强涂层性能等。常用的封孔剂有石蜡、环氧、酚醛等。

当喷涂层的尺寸精度和表面粗糙度不能满足要求时，需对其进行机械加工，可采用车削或磨削加工。

五、热喷涂技术的应用

热喷涂的应用领域几乎包括了全部的工业生产部门。可以预见，随着对热喷涂技术的不断研究及人们对材料性能要求的不断提高，热喷涂技术还将得到进一步发展。

（一）热喷涂技术的应用

热喷涂技术在机修中的应用主要在以下几个方面。

（1）修复旧件，恢复磨损零件的尺寸 如机床主轴、曲轴、凸轮轴轴颈，电动机转子轴以及机床导轨和溜板等经热喷涂修复后，既节约钢材，又延长寿命，还大大减少备件库存。

（2）修补铸造和机械加工的废品，填补铸件的裂纹 如修复大铸件加工完毕时发现的砂眼气孔等。

（3）制造和修复减磨材料轴瓦 在铸造或冲压出来的轴瓦上以及在合金已脱落的瓦背上，喷涂一层"铅青铜"或"磷青铜"等材料，就可以制造和修复减磨材料的轴瓦。这种方法不但造价低，而且含油性能强，并大大提高其耐磨性。

（4）喷涂特殊的材料 可得到耐热或耐腐蚀等性能的涂层。

（二）实例

下面以发动机曲轴严重磨损后的修复为例来简单介绍热喷涂技术在机修中的实例应用。

如果发动机曲轴磨损严重，磨削法无法修复或效果较差，可采用等离子喷涂法来修复。

1. 喷涂前轴颈的表面处理

① 根据轴颈的磨损情况，在曲轴磨床上将其磨圆，直径一般减少 0.50～1.00mm。

② 用铜皮对所要喷涂轴颈的邻近轴颈进行遮蔽保护。

③ 用拉毛机对待涂表面进行拉毛处理。用镍条作电极，在 6～9V、200～300A 交流电下使镍熔化在轴颈表面上。

2. 喷涂

将曲轴卡在可旋转的工作台上，调整好喷枪与工件的距离（100mm 左右）。选镍包铝（Ni/Al）为打底材料，耐磨合金铸铁与镍包铝的混合物为工作层材料；底层厚度一般为 0.20mm 左右，工作层厚度根据需要而定。喷涂规范见表 4-9。

表 4-9 喷涂规范

粉末材料	粒度/目	送粉量/(g/min)	工作电压/V	工作电流/A	喷涂功率/kW
Ni/Al	160～260	23	70	400～500	28～32
Ni/Al＋NT	140～300	20	70	260～400	18～22

喷涂过程中，所喷轴颈的温度一般要控制在 150～170℃。喷涂后的曲轴放入 150～180℃的烘箱内保温 2h，并随箱冷却，以减少喷涂层与轴颈间的应力。

3. 喷涂后的处理

喷涂后要检查喷涂层与轴颈基体是否结合紧密，如不够紧密，则除掉重喷。如检查合格，可对曲轴进行磨削加工。由于等离子喷涂层硬度较高，一般选用较软的碳化锡砂轮进行磨削，磨削时进给量要小一些（0.05～0.10mm），以免挤裂涂层。另外，磨削后一定要用砂条对油道孔进行研磨，以免毛刺刮伤瓦片。经清洗后，将曲轴浸入 80～100℃的润滑油中煮 8～10h，待润滑油充分渗入涂层后即可装车使用。

第六节 焊接修复技术

通过加热或加压，或两者并用，并且用或不用填充材料，借助于金属原子扩散和结合，使分离的材料牢固地连接在一起的加工方法称为焊接。将焊接技术用于维修工作时称为焊修。

大部分损坏的机械零件都可以用焊接方法修复。焊接材料、设备和焊接方法较为齐备、成熟，多数工艺简便易行。焊修突出特点是结合强度高，不但可修复零件的尺寸、形状，赋予零件表面以某些特殊性能（如耐磨、耐冲击等），而且可焊补裂纹与断裂，修补局部损伤（如划伤、凹坑、缺损等），局部修换，也能切割分解零件，还可用于校正形状，给零件预热和热处理。一般情况下，焊修质量好、效率高、成本低、灵活性大。但焊接加热温度高，会使零件产生内应力和变形，一般不宜修复较高精度、细长和薄壳类零件，同时容易产生气孔、夹渣、裂纹等缺陷，还会使淬火件退火，焊接还要受到零件可焊性的影响。

焊修的缺点随着焊接技术发展和采取相应工艺措施，大部分可以克服，因此应用广泛。根据提供热能的不同方式，焊修可分为电弧焊、气焊和等离子焊等；按照焊修的工艺和方法不同，又可分为补焊、堆焊、喷焊和钎焊等。

一、补焊

（一）钢制零件的补焊

对钢进行补焊主要是为修复裂纹和补偿磨损尺寸。钢的品种繁多，其可焊性差异很大。这主要与钢中的碳和合金元素的含量有关。一般来说含碳量越高、合金元素种类和数量越多，可焊性越差。可焊性差主要指在焊接时容易产生裂纹，钢中碳、合金元素含量越高，尤其是磷和硫，出现裂纹的可能性越大。钢的裂纹可分为焊缝金属在冷却时发生的热裂纹和近焊缝区母材上由于脆化发生的冷裂纹两类。

热裂纹只产生在焊缝金属中，具有沿晶界分布的特点，其方向与焊缝的鱼鳞状波纹相垂直，在裂纹的断口上可以看到发蓝或发黑的氧化色彩。产生热裂纹的主要原因是焊缝中碳和硫含量高，特别是硫的存在，在结晶时，所形成的低熔点硫化铁以液态或半液态存在于晶间层中形成极脆弱的夹层，因而在收缩时即引起裂纹。

冷裂纹主要发生在近焊缝区的母材上，产生冷裂纹的主要原因是钢材的含碳量增高，其淬火倾向相应增大，母材近缝区受焊接热的影响，加热和冷却速度都大，结果产生低塑性的淬硬组织。另外，焊缝及热影响区的含氢量随焊缝的冷却而向热区扩散，那里的淬硬组织由于氢作用而碳化，即因收缩应力而导致裂纹产生。

机械零件补焊比钢结构焊接较为困难，主要由于机械零件多为承载件，除有物理性能和化学成分要求外，还有尺寸精度和形位精度要求及焊后可加工性要求。而零件损伤多是局部损伤，在补焊时要保持其他部分的精度，其多数材料可焊性较差，但又要求维持原强度，则焊材与母材匹配困难。因而焊接工艺要严密合理。

1. 低碳钢零件

低碳钢零件的可焊性良好，补焊时一般不需要采取特殊的工艺措施。手工电弧焊一般选用 J42 型焊条即可获得满意的结果。若母材或焊条成分不合格、碳偏高或硫过高、或在低温条件下补焊刚度大的工件时，有可能出现裂纹，这时要注意选用抗裂性优质焊条，如 J426、J427、J506、J507 等，同时采用合理的焊接工艺以减少焊接应力，必要时预热工件。

2. 中、高碳钢零件

中、高碳钢零件，由于钢中含碳量的增高，焊接接头容易产生焊缝内的热裂纹，热影响区内由于冷却速度快而产生的低塑性淬硬组织引起的冷裂，焊缝根部主要由于氢的渗入而引起的氢致裂纹等。

为了防止中、高碳钢零件补焊过程中产生的裂纹，可采取以下措施。

（1）焊前预热　预热是防止产生裂纹的主要措施，尤其是工件刚度较大，预热有利于降低热影响区的最高硬度，防止冷裂纹和热应力裂纹，改善接头塑性，减少焊后残余应力。焊件的预热温度根据含碳量或碳当量、零件尺寸及结构来确定。中碳钢一般约为 $150\sim250℃$，高碳钢为 $250\sim350℃$。某些在常温下保持奥氏体组织的钢种（如高锰钢）无淬硬情况可不预热。

（2）选用合适的焊条　根据钢件的工作条件和性能要求选用合适的焊条，尽可能选用抗裂性能较强的碱性低氢型焊条以增强焊缝的抗裂性能，特殊情况也可用铬镍不锈钢焊条。

（3）选用多层焊　多层焊的优点是前层焊缝受后层焊缝热循环作用使晶粒细化，改善性能。

（4）设法减少母材熔入焊缝金属中的比例　例如焊接坡口的制备，应保证便于施焊但要尽量减少填充金属。

（5）加强焊接区的清理工作　彻底清除油、水、锈以及可能进入焊缝的任何氢的来源。

（6）焊后热处理　为消除焊接部位的残余应力，改善焊接接头性能（主要是韧性和塑性），同时加速扩散氢的逸出，减少延迟裂纹的产生，焊后必须进行热处理。一般中、高碳钢焊后先采取缓冷措施，并进行高温回火，推荐温度为 $600\sim650℃$。

（二）铸铁件的补焊

铸铁由于具有突出的优点，所以至今仍是制造形状复杂、尺寸庞大、易于加工、防振耐磨的基础零件的主要材料。铸铁零件在机械设备零件中所占的比例较大，且多数为重要基础件。由于这些铸铁件多是体积大、结构复杂、制造周期长，有较高精度要求，而且不作为常备件储备，所以它们一旦损坏很难更换，只有通过修复才能使用。焊接是铸铁件修复的主要方法之一。

1. 铸铁件补焊的难点

铸铁件含碳量高，组织不均匀、强度低、脆性大，是一种对焊接温度较为敏感、可焊性差的材料。其补焊难点主要有以下几个方面。

① 焊缝区易产生白口组织。铸铁含碳量高，从熔化状态遇到骤冷易白口化（指熔合区呈现白亮的一片或一圈），脆而硬，难以进行切削加工。其产生原因是母材吸热使冷却迅速，石墨来不及析出而形成 Fe_3C。

② 铸铁组织疏松（尤其是长期需润滑的零部件），组织浸透油脂，可焊性进一步降低，易产生气孔等。

③ 由于许多铸铁零件的结构复杂、刚性大，补焊时容易产生大的焊接应力，在零件的薄弱部位就容易产生裂纹。裂纹的部位可能在焊缝上，也可能在热影响区内。

④ 铸件损坏，应力释放，粗大晶粒容易错位，不易恢复原来的形状和尺寸精度。

因此，在对铸铁件进行焊修时，要采取一些必要措施，才能保证质量。如在焊前预热和焊后缓冷、调整焊缝的化学成分、采用小电流焊接减少母材熔深等措施可以防止白口组织的产生，而通过采取减小补焊区和工件整体之间的温度梯度或改善补焊区的膨胀和收缩条件等几方面的措施可以防止裂纹的产生。

2. 铸铁件补焊的种类

铸铁件的补焊分为热焊和冷焊两种，需根据外形、强度、加工性、工作环境、现场条件等特点进行选择。

（1）热焊　是焊前对工件高温预热（600℃以上），焊后加热、保温、缓冷。用气焊和电弧焊均可达到满意的效果。热焊的焊缝与基体的金相组织基本相同，焊后机加工容易，焊缝强度高、耐水压、密封性能好。特别适合铸铁件毛坯或机加工过程中发现基体缺陷的修复，也适合于精度要求不太高或焊后可通过机加工修整达到精度要求的铸铁件。但是，热焊需要加热设备和保温炉，劳动条件差，周期长，整体预热变形较大，长时间高温加热氧化严重，对大型铸铁来说，应用受到一定限制。主要用于小型或个别有特殊要求的铸铁焊补。

（2）冷焊　是在常温下或仅低温预热进行焊接，一般采用手工电弧焊或半自动电弧焊。冷焊操作简便、劳动条件好，施焊时间较短，具有更大的应用范围，一般铸铁件多采用冷焊。

铸铁冷焊时要选用适当的焊条、焊药，使焊缝得到适当的组织和性能，以便焊后加工和减轻加热冷却时的应力危害。采取一系列工艺措施，尽量减少输入机体的热量，减小热变形，避免气孔、裂纹、白口化等。

常用的国产铸铁冷焊焊条有氧化型钢芯铸铁焊条（Z100）、高钒铸铁焊条（Z116、Z117）、纯镍铸铁焊条（Z308）、镍铁铸铁焊条（Z408）、镍铜铸铁焊条（Z508）、铜铁铸铁焊条（Z607、Z612）以及奥氏体铁铜焊条等，分别应用于不同场合。

铸铁件常用的补焊方法见表4-10。

表4-10　铸铁件常用的补焊方法

焊补方法		要　　点	优　　点	缺　　点	适 用 范 围
气焊	热焊	焊前预热至600℃左右，保温缓冷	焊缝强度高，裂纹、气孔少，不易产生白口，易于修复加工	工艺复杂，加热时间长，容易变形，准备工序的成本高，修复周期长	焊补非边角部位，焊缝质量要求高的场合
	冷焊	焊前不预热，只用焊炬烘烤坡口周围或加热减应区（铸铁件上被预先加热，并在施焊中保持与焊缝同时冷却的区域），焊后缓冷	不易产生白口，焊缝质量好，基体温度低，成本低，易于修复加工	要求焊工技术水平高，对结构复杂的零件难以进行全方位焊补	适于焊补边角部位
电弧焊	热焊	采用铸铁芯焊条，预热、保温、缓冷	焊后易于加工，焊缝性能与基体相近	工艺复杂、易变形	应用范围广泛
	半热焊	采用钢芯石墨型焊条，预热至400℃左右，焊后缓冷	焊缝强度与基体相近	工艺较复杂，切削加工性不稳定	用于大型铸件，缺陷在中心部位，而四周刚度大的场合
	冷焊：用铜铁焊条冷焊		焊件变形小，焊缝强度高，焊条便宜，劳动强度低	易产生白口组织，切削加工性能差	用于焊后不需加工的地方，应用广泛
	冷焊：用镍基焊条冷焊		焊件变形小，焊缝强度高，焊条便宜，劳动强度低，切削加工性能极好	要求严格	用于零件的重要部位、薄壁件的修补，焊后需要加工
	冷焊：用纯铁芯焊条或低碳钢芯铁粉型焊条冷焊		焊接工艺性能好，焊接成本低	易产生白口组织，切削加工性能差	用于非加工面的焊接
	冷焊：用高钒焊条冷焊		焊缝强度高，加工性能好	要求严格	用于焊补强度要求较高的厚件及其他部件
钎焊		用气焊火焰加热，铜合金做钎料，母材不熔化，焊后不易裂，加工性好，强度因钎料而异			

3. 电弧冷焊工艺要点简介

铸铁件冷焊采用非常规焊接工艺来避免焊接缺陷，其原则是：尽量减少焊缝的稀释率，降低 C、Si、S、P 含量；控制焊缝温度，减少焊接热循环的影响；消除或减少焊缝的内应力，防止裂纹。其工艺要点如下。

（1）坡口的制备　坡口的形状、尺寸根据零件结构和缺陷情况而定。如图 4-26 所示，未穿透裂纹可开单面坡口，薄壁件开 V 形单面坡口，厚壁件开 U 形单面坡口，已穿透裂纹应开双面坡口，但开坡口之前应在裂纹终点钻止裂孔，垂直裂纹或薄壁件钻小孔，斜裂纹或厚壁件钻较大孔。开坡口方法以机械加工为主。任何坡口焊前必须清洁，必要时应用乙炔-氧焰烘烤表面除去油和水分，但结构复杂的零件作局部烘烤时，应防止温升过快产生裂纹或使原裂纹扩大。

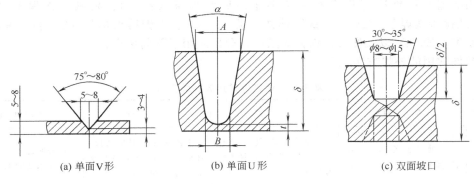

(a) 单面V形　　　　(b) 单面U形　　　　(c) 双面坡口

图 4-26　坡口形式

（2）焊条的使用　焊条使用前应烘干（温度 150～250℃，保温 2h，或按说明书进行）。冷焊电流尽量小些。结构复杂件和薄壁件，应选用 $\phi2.5mm$ 或 $\phi3.2mm$ 焊条。结构简单或厚大件用 $\phi4mm$ 焊条。

（3）直流电源应用　直流电源的两极电弧温度不同，正极为 4200℃，负极为 3500℃，为减少母材熔深，采用直流反接即焊条接正极。

（4）施焊　引弧点应在始焊点前 20mm 处或设引弧板，以防焊点形成白口、气孔等缺陷。焊条要直线快速移动（直线运动）不做摆动。为了达到限制发热量的目的，对于长焊缝应该采取分段、断续或分散施焊的方法，如图 4-27（a）、（b）所示。当工件厚度较大时，则应采用多层施焊方法，如图 4-27（b）、（c）所示。并行焊道应往前段焊道压入 1/3～1/2

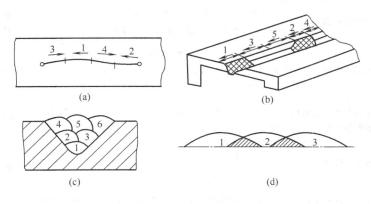

(a)　　　　　　　　(b)

(c)　　　　　　　　(d)

图 4-27　焊条施焊方法

［见图 4-27 （d）］，这样可减少母材的熔入量，而且焊缝平齐美观。每焊段熄弧后，立即用尖头小锤敲击，用力稍轻，使焊缝遍布麻点，以消除应力，防止裂纹。然后用铁刷消除焊皮残渣，低于 60℃ （不烫手）时才可继续施焊。

（三）有色金属的补焊

机械设备中常用的有色金属有铜及铜合金、铝及铝合金等。因它们的热导率高、线膨胀系数大、熔点低，高温状态下脆性大、强度低，很容易氧化，所以可焊性差，补焊比较复杂与困难。下面以铜及铜合金焊修为例。

铜在补焊过程中，容易氧化，生成氧化亚铜，使焊缝的塑性降低，促使产生裂纹；热导率大，比钢大 5～8 倍，补焊时必须用高而集中的热源；热胀冷缩量大，焊件易变形，内应力增大；合金元素的氧化、蒸发和烧损，改变合金成分，引起焊缝力学性能降低，产生裂纹、气孔、夹渣；在液态时能溶解大量氢气，冷却时过剩的氢气来不及析出，而在焊缝熔合区形成气孔，这是铜及铜合金焊补后常见的缺陷之一。

针对上述特点，要保证补焊的质量，必须重视以下问题。

1. 补焊材料及选择

电焊条，目前国产的主要有：TCu （T107）——用于补焊铜结构件；TCuSi （T207）——用于补焊硅青铜；TCuSnA 或 TCuSnB （T227）——用于补焊磷青铜、紫铜和黄铜；TCuAl 或 TCuMnAl （T237）——用于补焊铝青铜及其他铜合金。

气焊和氩弧焊补焊时用焊丝，常用的有：SCu-1 或 SCu-2 （丝 201 或丝 202）——适用于补焊紫铜；SCuZn-3 （丝 221）——适用于补焊黄铜。

用气焊补焊紫铜和黄铜合金时，也可使用焊粉。

2. 补焊工艺

补焊时必须要做好焊前准备，对焊丝和焊件进行表面清理，开 60°～90°的 V 形坡口。施焊时要注意预热，一般温度为 300～700℃，注意补焊速度，遵守补焊规范、锤击焊缝；气焊时选择合适的火焰，一般为中性焰；电弧焊则要考虑焊法。焊后要进行热处理。

二、堆焊

堆焊用于修复零件表面因磨损而导致尺寸和形状的变化，或赋予零件表面一定的特殊性能。用堆焊技术修复零件表面具有结合强度高，和不受堆焊层厚度限制，以及随所用堆焊材料的不同，而可得到不同耐磨性能的修复层的优点。现在，堆焊已广泛用于矿山、冶金、农机、建筑、电站、铁路、车辆、石油、化工设备以及工具、模具等的制造和修理。

（一）堆焊的特点

① 堆焊层金属与基体金属有很好的结合强度，堆焊层金属具有很好的耐磨性和耐蚀性。

② 堆焊形状复杂的零件时，对基体金属的热影响最小，防止焊件变形和产生其他缺陷。

③ 可以快速得到大厚度的堆焊层，生产率高。

（二）堆焊方法

几乎所有熔焊方法均可用于堆焊，目前应用最广的有手工电弧堆焊、氧-乙炔焰堆焊、振动堆焊、埋弧堆焊、等离子弧堆焊等。常用堆焊方法及其特点见表 4-11。

限于篇幅，下面只介绍埋弧堆焊。

1. 埋弧堆焊的工作原理

图 4-28 所示为埋弧堆焊设备。

焊接电流从电源 6 的正极经焊丝导管 2、焊丝、工件 1 和电感器 7 回到电源负极，构成

表 4-11　常用堆焊方法及其特点

堆焊方法		特　点	注意事项
氧-乙炔焰堆焊		设备简单,成本低,操作较复杂,劳动强度大。火焰温度较低,稀释率小,单层堆焊厚度可小于1.0mm,堆焊层表面光滑。常用合金铸铁及镍基、铜基的实心焊丝。用于堆焊批量不大的零件	堆焊时可采用熔剂。熔深越浅越好。尽量采用小号焊炬和焊嘴
埋弧堆焊		设备简单,机动灵活、成本低,能堆焊几乎所有实心和药芯焊条,目前仍是一种主要堆焊方法。常用于小型或复杂形状零件的全位置堆焊修复和现场修复	采用小电流、快速焊、窄道焊、摆动小,防止产生裂纹。大件焊前预热,焊后缓冷
埋弧自动堆焊	单丝埋弧堆焊	常用的堆焊方法,堆焊层平整,质量稳定,熔敷率高,劳动条件好。但稀释率较大,生产率不够理想	应用最广的高效堆焊方法。用于具有大平面和简单圆形表面的零件。可配通用焊剂,也常用专用烧结焊剂进行渗合金
	双丝埋弧堆焊	双丝、三丝及多丝并列接在电源的一个极上,同时向堆焊区送进,各焊丝交替堆焊,熔敷率大大增加,稀释率下降10%～15%	
	带极埋弧堆焊	熔深浅,熔敷率高,堆焊层外形美观	
等离子弧堆焊		稀释率低,熔敷率高,堆焊零件变形小,外形美观,易于实现机械化和自动化	有填丝法和粉末法两种

回路。焊剂由焊剂斗 5 漏向工件表面,焊丝由卷盘 3 送进。焊接过程中工件回转,焊丝导管 2 和焊剂斗 5 做轴向移动。

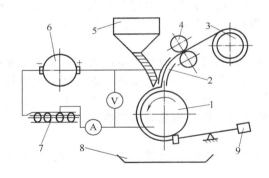

图 4-28　埋弧堆焊设备示意
1—工件;2—焊丝导管;3—焊丝卷盘;
4—送丝机构;5—焊剂斗;6—电源;
7—电感器;8—焊剂盘;9—除渣刀

焊接开始时,焊丝与焊件接触,并被固体颗粒状的焊剂覆盖着。当焊丝和焊件之间引燃电弧,电弧热使焊件、焊丝和焊剂熔化,并有部分蒸发。焊丝熔融后,堆敷在工件上,焊剂起着保护作用和合金化作用。焊剂熔化时,不断放出气体与蒸汽,形成泡沫,在蒸汽的作用下,形成一个由渣壳包住的密闭空腔。电弧就在空腔内燃烧,隔绝了大气对电弧和熔池的影响,并防止了热量的迅速散失,因而使冶金过程比较完善。

埋弧堆焊的焊层表面平整,焊层的物理和力学性能好,组织均匀、气孔和夹渣较少,同时具有热效率高、劳动生产率高和劳动条件好的优点。但是,埋弧堆焊热量比较集中,热影响区大,熔深大,易引起零件变形,同时所用堆焊材料较贵,成本较高。

2. 设备与材料

埋弧堆焊设备由电源、控制箱、焊丝送进机构、堆焊机床、行走机械及焊剂输送装置等组成。

堆焊材料主要指焊丝和焊剂,需根据对焊层的不同要求和有利于保证焊层质量进行正确选用。

3. 堆焊工艺

一般堆焊工艺是：工件准备—工件预热—堆焊—冷却与消除内应力—表面加工。

三、喷焊

喷焊是在喷涂基础上发展起来的。喷焊是指对经过预热的自熔性合金粉末涂层再加热，使喷涂层颗粒熔化（1000～1300℃），造渣上浮到涂层表面，生成的硼化物和硅化物弥散在涂层中，对颗粒间和基体表面润湿达到良好黏结，最终质地致密的金属结晶组织与基体形成约 0.05～0.10mm 的冶金结合层。喷焊层与基体结合强度约 400MPa，它抗冲击性能较好，耐磨、耐腐蚀。喷焊可以看成是合金喷涂和金属堆焊两种工艺的复合，它克服了金属喷涂层结合强度低、硬度低等缺陷，同时使用高合金粉末之后可使喷焊层具有一系列特殊性能，这是一般堆焊所不易得到的。但喷焊使用范围也有一定的局限性，重熔过程中基体局部受热后温度达 900℃，会产生热变形，对精度高、形状复杂的零件变形后难以校正，对淬硬性高的基体材料，喷焊后的组织会使基体产生裂纹。

（一）喷焊技术的适用范围

① 几何形状比较简单的大型易损零件，如轴、柱塞、滑块、液压缸等。

② 受冲击载荷，要求表面硬度高、耐磨性好的易损零件，如抛砂机叶片、破碎机齿板、挖掘机铲斗齿等。

③ 不适于喷焊的材料，例如铝、镁及其合金，以及某些铜合金等，这类材料的熔点比喷焊用合金粉末的熔点还要低。

④ 适用于喷焊的金属材料一般有低碳钢，中碳钢（含碳量小于 0.4%），含锰、钼、钒总量小于 3% 的结构钢，镍铬不锈钢，铸铁等，可按常规喷焊。对含碳量大于 0.4% 的碳钢，含铬量大于 2% 的结构钢，在喷焊时需预热 250～375℃，并需缓冷。

但在用喷焊技术修复大面积磨损或成批零件时，因合金粉末价格高，故应考虑其经济性，如果技术上可用焊接工艺，应不采用喷焊。

（二）喷焊用自熔性合金粉末

喷焊用自熔性合金粉末是以镍、钴、铁为基材的合金，其中添加适量硼和硅元素起脱氧造渣焊接熔剂的作用，同时能降低合金熔点，适于氧-乙炔火焰喷焊。

1. 镍基合金粉末

对硫酸、盐酸、碱、蒸汽等有较强的耐蚀性，抗氧化性达 800℃，红硬性达 650℃，耐磨性强。

2. 钴基合金粉末

最大特点是红硬性，可在 700～750℃ 保持较好耐磨性，抗氧化性达 800℃，耐蚀性略低于镍基焊层，耐硝酸腐蚀近于不锈钢。

3. 铁基合金粉末

耐磨性好，自熔性比镍基粉末差，耐硫酸、盐酸腐蚀性比 1Cr18Ni9Ti 不锈钢好，不耐硝酸的侵蚀，抗氧化温度不超过 600℃。

国产自熔性合金粉末品种相当多，使用时可结合厂家产品样本选用。

（三）氧-乙炔火焰喷焊

喷焊方法主要有火焰粉末喷焊和等离子粉末喷焊等。用氧-乙炔喷焊枪把自熔性合金粉末喷涂在工件表面，并继续对其加热，使之熔融而与基体形成冶金结合的过程，称之为氧-乙炔火焰喷焊。喷焊的工艺过程基本与喷涂相同。

1. 喷焊前应注意的事项

① 如果工件表面有渗碳层或渗氮层，在预处理时必须清除，否则喷焊过程会生成碳化硼或氮化硼，这两种化合物很硬、很脆，易引起翘皮，导致喷焊失败。

② 工件预热。一般碳钢预热温度为 200～300℃，对抗氧化性能好的耐热奥氏体钢可预热至 350～400℃。预热时火焰采用中性或弱碳化焰，避免表面氧化。

③ 重熔后，喷焊层厚度减小 25% 左右，在设计喷焊层厚度时要考虑。

2. 喷焊工艺

氧-乙炔火焰喷焊工艺过程与喷涂大体相似，包括喷前准备、喷粉和重熔、喷后处理等几个步骤。

（1）喷前准备　包括工件清洗、预加工和预热等。彻底清除油与锈；表面硬度较大时需退火处理；去除电镀、渗碳、氮化层等；喷前预热，一般碳钢预热温度为 250～300℃，合金钢一般为 300～400℃。

（2）喷粉和重熔　分为一步法喷焊和二步法喷焊。

① 一步法喷焊就是边喷边熔交替进行，使用同一支喷枪完成喷涂、喷焊工序。首先工件预热后喷 0.2mm 左右的薄层合金粉，将表面封严，以防表面氧化。接着间隙按动送粉开关进行送粉，同时将喷上去的合金粉重熔。根据熔融情况及对喷焊层厚薄的要求，决定火焰的移动速度。火焰向前移动的同时，再间隙送粉并重熔。这样，喷粉、重熔、移动周期进行，直至工件表面全部覆盖完成，一次厚度不足，可重复加厚。

一步法喷焊对工件输入热量小，工件变形小。适用于小型零件或小面积喷焊。喷焊层总厚度以不超过 2mm 为宜。

② 二步法喷焊就是将喷涂合金粉和重熔分开进行，即先完成喷涂层再对其重熔。首先对工件进行大面积或整体预热，工件的预热温度合适后，将火焰调为弱碳化焰。抬高焊枪使火焰与待喷面垂直，焊嘴与工件相距 100～150mm。按动送粉开关手柄进行送粉，喷粉每层厚度不超过 0.2mm，这有利于控制喷层厚度及保证各处粉量均匀，重复喷涂达到重熔厚度后停止喷粉，然后开始重熔。

重熔是二步法喷焊的关键工序，在喷粉后立即进行。若有条件，最好使用重熔枪，火焰调整成中性焰或弱碳化焰的大功率软化焰，将涂层加热至固-液相线之间的温度。喷距约 20～30mm，重熔速度应掌握适当，即涂层出现"镜面反光"时，向前移动进行下一个部位的重熔。为了避免裂纹的产生，重熔后应根据具体情况采用不同冷却措施。中低碳钢、低合金钢的工件和薄焊层、形状简单的铸铁件可在空气中自然冷却；但对焊层较厚、形状复杂的铸铁件，锰、钼、钒合金含量较大的结构钢件，淬硬性高的工件等，要采取在石灰坑中缓冷。小件可用石棉材料包裹起来缓冷。

（3）喷后处理　喷后要缓慢冷却，并进行浸油、机械加工、清理、检验等。

3. 影响喷焊层质量的因素

（1）合金的熔点　加热处理时，要求涂层熔融而基体并不熔化。因此，合金粉末的熔点必须低于基体金属的熔点，且合金粉末的熔点越低，重熔就越容易进行，喷焊层质量就越好。

（2）涂层熔融后对基体表面的润滑　熔融的涂层能否很好润滑基体表面，对喷焊层质量有重要影响。只有熔融的涂层合金能很好地润湿并均匀黏附在基体表面时，才能得到优质的喷焊层。影响润湿性的主要因素有：

① 工件表面的清洁程度；

② 工件表面的粗糙度；

③ 基体金属性质；

④ 重熔温度。

（3）工件材质的适应性 喷焊时，由于基体金属受热多，其基体金属成分、组织和热膨胀性能等，对喷焊质量有较大影响。

四、钎焊

采用比母材熔点低的金属材料作钎料，把它放在焊件连接处一同加热到高于钎料熔点、低于母材熔点的温度，利用熔化后的液态钎料润湿母材，填充接头间隙并与母材产生扩散作用而将分离的两个焊件连接起来，这种焊接方法称为钎焊。

钎焊具有温度低，对焊接件组织和力学性能影响小，接头光滑平整，工艺简单，操作方便等优点。但钎焊较其他焊接方法焊缝强度低，适于强度要求不高的零件的裂纹和断裂的修复，尤其适用于低速运动零件的研伤、划伤等局部损伤的补修。

钎焊分为硬钎焊和软钎焊，钎料熔点高于 450℃ 的钎焊称为硬钎焊，而钎料熔点低于 450℃ 的钎焊称为软钎焊。机修中常见的有铸铁件的黄铜钎焊（硬钎焊）和铸铁导轨的锡铋合金钎焊（软钎焊）。

小型铸铁件或大型铸铁件的局部修复往往采用黄铜钎焊。钎焊过程中，利用氧-乙炔焰加热，因母材不熔化，接头不会产生白口组织，不易产生裂纹，但其钎料与母材颜色不一致。下面以铸铁拨叉的黄铜钎焊修复为例来说明其修复过程。

① 去除待焊部位的疲劳层、油污、铁锈等，最好是将之打磨光亮。

② 选 HS221（丝 221）、HS222（丝 222）、HS224（丝 224）或 HL103（料 103）等为钎料，该钎料熔点 860～890℃。

③ 选无水硼砂或硼砂与硼酸混合物（成分各半）为钎剂。

④ 选用较大的火焰能率，以弱氧化焰进行堆焊钎焊。注意焊前要先将工件表面的石墨烧掉。

⑤ 要留有足够的加工余量，钎焊后进行成形加工。

第七节　粘接修复技术

借助胶黏剂把相同或不同的材料连接成为一个连续牢固整体的方法称为粘接，它也称为胶接或粘合。采用胶黏剂来进行连接达到修复目的的技术就是粘接修复技术。粘接同焊接、机械连接（铆接、螺纹连接）统称为三大连接技术。

一、粘接的特点

（一）粘接的优点

① 不受材质的限制，相同材料或不同材料、软的或硬的、脆性的或韧性的各种材料均可粘接，且可达到较高的强度。

② 粘接时的温度低，不会引起基体（或称母材）金相组织发生变化或产生热变形，不易出现裂纹等缺陷。因而可以修复铸铁件、有色金属及其合金零件、薄件及微小件等。

③ 粘接工艺简便易行，不需要复杂设备，节省能源，成本低廉，生产率高，便于现场修复。

④ 与焊接、铆接、螺纹连接相比，减轻结构质量 20%～25%，表面光滑美观。

⑤ 粘接还可赋予接头密封、隔热、绝缘、防腐、防振，以及导电、导磁等性能。两种金属间的胶层还可防止电化学腐蚀。

（二）粘接的缺点

① 不耐高温。一般有机合成胶只能在 150℃ 以下长期工作，某些耐高温胶也只能达到

300℃左右（无机胶例外）。

②粘接强度不高（与焊接、铆接比）。

③使用有机胶黏剂尤其是溶剂型胶黏剂，存在易燃、有毒等安全问题。

④有机胶受环境条件影响易变质，抗老化性能差。其寿命由于使用条件不同而差异较大。

⑤胶接质量尚无可行的无损检测方法，靠严格执行工艺来保证质量，因此应用受到一定的限制。

二、粘接机理

粘接是个复杂的过程，它包括表面浸润、胶黏剂分子向被粘物表面移动、扩散和渗透，胶黏剂与被粘物形成物理和机械结合等问题，所以关于粘接机理，人们提出了不少理论来解释，目前粘接机理尚无统一结论，以下几种理论从不同角度解释了粘接现象。

1. 机械理论

该理论认为被粘物表面存在着粗糙度和多孔状，胶黏剂渗透到这些孔隙中，固化后便形成无数微小的"销钉"，产生机械啮合或镶嵌作用，将两个物体连接起来。

2. 吸附理论

该理论认为任何物质分子之间都存在着物理吸附作用，认为粘接是在表面上产生类似吸附现象的过程。胶黏剂分子向被粘物表面迁移，当距离小于 0.5nm 时，分子间引力发生作用而吸附胶接。

3. 扩散理论

该理论认为胶黏剂的分子成链状结构且在不停地运动。在粘接过程中，胶黏剂的分子通过运动进入到被粘物体的表层。同时，被粘物体的分子也会进入到胶黏剂中。这样相互渗透、扩散，使胶黏剂和被粘物之间形成牢固地结合。

4. 化学键理论

该理论认为胶黏剂与被粘物表面产生化学反应而在界面上形成化学键结合，化学键力包括离子键力、共价键力等。这种键如同铁链一样，把两者紧密有机连接起来。

5. 静电理论

该理论认为胶黏剂和被粘物之间互相接触，产生正负电层的双电层，由于静电相互吸引而产生粘接力。

三、胶黏剂的组成和分类

（一）胶黏剂的组成

胶黏剂的组成因其来源不同而有很大差异，天然胶黏剂的组成比较简单，多为单一组分，而合成胶黏剂则较复杂，由多种组分配制而成，以获得优良的综合性能。胶黏剂的组成包括基料、填料、增韧剂、固化剂和稀释剂、稳定剂等。其中基料是胶黏剂的基本成分，是必不可少的，其余的组分则要视性能要求决定是否加入。

1. 基料

基料也称胶料或粘料，是使两个被粘物体结合在一起时起主要作用的组分，是决定胶黏剂性能的基本成分。常用的胶黏剂基料有改性天然高分子化合物（如硝酸纤维素、醋酸纤维素、松香酚醛树脂、改性淀粉、氯化橡胶等）和合成高分子化合物。其中合成高分子化合物是胶黏剂中性能最好、用量最多的基料，包括热固性树脂、热塑性树脂、合成树脂、合成橡胶、热塑性弹性体等。使用时最好是树脂类、橡胶类同类或彼此并用，通过共混、接枝、共聚等技术进行改性，效果更好。

2. 填料

填料又称填充剂，是为改善胶黏剂的工艺性、耐久性、强度及其他性能或降低成本而加入的一种非黏性固体物质。加入填料可增加黏度，降低线膨胀系数和收缩率，提高剪切强度、刚度、硬度、耐热性、耐磨性、耐腐蚀性、导电性等。填料的种类、粒度、酸碱性和用量等，都对胶黏剂的性能有较大影响。

3. 增韧剂

增韧剂是为了改善胶黏剂的脆性、提高其韧性而加入的成分，它可以减少固化时的收缩性，提高胶层的剥离强度和冲击强度。增韧剂有活性增韧剂和非活性增韧剂之分。

4. 固化剂

固化剂能够参与化学反应，使胶黏剂发生固化，将线形结构转变为交联或体形结构。固化剂对胶黏剂的性能有着重要影响，应根据胶黏剂中基料的性能、胶黏剂的使用条件、工艺方法和成本等选择合适的固化剂。

5. 稀释剂

稀释剂是用来降低胶黏剂黏度的液体物质，它可以控制固化过程的反应热，延长胶黏剂的适用期，增加填料的用量。稀释剂也分为两类：活性和非活性稀释剂。非活性稀释剂不参与固化反应，纯属物理混入过程，仅起降低黏度的目的；活性稀释剂能够参加固化反应，有的还能起到增韧的作用。

6. 稳定剂

稳定剂是指有助于胶黏剂在配制、储存和使用期间性能稳定的物质，包括抗氧化剂、光稳定剂和热稳定剂等。

（二）胶黏剂的分类

常用的分类方法有以下几种。

1. 按胶黏剂的基本成分性质分类

按胶黏剂的基本成分性质分类比较常用，见表4-12。

表 4-12　胶黏剂的分类

分　　类				典　型　代　表
胶黏剂	有机胶黏剂	合成胶黏剂	树脂型	热固性胶黏剂	酚醛树脂、不饱和聚酯
				热塑性胶黏剂	α-氰基丙烯酸酯
			橡胶型	单一橡胶	氯丁胶浆
				树脂改性	氯丁-酚醛
			混合型	橡胶与橡胶	氯丁-丁腈
				树脂与橡胶	酚醛-丁腈、环氧-聚硫
				热固性树脂与热塑性树脂	酚醛-缩醛、环氧-尼龙
		天然胶黏剂	动物胶黏剂		骨胶、虫胶
			植物胶黏剂		淀粉、松香、桃胶
			矿物胶黏剂		沥青
			天然橡胶胶黏剂		橡胶水
	无机胶黏剂	磷酸盐			磷酸-氧化铝
		硅酸盐			水玻璃
		硫酸盐			石膏
		硼酸盐			硼酸钠

2. 按照固化过程中物理化学变化分类

按照固化过程中物理化学变化可分为反应型、溶剂型、热熔型、压敏型等胶黏剂。

3. 按照胶黏剂的用途分类

按基本用途可分为结构胶黏剂、非结构胶黏剂、特种胶黏剂三大类。结构胶黏剂黏结强度高、耐久性好，能够用于承受较大应力的场合。非结构胶黏剂用于不受力或次要受力的部位。特种胶黏剂主要满足特殊的需要，如耐高温、超低温、导电、导热、导磁、密封、水中胶黏等。

4. 按照胶黏剂固化工艺分类

按固化方式可分为室温固化型、中温固化型、高温固化型、紫外光固化型、电子束固化型胶黏剂。

四、胶黏剂的选用

胶黏剂的选用是否得当，是粘接及粘接修复成败的关键。

（一）选用原则

胶黏剂品种繁多、性能不一，一般说来，其选用原则如下。

① 依据被粘接零件材料和接头形态特性（刚性连接还是柔性连接）确定胶黏剂分类。

② 粘接的目的和用途。粘接兼具连接、密封、固定、定位、修补、填充、堵漏、防腐以及满足某种特殊需要等多种功能，但应用胶接时，往往是某一方面的功能占主导地位。如目的是密封，则选用密封胶；如目的是定位、装配及修补，则应选用室温下快速固化的胶黏剂；如需导电，则应选导电胶，等等。总之应根据粘接用途和目的来选用不同的胶黏剂。

③ 粘接件的使用环境。常见的环境因素有温度、湿度、介质、真空、辐射、户外老化等。虽然胶黏剂一般都有一定的耐介质性，但胶黏剂不同，耐介质性也不同，有的甚至是矛盾的。如耐酸者往往不能耐碱，反之亦然。因此，必须按产品说明书进行合理选择。

④ 明确胶接接头承载形式，如静态或动态，受力类型（剪切、剥离、拉伸、不均匀扯离），载荷大小等。如果受力状态复杂应选复合型热固树脂胶。

⑤ 工艺上的可能性。使用结构胶黏剂时，不能只考虑胶黏剂的强度、性能，还要考虑工艺的可行性。如酚醛-丁腈胶综合性能好，但需要加压 0.3～0.5MPa，并在 150℃ 高温固化，不允许加热或无条件加热的情况下则不能选用。对大型设备及异形工件来说，加热与加压都难以实现，粘接时只宜选用室温固化胶黏剂。

⑥ 胶黏剂的经济性。采用粘接技术收益是很大的，往往使用很少的胶黏剂就会解决大问题，而且节约材料和人力。但也要尽量兼顾经济性。在用胶黏剂量大的情况下，尤其要注意，在保证性能的前提下，尽量选用便宜的胶黏剂。

（二）常用的胶黏剂

表 4-13 列出了机械设备修理中常用的胶黏剂的基本性能及用途，供选用参考。

五、粘接工艺

一般的粘接工艺流程是：粘接施工前的准备—基材表面处理—配胶—涂胶与晾置—对合—固化—卸去工装—清理—检查—加工。

（一）粘接施工前的准备

1. 选择胶黏剂

具体见前述内容。

2. 粘接接头的设计与制备

接头结构对胶接强度有直接影响，接头的受力形式不同，其强度也不同，见表 4-14。

表 4-13　机械设备修理中常用胶黏剂的基本性能及用途

类别	牌 号	主要成分	主 要 性 能	用 途
通用胶	HY-914	环氧树脂,703 固化剂	双组分,室温快速固化,室温抗剪强度 22.5～24.5MPa	60℃以下金属和非金属材料粘补
	农机 2 号	环氧树脂,二亚乙烯三胺	双组分,室温固化,室温抗剪强度 17.4～18.7MPa	120℃以下各种材料
	KH-520	环氧树脂,703 固化剂	双组分,室温固化,室温抗剪强度 24.7～29.4MPa	60℃以下各种材料
	JW-1	环氧树脂,聚酰胺	三组分,60℃ 2h 固化,室温抗剪强度 22.6MPa	60℃各种材料
	502	α-氰基丙烯酸乙酯	单组分,室温快速固化,室温抗剪强度 9.8MPa	70℃以下受力不大的各种材料
结构胶	J-19C	环氧树脂,双氰胺	单组分,高温加压固化,室温抗剪强度 52.9MPa	120℃以下受力大的部位
	J-04	钡酚醛树脂丁腈橡胶	单组分,高温加压固化,室温抗剪强度 21.5～25.4MPa	250℃以下受力大的部位
	204(JF-1)	酚醛-缩醛有机硅酸	单组分,高温加压固化,室温抗剪强度 22.3MPa	200℃以下受力大的部位
密封胶	Y-105 厌氧胶	甲基丙烯酸	单组分,隔绝空气后固化,室温抗剪强度 10.48MPa	100℃以下螺纹堵头和平面配合处紧固密封堵漏
	7302 液体密封胶	聚酯树脂	半干性,密封耐压 3.92MPa	200℃以下各种机械设备平面法兰螺纹连接部位的密封
	W-1 密封耐压胶	聚醚环氧树脂	不干性,密封耐压 0.98MPa	

表 4-14　粘接接头受力形式及强度比较

胶黏剂	剪切力 剪切强度/MPa	拉伸力 拉伸强度/MPa	剥离力 剥离强度/(N/m) 90°	剥离力 剥离强度/(N/m) 180°	不均匀扯离力 不均匀扯离强度/(N/m)
农机 1 号	21	24		5400	21000
J-11	20	50			30000
J-04	22～26		800		
自力 2 号	28		10000		

粘接接头的黏合强度的一般规律是：抗拉＞抗剪切＞抗剥离（扯离）＞抗冲击。从表 4-14 可知拉伸强度最高，但实际零件承载中纯拉伸状态并不多见，因此应以剪切强度作为设计强度指标。它的基本设计原则如下。

① 尽量扩大粘接面积，以提高承载能力。

② 选择最有利的受力类型。尽可能使粘接接头承受或大部分承受剪切力，应尽量避免剥离力和不均匀扯离力的作用，确实不可避免时，应采取适当的加固措施，如图 4-29 所示。

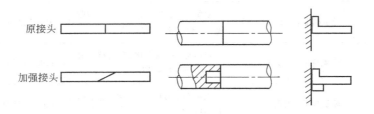

图 4-29 粘接接头加强示意

③ 粘接接头强度不能满足工作负荷时，应采取与其他连接形式并用的复合接头，如粘接-螺纹，粘接-点焊等。

④ 接头胶层厚度与表面粗糙度应控制。有机胶胶层厚度与表面粗糙度分别为 $0.05 \sim 0.1 \text{mm}$ 与 $Ra20 \sim 2.5 \mu\text{m}$，无机胶胶层厚度与表面粗糙度分别为 $0.1 \sim 0.2 \text{mm}$ 与 $Ra 80 \sim 20 \mu\text{m}$。

板条常用的几种接头形式如图 4-30 所示。

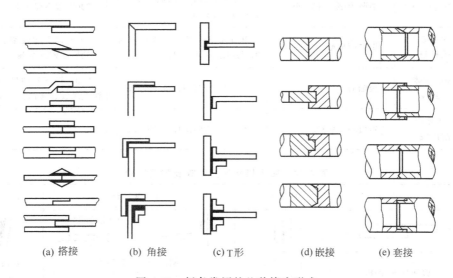

|(a) 搭接|(b) 角接|(c) T形|(d) 嵌接|(e) 套接|

图 4-30 板条常用的几种接头形式

接头的制备可采用机械加工或手工加工方法，要保证接头形状吻合、缝隙均匀和达到表面粗糙度要求等。实践表明，表面经喷砂处理获得粗糙度后粘接强度最高。

粘接过程要胶黏剂固化定型达到连接强度。除快速胶外，一般胶在常温条件下固化时间为 24h，若加热（40～60℃）可缩短到 4h，因此需要考虑置放、加压、加热和定位问题。要依据零件实际情况设置一套装夹工具。如果加热，还要准备加热和保温设施。

（二）基材表面处理

表面处理的目的是获得清洁、干燥、粗糙、新鲜、活性的表面，以获得牢固的粘接接头。

　　表面处理的方法最常用的有两种：一般处理方法和化学处理方法。

　　1. 表面的一般处理

　　表面的一般处理主要是保证去净油污，常用有机溶剂（如丙酮、汽油、三氯乙烯、四氯化碳等）去油脱脂，也可用碱溶液处理。同时利用锉削、打磨、粗车、喷砂等方法除去锈蚀及金属氧化物，并可粗化表面。其中喷砂效果为最好。金属件的表面粗糙度以 $Ra12.5\mu m$ 为宜。经除锈粗化后，再用毛刷、干布或压缩空气清除表面的砂粒或残屑，并再次用溶液擦拭，以再除去油污，干燥待用。

　　对一般工件，采用一般处理方法就行了。若要求粘接强度很高、耐久性好及在特殊环境使用，应进行化学方法处理。

　　2. 表面化学处理

　　表面化学处理的目的是获得新鲜的活性表面，以提高粘接强度。尤其是塑料、橡胶类材料，表面是非极性的，活化尤为必要。化学处理是在上述一般处理后紧接着进行，其中有酸蚀法、阳极化法等。对于金属材料，采用电刷镀工艺中的表面处理方法（电净和活化）效果最好。

　　（三）配胶

　　单组分胶黏剂，一般可以直接使用，但一些相容性差、填料多、存放时间长的胶黏剂会沉淀或分层，使用之前按规定的比例严格称取后，必须搅拌均匀。

　　配胶时随用随配，配胶的容器和工具须配套购置，使用前用溶剂清洗干净。配胶场所宜明亮干燥、通风。

　　（四）涂胶与晾置

　　基材处理完后应立即涂胶，最多不应超过 8h。基体温度不应低于室温，以保证胶体的流动和表面的浸润。涂胶方式依胶黏剂的形态而定。对热熔胶可用热熔胶枪；对粉状胶可进行喷撒；对胶膜应在溶剂未完全挥发前贴上滚压；对常用的液态胶，涂胶则可采用涂、刷、刮等方法，以刷胶最普遍。刷胶时要顺着一个方向，不要往复，刷胶速度要慢，以免起泡，胶层尽量均匀、无漏缺，平均厚度约为 0.2mm，中间应稍厚些。涂胶次数因胶黏剂和被粘物不同而异。无溶剂的有机胶只涂一遍即可，有溶剂胶一般应涂 2～3 次，头遍胶应尽量薄些，中间要有短时间间隔，待溶剂基本挥发后，再涂下次胶。

　　涂胶后要晾置一段时间，使胶面暴露在空气中，使气体逸出和溶剂挥发，增加黏性并流匀胶层。无溶剂胶晾少许时间，含溶剂胶要晾置一定时间，以挥发溶剂，否则胶固化后，胶层结构疏松、有气孔，降低黏结强度。但晾置切忌过度，否则会失去黏性。

　　（五）对合

　　涂胶晾置后，将两基材接头合拢并对正位置，无溶剂胶应适当施压来回错动几次，以增加接触，排除空气，调匀胶层，如发现缺胶或有缝，应及时补充胶液。橡胶型胶对合时应一次对准位置，不准错动，并用圆棒滚压或木锤敲打，压平并排除空气，使之紧密接触。

　　（六）固化

　　固化是使胶黏剂通过溶剂挥发、熔体冷却、乳液凝聚的物理作用或缩聚、交联等化学反应变为固体并具有一定强度的过程。固化是获得良好粘接性能的关键过程。

　　温度、压力、时间是固化的三个重要参数。温度与时间两者相关，温度高则固化快，但若固化过快，会使胶层硬脆、性能变坏。一般有机胶常温固化 24h 以上可达到指标强度。有条件时加热至 50～60℃ 保温，效果更好。固化温度有特殊规定者，应按规定执行。固化过程中施加一定的压力总是有益的，它不仅能够提高胶黏剂流动性，有利于胶液的扩散渗透，而且可以保证胶层与被粘物紧密接触，防止气孔、空洞产生，还会使胶层厚度更加均匀。加压大小视胶黏剂种类和性质而定。

（七）检查

粘接之后，应对粘接件进行全面检查，观察是否有裂纹、裂缝、气孔、缺胶等，位置是否错动。对有密封要求的零件，还应进行密封检查。目前简单的检查方法主要有目测法、敲击法、溶剂法、水压或油压试压法等。近年来一些先进技术方法如超声波法、X射线法、声阻法、激光法等也应用于胶层的质量检查。

对批量粘接的零件，可随机抽样做破坏性试验，测定有关数据，以检查粘接是否牢固。

（八）加工

对于检验合格的粘接件，为满足装配要求需修整，刮掉多余的胶，将粘接表面修整得光滑平整。必要时可进行机械加工，达到装配要求。但要注意，在加工过程中要尽量避免胶层受到冲击力和剥离力。

六、粘接的应用

由于粘接有许多优点，从机械产品制造到设备维修，几乎无处不可利用粘接来满足工艺需要。特别是随着高分子材料的发展，新型胶黏剂不断出现，粘接在维修中的应用日益广泛。尤其在应急维修中，更显示其固有的特点。

（一）粘接的应用

① 用结构胶粘接修复断裂件。

② 用于补偿零件的尺寸磨损。例如机械设备的导轨研伤粘补以及尺寸磨损的恢复，可采用粘贴聚四氟乙烯软带、涂抹高分子耐磨胶黏剂等。

③ 用于零件的密封堵漏。铸件砂眼、孔洞等可用胶填充堵塞而不泄漏。

④ 以粘代焊、代铆、代螺、代固等。如以环氧胶代替锡焊、点焊，省锡节电；合金刀具的粘接代替黄铜钎焊，既减小了刀具变形又保证了性能；量具的以胶代固，代替过盈配合；用粘接替代焊接时的初定位，可获得较准确的焊接尺寸。

⑤ 用于零件的防松紧固。用粘接代替防松零件如开口销、止动垫圈、锁紧螺母等。

⑥ 用粘接代替离心浇铸制作滑动轴承的双金属轴瓦，既可保证轴承的质量，又可解决中小企业缺少离心浇铸专用设备的问题，是应急维修的可靠措施。

（二）实例

导轨伤痕的修补实例如下。

机床导轨碰伤和拉伤是经常出现的，修复导轨局部损伤较为棘手，应用粘接修复技术是快速而又经济的一种方法。下面简述采用耐磨涂料做局部修补导轨的办法。

① 彻底清除导轨表面油渍。先用有机溶剂清洗，尤其是沟痕内的油污要去除。然后用氧-乙炔焰烘烤一遍，并去除油渣。

② 修整沟痕。用刮刀尖修刮沟槽，去除金属疲劳层及杂物，使其呈现新鲜表面。

③ 再度烘烤清除表面组织内油渍，并起到预热作用（超过30℃），有利于胶黏剂的浸润。

④ 涂抹耐磨涂料。可用成品胶，也可用还原铁粉作填料配制。涂胶时要用力压抹，胶的黏度小些流动性好，胶层要高出表面0.5～1mm。

⑤ 胶层气泡处理。调胶后静置一段时间，排出搅拌时产生的气体。胶开始凝固时也要人为排除较大气泡。

⑥ 24h后固化，用软砂轮去掉高出表面的涂层，再用刮刀顺沟痕方向修刮平整。

第八节 零件修复技术的选择

在机械设备维修中，充分利用修复技术，合理地选择修复工艺，是提高修理质量、降低修理成本、加快修理速度的有效措施。

一、修复技术的选择原则

合理选择修复技术是维修中的一个重要问题，特别是对于一种零件存在多种损坏形式或一种损坏形式可用几种修复技术维修的情况下，选择最佳修复技术显得更加必要。在选择和确定合理的修复技术时，要保证质量，降低成本，缩短周期，从技术经济观点出发，结合本单位实际生产条件，需要考虑以下一些原则。

（一）技术合理

采用的修复技术应能满足待修零件的修复要求，修复后能保持零件原有技术要求。为此，要做以下几项考虑。

1. 待选的修复技术对零件材质的适应性

在现有修复技术中，任何一种方法都不能完全适应各种材料，都有其局限性。所以在选择修复技术时，首先应考虑修复技术对待修复机械零件材质的适应性。

如喷涂技术在零件材质上的适用范围较宽，金属零件如碳钢、合金钢、铸铁件和绝大部分有色金属及其合金等几乎都能喷涂。但对少数有色金属及其合金（紫铜、钨合金、钼合金等）喷涂则较困难，主要是这些材料的热导率很大，喷涂材料与它们熔合困难。

又如喷焊技术，它对材质的适应性较复杂，铝、镁及其合金，青铜、黄铜等材料不适用于喷焊。

表 4-15 列出了几种修复工艺对常用材料的适应性，可供选择修复技术时参考。

表 4-15 几种修复工艺对常用材料的适应性

修复工艺	低碳钢	中碳钢	高碳钢	合金结构钢	不锈钢	灰铸铁	铜合金	铝
镀铬	+	+	+			+		
镀铁	+	+			+	+		
气焊	+	+		+				
手工电弧堆焊	+	+	－	+	+			
振动堆焊	+	+	+	+	+			
埋弧堆焊	+	+		+				
等离子弧堆焊	+	+		+	+			
金属喷涂	+	+	+	+	+	+	+	+
氧-乙炔火焰喷焊	+	+		+	－			
钎焊	+	+	+	+	+	+	+	－
粘接	+	+	+	+	+	+	+	+
金属扣合						+		
塑性变形	+	+		+	+		+	

注："+"表示修复效果良好；"－"表示能修复，但需采取一些特殊措施；空格表示不适用

2. 各种修复技术能达到的修补层厚度

各种零件由于磨损程度不同，要求的修复层厚度也不一样。所以，在选择修复技术时，必须了解各种修复技术所能达到的修补层厚度。

3. 零件构造对修复工艺选择的影响

例如，直径较小的零件用埋弧堆焊和金属喷涂修复就不合适；轴上螺纹车成直径小一级的螺纹时，要考虑到螺母的拧入是否受到临近轴直径尺寸较大的限制等。

4. 修复零件修补层的力学性能

修补层的强度、硬度，修补层与零件基体的结合强度以及零件修复后的强度变化情况，是评价修理质量的重要指标，也是选择修复技术的重要依据。

如铬镀层硬度可高达 HV800～1200，其与钢、镍、铜等机械零件表面的结合强度可高于其本身晶格间的结合强度；铁镀层硬度可达 HV500～800（HRC45～60），与基体金属的结合强度大约在 200～300MPa。又如喷涂层的硬度范围为 HB150～450，喷涂层与工件基体的抗拉强度约为 20～30MPa，抗剪强度 30～40MPa。

在考虑修补层力学性能时，也要考虑与其有关的问题。如果修复后修补层硬度较高，虽有利于提高耐磨性，但加工困难；如果修复后修补层硬度不均匀，则会引起加工表面不光滑。

机械零件表面的耐磨性不仅与表面硬度有关，而且与表面金相组织、表面吸附润滑油的能力等有关。如采用镀铬、镀铁、金属喷涂及振动电弧堆焊等修复技术均可以获得多孔隙的修补层，孔隙中能储存润滑油使得机械零件即使在短时间内缺油也不会发生表面研伤现象。

（二）经济合算

在保证零件修复技术合理的前提下，应考虑到所选择修复技术的经济性。所谓经济合算，是指不单纯考虑修复费用低，同时还要考虑零件的使用寿命，两者结合起来综合评价。

通常修复费用应低于新件制造的成本，即

$$S_修/T_修 > S_新/T_新 \tag{4-3}$$

式中　　$S_修$——修复旧件的费用，元；

$T_修$——旧件修复后的使用期，h 或 km；

$S_新$——新件的制造成本，元；

$T_新$——新件的使用期，h 或 km。

上式表明，只要旧件修复后的单位使用寿命的修复费用低于新件的单位使用寿命的制造费用，即可认为此修复是经济的。

在实际生产中，还需注意考虑因缺乏备品配件而停机停产造成的经济损失情况。这时即使所采用的修复费用较高，但从整体的经济方面考虑还是可取的，则不应受上式限制。有的工艺虽然修复成本很高，但其使用寿命却高出新件很多，则也应认为是经济合算的工艺。

（三）生产可行

选择修复技术时，还要注意结合本单位现有的生产条件、修复技术水平、协作环境进行。同时应指出，要注意不断更新现有修复技术，通过学习、开发和引进，结合实际采用较先进的修复技术。

总之，选择修复技术时，不能只从一个方面考虑问题，而应综合地从几个方面来分析比较，从中确定出最优方案。

二、零件修复工艺规程的制订

制订零件修复工艺规程的目的是为了保证修理质量及提高生产率和降低修理成本。

（一）调查研究

① 了解和掌握待修机械零件的损伤形式、损伤部位和程度。

② 分析零件的工作条件、材料、结构和热处理等情况。

③ 了解零件在设备中功能，明确修复技术要求。

④ 根据本单位的具体情况（修复技术装备状况、技术水平和经验等），比较各种修复工

艺的特点。

（二）确定修复方案

在调查研究的基础上，按照选择修复技术的基本原则，根据零件损坏部位的情况和修复技术的适用范围，最后择优确定一个合理的修复方案。

（三）制订修复工艺规程

零件修复工艺规程的内容包括：名称，图号，硬度，损伤部位指示图，损伤说明，修理技术的工序及工步，每一工步的操作要领及应达到的技术要求，工艺规范，修复时所用的设备、夹具、量具，修复后的技术质量检验内容等。

技术规程常以卡片的形式规定下来，必要时可附加文字说明。

在制订修复工艺规程中，应注意考虑以下几个问题。

1. 合理安排工序

① 将会产生较大变形的工序安排在前面。电镀、喷涂等工艺，一般在堆焊和塑性变形修复技术后进行，必要时在两者之间可增设校正工序。

② 精度和表面质量要求高的工序应安排在最后。

2. 保证精度要求

修复时尽量采用零件在设计和制造时的基准，若设计和制造的基准已损坏，需预先修复定位基准或给出新的定位基准。

3. 安排平衡工序

修复高速运动的机械零件，其原来平衡性可能受破坏，应考虑安排平衡工序，以保证其平衡性的要求。如曲轴修复后应做动平衡试验。

4. 其他

必须保证零件的配合表面具有适当的硬度，绝不能为便于加工而降低修复表面的硬度；有些修复技术可能导致机械零件材料内部和表面产生微裂纹等，为保证其疲劳强度，要注意安排提高疲劳强度的工艺措施和采取必要的探伤检验手段等。

三、典型零件修复技术的选择

（一）轴的修复技术选择

轴的修复技术选择见表 4-16。

表 4-16　轴的修复技术选择

零件磨损部分	修 理 方 法	
	达到公称尺寸	达到修配尺寸
滑动轴承的轴颈及外圆柱面	镀铬、镀铁、金属喷涂、堆焊，并加工至公称尺寸	达到修配尺寸
装滚动轴承的轴颈及静配合面	镀铬、镀铁、堆焊、滚花、化学镀铜(0.05mm 以下)	
轴上键槽	堆焊修理键槽，转位新铣键槽	键槽加宽，不大于原宽度的1/7，重配键
花键	堆焊重铣或镀铁后磨（最好用振动焊）	
轴上螺纹	堆焊，重车螺纹	车成小一级螺纹
外圆锥面	刷镀、喷涂、加工	磨到较小尺寸，恢复几何精度
圆锥孔	刷镀、加工	磨到较大尺寸，恢复几何精度
轴上销孔		重新铰孔
扁头、方头及球面	堆焊	加工修整几何形状
一端损坏	切去损坏的一段，焊接一段，加工至标称尺寸	
弯曲	校正	

（二）孔的修复技术选择

孔的修复技术选择见表4-17。

表4-17　孔的修复技术选择

零件磨损部分	修理方法	
	达到公称尺寸	达到修配尺寸
孔径	镗大镶套、堆焊、刷镀、粘补	镗孔或磨孔，恢复几何精度
键槽	堆焊修理，转位另插键槽	加宽键槽、另配键
螺纹孔	镶螺塞，可改变位置的零件转位重钻孔	加大螺纹孔至大一级的标准螺纹
圆锥孔	镗孔后镶套	刮研或磨削恢复几何精度
销孔	移位重钻，铰销孔	铰孔、另配销子
凹坑、球面窝及小槽	铣掉重镶	扩大修整形状
平面组成的导槽	镶垫板、堆焊、粘补	加大槽形

（三）齿轮的修复技术选择

齿轮的修复技术选择见表4-18。

表4-18　齿轮的修复技术选择

零件磨损部分	修理方法	
	达到公称尺寸	达到修配尺寸
轮齿	(1)利用花键孔，镶新轮圈插齿 (2)齿轮局部断裂，堆焊加工成形 (3)内孔镀铁后磨	大齿轮加工成负修正齿轮（硬度低，可加工者）
齿角	(1)对称形状的齿轮调头倒角使用 (2)堆焊齿角后加工	锉磨齿角
孔径	镶套、镀铬、镀镍、刷镀、堆焊，然后加工	磨孔配轴
键槽	堆焊加工或转位另开键槽	加宽键槽、另配键
离合器爪	堆焊后加工	

（四）其他典型零件修复技术的选择

其他典型零件修复技术的选择见表4-19。

表4-19　其他典型零件修复技术的选择

零件名称	磨损部分	修理方法	
		达到公称尺寸	达到修配尺寸
导轨、滑板	滑动面研伤	粘或镶板后加工	刮研或机加工
丝杆	(1)螺纹磨损 (2)轴颈磨损	(1)调头使用 (2)切除损坏的螺纹部分，焊接一段后重车螺纹 (3)堆焊轴颈后加工	(1)校正后车削螺纹重配螺母 (2)轴颈部分车细或磨削
滑移拨叉	拨叉侧面磨损	铜焊，堆焊后加工	
楔铁	滑动面磨损		铜焊接长、粘接及钎焊巴氏合金、镀铁
活塞	外径磨损、镗缸后与汽缸的间隙增大，活塞环槽磨宽	移位、车活塞环槽	喷涂金属，着力部分浇铸巴氏合金，按分级修理尺寸车宽活塞环槽
阀座	接合面磨损		车削及研磨接合面
制动轮	轮面磨损	堆焊后加工	车削至较小尺寸
杠杆及连杆	孔磨损	镶套、堆焊、焊堵后加工孔	扩孔

第五章　机械设备的安装

机械设备的安装是按照一定的技术条件，将机械设备正确、牢固地固定在基础上。机械设备的安装是机械设备从制造到投入使用的必要过程。机械设备安装的好坏，直接影响机械设备的使用性能和生产的顺利进行。机械设备的安装工艺过程包括基础的验收、安装前的物质和技术装备、设备的吊装、设备安装位置的检测和校正、基础的二次灌浆及试运转等。

机械设备安装首先要保证机械设备的安装质量。机械设备安装之后，应按安装规范的规定进行试车，并能达到国家部委颁发的验收标准和机械设备制造厂的使用说明书的要求，投入生产后能达到设计要求。其次，必须采用科学的施工方法，最大限度地加快施工速度，缩短安装的周期，提高经济效益。此外，机械设备的安装还要求设计合理、排列整齐，最大限度地节省人力、物力、财力。最后，必须重视施工的安全问题，坚决杜绝人身和设备安全事故的发生。

第一节　机械安装前的准备工作

机械设备安装之前，有许多准备工作要做。工程质量的好坏、施工速度的快慢都和施工的准备工作有关。

机械设备安装工程的准备工作主要包括下列几个方面。

一、组织、技术准备

（一）组织准备

在进行一项大型设备的安装之前，应该根据当时的情况，结合具体条件成立适当的组织机构，并且分工明确、紧密协作，以使安装工作有步骤进行。

（二）技术准备

技术准备是机械设备安装前的一项重要准备工作，其主要内容如下。

① 研究机械设备的图样、说明书、安装工程的施工图、国家部委颁发的机械设备安装规范和质量标准。在施工之前，必须对施工图样进行会审，对工艺布置进行讨论审查，注意发现和解决问题。例如，检查设计图纸和施工现场尺寸是否相符、工艺管线和厂房原有管线有无冲突等。

② 熟悉设备的结构特点和工作原理，掌握机械设备的主要技术数据、技术参数、使用性能和安装特点等。

③ 对安装工人进行必要的技术培训。

④ 编制安装工程施工作业计划。安装工程施工作业计划应包括安装工程技术要求、安装工程的施工程序、安装工程的施工方法、安装工程所需机具和材料及安装工程的试车步骤、方法和注意事项。

安装工程的施工程序是整个安装工程有计划、有步骤完成的关键。因此，必须按照机械设备的性质，本单位安装机具和安装人员的状况以最科学、合理的方法安排施工程序。

确定施工方法时可参考以往的施工经验，听取有关专家的建议，广泛听取安装工人和工程技术人员的意见等。

二、供应准备

供应准备是安装中的一个重要方面。供应准备主要包括机具准备和材料准备。

（一）机具准备

机具准备是根据设备的安装要求准备各种规格和精度的安装检测机具和起重运输机具。并认真地进行检查，以免在安装过程中才发现不能使用或发生安全事故。

常用的安装检测机具包括：水平仪、经纬仪、水准仪、准直仪、拉线架、平板、弯管机、电焊机、气焊及气割工具、扳手、万能角度尺、卡尺、塞尺、千分尺、千分表及其他检验测试设备等。

起重运输机具包括：双梁、单梁桥式起重机、汽车吊、坦克吊、卷扬机、起重杆、起重滑轮、葫芦、绞盘、千斤顶等起重设备；汽车、拖车、拖拉机等运输设备；钢丝绳、麻绳等索具。

（二）材料准备

安装中所用的材料要事先准备好。对于材料的计划与使用，应当是既要保证安装质量与进度，又要注意降低成本，不能有浪费现象。安装中所需材料主要包括：各种型钢、管材、螺栓、螺母、垫圈、铜皮、铝丝等金属材料；石棉、橡胶、塑料、沥青、煤油、机油、润滑油、棉纱等非金属材料。

三、机械的开箱检查与清洗

（一）开箱检查

机械设备安装前，要和供货方一起进行设备的开箱检查。检查后应做好记录，并且要双方人员签字。设备的检查工作主要包括以下几项。

① 设备表面及包装情况。

② 设备装箱单、出厂检查单等技术文件。

③ 根据装箱单清点全部零件及附件。

④ 各零件和部件有无损坏、变形或锈蚀等现象。

⑤ 机件各部分尺寸是否与图样要求相符合。

（二）清洗

开箱检查后，为了清除机器、设备部件加工面上的防锈剂及残存在部件内的铁屑、锈斑及运输保管过程中的灰尘、杂质，必须对机器和设备的部件进行清洗。清洗步骤一般是：粗洗，主要清除掉部件上的油污、旧油、漆迹和锈斑；细洗，也称油洗，是用清洗油将脏物冲洗干净；精洗，采用清洁的清洗油最后洗净，主要用于安装精度和加工精度都较高的部件。

四、预装配和预调整

为了缩短安装工期，减少安装时的组装、调整工作量，常常在安装前预先对设备的若干零部件进行预装和预调整，把若干零部件组装成大部件。用这些预先组装好的大部件进行安装，可以大大加快安装进度。预装配和预调整可以提前发现设备存在的问题，及时加以处理，以确保安装的质量。

大部件整体安装是一项先进的快速施工方法，预装配的目的就是为了进行大部件整体安装。大部件组合的程度应视场地、运输和起重能力而定。如果设备出厂前已组装成大部件，且包装良好，就可以不进行拆卸、清洗、检查和预装，而直接整体吊装。

第二节　基础的设计与施工

一、概述

机器基础的作用，不仅把机器牢固地固定在要求的位置上，而且把机器本身的重量和工作时的作用力传递到土壤中去，并吸收振动。所以机器基础是设备中重要的组成部分，机器基础设计和施工如果不正确，不但会影响机器设备本身的精度、寿命和产品的质量，甚至使周围厂房和设备结构受到损害。

机器基础的设计，包括根据机器的结构特点、动力作用的性质，选择基础的类型，在坚固和经济的条件下，确定基础最合适的尺寸和强度等。

在机器基础的设计中把机器分为两类：第一类是没有动力作用的机器，这种机器的回转部分的不平衡惯性力相当小，若与机器的重量比较起来是微不足道的；第二类是有动力作用的机器，这种机器在工作时产生很大的惯性力，把这类机器称为动力机械。没有动力作用的机器，对基础的设计没有任何特殊的要求，不需要考虑动力载荷。但是，这种机器是比较少的。动力机械的分类见表 5-1。

表 5-1 动力机械分类

机器的类别	主要运动的种类	典型的代表
周期作用的机器	均匀回转	电机（电动机、电动发电机等）
	均匀回转及相关的往复运动	有曲柄连杆机构的机器（活塞压缩机和活塞泵，内燃机，锯机）
非周期作用的机器	不均匀回转或可逆运动	轧钢机的拖动电动机等
	由单独的冲击或连续冲击所产生的往复运动	锻锤、冲击锤、落锤等

回转部分（转子）做均匀转动的机器在理论上是完全平衡的。但实际上无论何时都不能使转动部分的重心与回转的几何轴线完全重合。因而当这些机器工作时，就有不平衡的惯性力传到基础上。虽然所产生的偏心的数值一般是很小的，但是在现代机器高速转动下，这种惯性力就显得比较大。由于偏心矩的大小取决于许多偶然因素，因而转子转动时所产生的离心力，只能根据转子平衡的经验资料近似地计算。但在实际中，绝大部分带有均匀回转部件的机器的基础不进行这种计算。

有曲柄连杆机构的机器所产生的离心惯性力是较为复杂的周期力，这些力是各种频率的许多分力的总和，但可以准确地进行计算。

不均匀回转的机器，除离心力外还有力偶传到基础上，力偶的力矩取决于不均匀回转的加速度，计算上述力矩是比较简单的。但是在有些情况下，例如轧钢机作用在基础上的力偶，是接近于冲击作用的。

有冲击作用的机器在工作中产生一种冲击型的动力效果，将引起机器振动，危害周围的厂房和设备。因此，不但需要进行动力学计算，还需要采用隔振结构。

应当指出，一般有动力作用的机器基础，往往采用一般建筑静力学计算，考虑载荷系数的方法。实践证明这种方法是可靠的。

按机器基础的结构分，机器基础也可分为两类：一类是大块式（刚性）基础；另一类是构架式（非刚性）基础。大块式基础建成大块状、连续大块状或板状，其中开有机器、辅助设备和管道安装所必需的以及在使用过程中供管理用的坑、沟和孔。根据整套机器设备的特点，有的有地下室，有的无地下室。这种基础应用最为广泛，可以安装所有类型的机器设备，尤其是有曲柄连杆机构的机器，还适用于安装绝大部分的破碎机、大部分电机（主要是小功率和中功率的电机）等。锻锤则只能建造大块式基础，而构架式基础一般仅用来安装高频率的机器设备。

地脚螺栓的形式有固定式和锚定式两种，固定式的地脚螺栓的根部弯曲成一定的形状再用砂浆浇注在基础里，如图 5-1 所示。采用这种地脚螺栓的优点是固定牢靠，不易产生松动现象。但螺栓位置偏差难以校正和不便更换。锚定式地脚螺栓从基础的管孔中穿出，如图 5-2 所示，分为锤头式和双头螺柱式。它的优点是固定方法简便，螺栓位置偏差易调整和便于更换。它的缺点是在使用中容易松动。

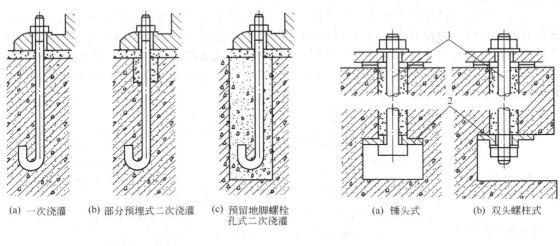

(a) 一次浇灌　　(b) 部分预埋式二次浇灌　(c) 预留地脚螺栓　　　　　(a) 锤头式　　　(b) 双头螺柱式
　　　　　　　　　　　　　　　　　　孔式二次浇灌

图 5-1　固定式地脚螺栓

图 5-2　锚定式地脚螺栓
1—螺栓；2—锚板

　　地脚螺栓的固定方法有一次浇灌法和二次浇灌法两种。一次浇灌法的地脚螺栓用固定架固定后，连同基础一起注成，如图 5-1(a) 所示。其优点是螺栓能非常牢固地固定在基础上，但是施工时需要一个复杂而繁重的固定架来固定地脚螺栓，否则螺栓注偏以后不易调整。二次浇灌法是先浇注基础整体，在基础上留出浇注螺栓的孔，待机器安装在基础上并找正后再进行地脚螺柱的浇灌，如图 5-1(b)、(c) 所示，其中图 5-1(b) 所示为部分预埋式，图 5-1(c) 所示为预留地脚螺栓孔式，这种方法比较简便，技术条件容易实现，但螺栓固定的情况不如一次浇灌牢固。通常一般中小型的基础多采用二次浇灌法，而重型设备的基础多采用一次浇灌法。

二、一般机器基础的设计计算

（一）初步选定基础的尺寸

机器基础的尺寸主要是基础底面的平面尺寸和基础的最小高度，其他的尺寸根据机器结构的要求确定。为了初步选定机器基础的尺寸可以利用下列的经验公式，即

$$Q_{基础}=aQ_{机器}$$

式中　$Q_{基础}$——基础的重量；

　　　$Q_{机器}$——机器的重量；

　　　a——载荷系数，见表 5-2。

　　由基础的重量可以求得基础的体积，即

$$V=\frac{Q_{基础}}{q} \tag{5-1}$$

式中　V——基础的体积，m^3；

　　　q——1m^3 基础的重量，对混凝土基础 $q\approx20000kN/m^3$。

表 5-2　各类机器基础的 a 值

机 器 的 种 类		a	机 器 的 种 类	a
卧式活塞机器			透平发电机	5
活塞速度	$v=1\text{m/s}$	2.0	电机(没有制动和逆转)	10
	$v=2\text{m/s}$	2.5	电机(有制动,经常反转,载荷不稳定)	20
	$v=3\text{m/s}$	3.5	水泵和风机	10
	$v=4\text{m/s}$	4.5		

根据基础的体积可以计算出基础高度为

$$H=\frac{V}{LB} \tag{5-2}$$

式中　L——基础的长度,取机器底座长加 $0.3\sim0.4$m;

　　　B——基础的宽度,取机器底座宽加 $0.2\sim0.3$m。

（二）验算机器总重心相对于基础重心的偏移

设基础重心坐标为 X_0、Y_0,机器总重心坐标为 X、Y,则

$$X=\frac{\sum(Q_iX_i)}{\sum Q_i} \qquad Y=\frac{\sum(Q_iY_i)}{\sum Q_i}$$

式中　Q_i——机器各构件重量;

　　　X_i——机器各构件重心横坐标;

　　　Y_i——机器各构件重心纵坐标。

偏心距
$$e_x=X-X_0$$
$$e_y=Y-Y_0$$

对于机器基础的允许偏心距,当土壤基本允许耐压强度小于或等于 150kN/m^2 时,不能超过在偏心方向上基础底边长的 3%,当大于 150kN/m^2 时,不允许超过偏心方向上基础底边长的 5%。如果 e_x、e_y 大于允许值,则必须加大基础的面积。

（三）地基土壤耐压力的核算

$$p\leqslant aR_{\text{计算}} \tag{5-3}$$

式中　p——基础底面传至地基的平均单位压力,kN/m^2;

　　　$R_{\text{计算}}$——土壤的计算耐压力,kN/m^2;

　　　a——减低系数,对于受冲击负荷者取0.4,对高速透平机组取0.8,对低速运转惯性力很小者取1。

土壤的计算耐压力应考虑基础的埋置深度和基础底面积的大小,分以下两种情况。

（1）第一种情况　基础埋置深度为 $1.5\sim2$m。

① 基础宽度为 $0.6\sim1$m 时,土壤计算耐压力等于土壤的基本允许耐压力,土壤基本允许耐压力 R 由表 5-3 给出。

② 基础的宽度等于或大于 5m 时,对于砂类(不包括粉砂和大块碎石类土壤)的计算耐压力 $R_{\text{计算}}=1.5R$,对于粉砂和黏土类土壤 $R_{\text{计算}}=1.2R$。

③ 基础的宽度在 $1\sim5$m 时,土壤计算耐压力可根据以上两种方法所得数值采取线性插入法确定。

表 5-3　土壤的基本允许耐压力 R

土壤类别	土　壤　名　称	$R/(kN/m^2)$
I	轻质土壤（孔隙比大的可塑性黏土，中密很湿和饱和的细砂，密实饱和的粉砂）	≤150
II	中等坚质土壤（黏质砂土，砂质黏土，孔隙比大的坚硬黏土，中密的砾石和粗砂，中密和密实的中砂，中密稍湿的细砂，密实很湿饱和的细砂，密实稍湿和很湿的粉砂，中密稍湿的粉砂）	≤350
III	坚质土壤（坚硬黏土，孔隙比小的坚硬黏土，密质的砾砂和粗砂，角砾和圆砾，孔隙为砂填充的碎石和卵石）	≤600
IV	岩质地基	600

（2）第二种情况　基础的埋置深度小于 1.5m 或大于 2m 时，土壤计算耐压力

$$R_{计算} = m_1 m_2 R \tag{5-4}$$

式中　m_1——考虑基础底面面积的系数，当面积小于 $5m^2$ 时取 $m_1=1$，大于或等于 $5m^2$ 时，对碎石土和砂土（不包括粉砂）取 $m_1=1.5$，对粉砂和黏土取 $m_1=1.2$；

m_2——考虑基础埋置深度的系数。

当 $H<1.5m$ 时

$$m_2 = 0.5 + 0.33H$$

当 $H>2m$ 时

$$m_2 = 1 + \frac{\gamma_0}{R}\left[K(H-2)\right]$$

式中　H——基础埋置深度，m；

γ_0——基础底面以上土壤单位体积的重量，kN/m^3；

K——系数，黏土 $K=1.5$，黏质砂土和砂质黏土 $K=2$，砂土和碎石土 $K=2.5$。

（四）倾翻和滑动验算

应该使计算得到的倾翻系数和滑动系数大于允许值，即

$$K_1 = \frac{M_{支持}}{M_{倾翻}} \geqslant [K_1] \tag{5-5}$$

$$K_2 = \frac{Pf}{S} \geqslant [K_2] \tag{5-6}$$

式中　K_1、K_2——倾翻系数和滑动系数；

$[K_1]$、$[K_2]$——允许倾翻系数（1.8～2.0）和允许滑动系数（1.25～1.50）；

$M_{支持}$、$M_{倾翻}$——作用力对基础稳定性较差边缘的支持力矩和倾翻力矩；

P——总垂直力（包括机器、基础的重量以及机器工作的垂直分力）；

f——土壤对基础的摩擦系数，对黏土 $f=0.25$，砂质黏土和黏质砂土 $f=0.40$，岩石土 $f=0.60$；

S——总水平分力。

（五）机器基础的混凝土标号

机器基础常采用混凝土基础。混凝土按强度划分为 10 个标号：50、75、100、150、

200、250、300、400、500、600。机器基础若无特殊要求，一般采用 100 号混凝土，惯性力大的和大型设备的基础采用 100 号或 150 号的钢筋混凝土。

三、机器基础的施工

基础的施工是由土建工程部门来完成的，但是生产和安装部门也必须了解基础施工过程，以便进行技术监督和基础验收工作。

基础施工一般过程如下。

① 放线、挖基坑、基坑土壤夯实。

② 装设模板。

③ 根据要求配置钢筋，按准确位置固定地脚螺栓和预留孔模板。

④ 测量检查标高、中心线及各部分尺寸。

⑤ 配置浇注混凝土。

⑥ 基础的混凝土初凝后，要洒水维护保养。

⑦ 拆除模板。

为使基础混凝土达到要求的强度，基础浇灌完毕后不允许立即进行机器的安装，应该至少保养 7～14 天，当机器在基础上面安装完毕后，应至少经 15～30 天之后才能进行机器的试车。

（一）机器基础常用材料

（1）水泥　水泥标号有 300 号、400 号、500 号、600 号等几种。机器基础常用的水泥为 300 号和 400 号。国产水泥按其特性和用途的不同，可以分为硅酸盐膨胀水泥、石膏矾土膨胀水泥、塑化硅酸盐水泥、抗硫酸盐硅酸盐水泥等。机器基础常采用硅酸盐膨胀水泥。

（2）砂子　砂子有山砂、河砂、海砂三种，其中河砂比较清洁，最为常用。按砂子的粗细可分为粗砂（平均粒径大于 0.5mm），中砂（粒径 0.35～0.5mm），细砂（粒径 0.2～0.35mm）。砂中黏土、淤泥和尘土等杂质的限量不得大于 5%；硫化物及硫酸盐不得大于 1%。

（3）石子　石子分碎石（山上开采的石块）和砾石（如河砾石）两种。石子中的杂质限量与砂子相同。如杂质过多，在使用时可用水清洗干净。

（4）水　水中不能含有油质、糖类及酸类等杂质。

（二）混凝土的配合比例

（1）水泥标号的选择　水泥标号应为混凝土标号的 2～2.5 倍，一般选用 300～400 号水泥。

（2）水灰比的选择　水灰比可根据混凝土标号、水泥标号及粗集料石子的种类，按表 5-4 确定。

表 5-4　常用混凝土的水灰比

粗集料类别	水泥标号	混凝土标号				
		100	150	200	250	300
碎　石	300	0.70	0.60	0.50	—	—
	400	0.80	0.70	0.60	0.50	—
	500	—	0.80	0.70	0.60	0.50
砾　石	300	0.65	0.55	0.45	—	—
	400	0.75	0.65	0.55	0.45	—
	500	0.85	0.75	0.65	0.55	0.45

（3）确定混凝土组成部分的质量配合比例　见表5-5。

表5-5　混凝土组成部分的质量配合比例

粗集料类别	水 灰 比	稠度较干、用振动器捣实、体积较大、具有少量钢筋的混凝土	稠度适中、具有普通数量钢筋的梁或柱,用人工式振动器捣实的混凝土	稠度较湿、具有大量钢筋及断面较小的结构物的混凝土
碎 石	0.50	$\frac{330}{1:2.1:3.5}$	$\frac{370}{1:1.8:3.2}$	$\frac{410}{1:1.6:2.7}$
	0.60	$\frac{280}{1:3.5:4.3}$	$\frac{320}{1:2.2:3.5}$	$\frac{350}{1:1.9:3.3}$
	0.70	$\frac{240}{1:3.0:4.9}$	$\frac{270}{1:2.7:4.2}$	$\frac{300}{1:2.3:3.7}$
	0.80	$\frac{210}{1:3.5:5.6}$	$\frac{230}{1:3.2:5.1}$	$\frac{250}{1:2.8:4.6}$
	0.90	$\frac{180}{1:4.6:6.4}$	$\frac{200}{1:3.6:5.6}$	$\frac{220}{1:3.2:5.2}$
砾 石	0.45	$\frac{330}{1:1.8:3.5}$	$\frac{370}{1:1.6:3.0}$	$\frac{410}{1:4.2:2.6}$
	0.55	$\frac{280}{1:2.2:4.1}$	$\frac{320}{1:1.9:3.5}$	$\frac{350}{1:1.7:3.2}$
	0.65	$\frac{240}{1:2.7:4.9}$	$\frac{270}{1:2.4:4.2}$	$\frac{300}{1:2.0:3.7}$
	0.75	$\frac{210}{1:3.1:5.2}$	$\frac{230}{1:2.8:5.0}$	$\frac{250}{1:2.5:4.3}$
	0.85	$\frac{180}{1:3.7:6.4}$	$\frac{200}{1:3.4:5.5}$	$\frac{220}{1:3.0:5.0}$

注：1. 稠度视施工条件确定。设备基础的混凝土选用中稠度较为合适。

2. 分子的数值表示水泥用量（kg/m³），分母的数值表示混凝土的质量配合比例（水泥：砂：石子）。

（三）混凝土的养生

混凝土的凝固和达到应有强度是由于所谓的水化作用，其养生方法和养生期见表5-6。拆模板一般在达到设计强度的50％时进行，机器设备安装应在基础达到设计强度70％以上时进行。

在冬季施工和为缩短施工期，常采用蒸汽养生和电热养生的方法。

表5-6　混凝土养生

基 础 的 结 构 种 类	养 生 方 法 和 养 生 期
用普通水泥制作梁或框架结构	浇灌24h后，每天浇水2次。并需用草袋、草席等物覆盖5～7天
柱式机器下的水泥 (1)凝结正常的水泥 (2)凝结不正常的水泥（如高炉水泥）	浇水与覆盖同上 浇水不得少于10～15天。冷天还要做保湿措施，并对混凝土的温度进行检查
大块基础工程	在7～10天内应经常充分浇水，使模板湿润，并用草袋等物覆盖

四、基础的验收及处理

（一）基础的验收

基础验收的具体工作就是由安装部门根据图样和技术规范，对基础工程进行全面检查。

主要检查内容包括：通过混凝土试件的实验结果来检验混凝土的强度是否符合设计要求；基础的几何尺寸是否符合设计要求；基础的形状是否符合设计要求；基础的表面质量等。

安装金属压力加工设备时，基础验收应遵照《冶金机械设备安装工程施工及验收规范通用规定》YBJ 201—83 中基础检查的条款执行。

（二）基础的处理

在验收基础中发现的不合格项目均应进行处理。常见的不合格项目是地脚螺栓预埋尺寸在混凝土浇灌时错位而超过安装标准。新的处理方法是用环氧砂浆粘接。

在安装重型机械时，为防止安装后基础的下沉或倾斜而破坏机械设备的正常运转，要对基础进行预压。当基础养护期满后，在基础上放置重物，进行预压。每天用水准仪观察，直至基础不再下沉为止。

在安装机械设备之前要认真清理基础表面。在基础的表面，除放置垫板的位置外，凡需要二次灌浆的地方都应铲麻面，以保证基础和二次灌浆层能结合牢固。铲麻面要求每 $100cm^2$ 有 $2\sim3$ 个深 $10\sim20mm$ 的小坑。

第三节　机械的安装

机械设备的安装，重点要注意设置安装基准、设置垫板、设备吊装、找正找平找标高、二次灌浆、试运行等几个问题。

一、设置安装基准

机器安装时，其前后左右的位置根据纵横中心线来调整，上下的位置根据标高按基准点来调整。这样就可利用中心线和基准点来确定机器在空间的坐标了。

决定中心线位置的标记称为中心标板，标高的标记称为基准点。

（一）基准点的设置

在新安装设备的基础靠近边缘处埋设铆钉，并根据厂房的标准零点测出它的标高，以作为安装机械设备时测量标高的依据，称为基准点。

埋设基准点的目的，是因为厂房内原有的基准点，往往被先安装的设备挡住，后安装的设备测量标高时，再用原有的基准点就不如新埋设的基准点准确方便。

基准点的设置方法如图 5-3 所示。

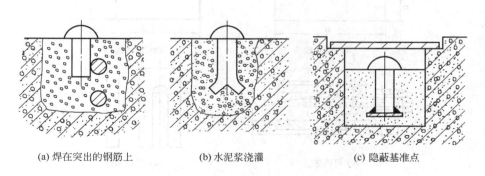

| (a) 焊在突出的钢筋上 | (b) 水泥浆浇灌 | (c) 隐蔽基准点 |

图 5-3　基准点的设置方法

（二）中心标板的设置

机械设备安装所用的中心标板如图 5-4 所示，它是一段长为 $150\sim200mm$ 的钢轨或工字钢、槽钢、角钢等，用高标号灰浆浇灌固定在机械设备安装中心线两端的基础表面。待安装中心标板处的灰浆全部凝固后，用经纬仪测量机械设备的安装中心线，并投向标板，用钳工的样冲在标板上冲孔作为中心标点，并在点外用红油漆或白油漆作明显标记。根据中心标点拉设的安装中心线是找正机械设备的依据。

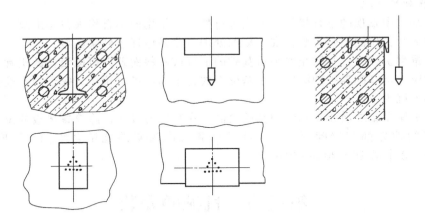

图 5-4　中心标板设置方法

二、设置垫板

一次浇灌出来的基础，其表面的标高和水平度很难满足设备安装精度的要求，因此常采用调整垫板的高度来找正设备的标高和水平。

（一）垫板的作用及类型

在机器底座和基础表面间放置垫板，利用调整垫板的高度来找正设备的标高和水平；通过垫板把机器的重量和工作载荷均匀地传给基础；在特殊情况下，也可以通过垫板校正机器底座的变形。垫板材料为普通钢板或铸铁。垫板的类型如图 5-5 所示，分为平垫板、斜垫板、开口垫板和可调垫板。

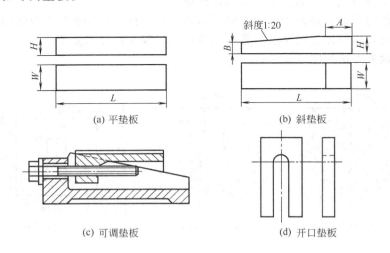

图 5-5　垫板的类型

（二）垫板面积的计算

采用垫板安装，在安装完毕后要二次灌浆，但是一般的混凝土凝固以后都要收缩。设备底座只压在垫板上，二次灌浆后只起稳固垫板作用。所以设备的重量和地脚螺栓的预紧力都是通过垫板作用到基础上的，因此必须使垫板与基础接触的单位面积上的压力小于基础混凝土的抗压强度。

$$A = 10^9 \frac{(Q_1 + Q_2)C}{R}$$

式中　A——垫板总面积，mm^2；

C——安全系数，一般取 1.5～3；

R——混凝土的抗压强度，MPa；

Q_1——设备自重加在垫板上的负荷与工作负荷，kN；

Q_2——地脚螺栓的紧固力，kN，$Q_2 = [\sigma]A_1$；

$[\sigma]$——地脚螺栓材料的许用应力，Pa；

A_1——地脚螺栓总有效截面积，mm^2。

（三）垫板的放置方法

（1）标准垫法　如图 5-6（a）所示。一般都采用这种垫法。它是将垫板放在地脚螺栓的两侧，这也是放置垫板的基本原则。

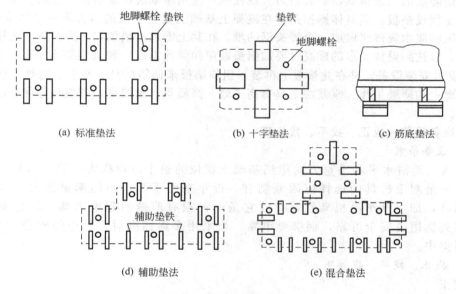

(a) 标准垫法　　　　(b) 十字垫法　　　　(c) 筋底垫法

(d) 辅助垫法　　　　(e) 混合垫法

图 5-6　垫板的放置方法

（2）十字垫法　如图 5-6（b）所示。当设备底座小、地脚螺栓间距近时用这种方法。

（3）筋底垫法　如图 5-6（c）所示。设备底座下部有筋时，一定要把垫板垫在筋底下。

（4）辅助垫法　如图 5-6（d）所示。当地脚螺栓间距太大时，中间要加一辅助垫板。一般垫板间允许的最大距离为 500～1000mm。

（5）混合垫法　如图 5-6（e）所示。根据设备底座的形状和地脚螺栓间距的大小来放置。

（四）放置垫板的注意事项

① 垫板的高度应在 30～100mm 内，过高将影响设备的稳定性，过低则二次灌浆层不易牢固。

② 为了更好地承受压力，垫板与基础面必须紧密贴合。

③ 设备机座下面有向内的凸缘时，垫板要安放在凸缘下面。

④ 设备找平后，平垫板应露出设备底座外缘 10～30mm，斜垫板应露出 10～50mm，以利于调整。而垫板与地脚螺栓边缘的距离应为 50～150mm，以便于螺孔灌浆。

⑤ 每组垫板的块数以 3 块为宜，厚的放在下面，薄的放在上面，最薄的放在中间。在拧紧地脚螺栓后，每组垫板的压紧程度必须一致，不允许有松动现象。

⑥ 在设备找正后，如果是钢垫板，一定要把每组垫板都以点焊的方法焊接在一起。

⑦ 在放垫板时，还必须考虑基础混凝土的承压能力。一般情况下，通过垫板传到基础上的压力不得超过 1.2～1.5MPa。有些机械设备，安装使用垫板的数量和形状在设备说明书或设计图上都有规定，而且垫板也随同设备一起带来。因此，安装时必须根据图样规定来做。如未作规定，在安装时可参照前面所述的各项要求和做法进行。

（五）放置垫板的施工方法

1. 研磨法

在基础上安放垫板的地方，应去掉表面浮浆层，先用砂轮粗磨后用磨石细研，使垫板与基础的接触面积达 70％以上，水平精度为 0.1～0.5mm/m。

2. 座浆法

显然研磨法的工效很低，费时费力。现在推广应用座浆法放置垫板，它是直接用高度微膨胀混凝土埋设垫板。其具体操作是：在混凝土基础上安置垫板的地方凿一个锅底形的坑，用拌好的微膨胀水泥砂浆做成一个馒头形的堆，在其上安放平垫板，一边测量一边用手锤把轻轻敲打，以达到设计要求的标高（要加斜垫板应扣除此高度）和规定的水平度。养护 1～3 天后，就可安装设备，并在此垫板上再装一组斜垫板来调整标高、水平。这种方法代替了在原有基础上的研磨工作。座浆法是具有高工效、高质量、粘接牢、省钢材等优点的机械安装新工艺。

三、设备吊装、找正、找平、找标高

（一）设备吊装

设备从工地沿水平和垂直方向运到基础上就位的整个过程称为吊装。吊装从两个方面着手，一是起重机具的选择应因地制宜，近年来由于汽车吊的起重能力、起重高度都有所提高，加上汽车吊机动性好，故它是一种很有前途的起重机具；二是零部件的捆绑，索具选用要安全可靠，捆绑要牢靠，当采用多绳捆绑时，每个绳索受力应均匀，防止负荷集中。

（二）找正、找平、找标高

1. 找正

找正是为了将设备安装在设计的中心线上，以保证生产的连续性。安装找正前，必须根据中心标板挂好安装中心线，然后选择设备的精确加工面（如主轴、轧钢机架窗口等），求出其中心标点，按此找正。因为只有当中心标点与安装中心线一致时，设备才算找正完毕。

2. 找平

设备找水平是利用设备上可以作为水平测定面的上面，用平尺或方水平尺进行，检查中发现设备不水平时，用调节垫片调整。被检平面应选择精加工面，如箱体剖分面、导轨面等。

3. 找标高

确定设备安装高度的作业称为找标高。为了保证准确的高度，被选定的标高测定面必须是精加工面。标高根据基准点用水准仪或激光仪来测量。

按照设计要求，通过增减垫板调整机器的标高与水平，移动机器，使其处于设计要求的中心位置。最后紧固地脚螺栓，才算完成机器的安装工作。

设备找平、找正、找标高虽然是各不相同的作业，但对一台设备安装来说，它们又是互相关联的。如调整水平时可能使设备偏移而需重新找正，而调整标高时又可能影响了水平，调整水平时又可能变动了标高。所以要做综合分析，做到彼此兼顾。

通常找平、找正、找标高分两步进行，首先是初找，然后精找。尤其对于找平作业，先初平，在紧固地脚螺栓时才能进行精平。某些极精密的找平、找正作业，会受负荷、紧固力的影响，甚至受日照温度影响，应仔细分析，反复操作才能确定。

四、二次灌浆

由于有垫板，故在基础表面与机器底座下部会形成空洞，这些空洞必须在机器投产前用混凝土填满，这一作业称为二次灌浆。

二次灌浆的混凝土配比与基础一样，只不过石子的块度应视二次灌浆层的厚度不同而适当选取，为了使二次灌浆层充满底座下面高度不大的空间，通常选用的石子块度要比基础的小。

一般二次灌浆作业由土建单位施工。灌浆期间，设备安装部门应进行监督，并于灌完后进行检查，在灌浆时要注意以下事项：

① 要清除二次灌浆处的混凝土表面上的油污、杂物及浮灰；

② 用清水冲洗表面；

③ 小心放置模板，以免碰动已找正的设备；

④ 灌浆工作应连续完成；

⑤ 灌浆后要浇水养护；

⑥ 拆模板时要防止已调整好设备的位置变动，拆除模板后要将二次灌浆层周边用水泥砂浆抹平。

五、试运转（俗称试车）

试运转是机械设备安装中最后的，也是最重要的阶段。经过试运转，机械设备就可按要求正常地投入生产。在试运转过程中，无论是设计、制造和安装上存在的问题，都会暴露出来。必须仔细分析，才能找出根源，提出解决的办法。

由于机械设备种类和型号繁多，试运转涉及的问题面较广，所以安装人员在试运转之前一定要认真熟悉有关技术资料，掌握设备的结构性能和安全操作规程，才能搞好试运转工作。

（一）试运转前的检查

① 机械设备周围应全部清扫干净。

② 机械设备上不得放有任何工具、材料及其他妨碍机械运转的东西。

③ 机械设备各部分的装配零件必须完整无缺，各种仪表都要经过试验，所有螺钉、销钉之类的紧固件都要拧紧并固定好。

④ 所有减速器、齿轮箱、滑动面以及每个应当润滑的润滑点，都要按照产品说明书上的规定，保质保量地加上润滑油。

⑤ 检查水冷、液压、气动系统的管路、阀门等，该开的是否已经打开，该关的是否已经关闭。

⑥ 在设备运转前，应先开动液压泵将润滑油循环一次，以检查整个润滑系统是否畅通，各润滑点的润滑情况是否良好。

⑦ 检查各种安全设施（如安全罩、栏杆、围绳等）是否都已安设妥当。

⑧ 只有确认设备完好无疑，才允许进行试运转，并且在设备起动前还要做好紧急停车的准备，确保试运转时的安全。

（二）试运转的步骤

试运转的步骤一般是：先无负荷，后有负荷；先低速，后高速；先单机，后联动。每台单机要从部件开始，由部件到组件，由组件到单台设备；对于数台设备联成一套的联动机组，要将每台设备分别试好后，才能进行整个机组的联动试运转；前一步骤未合格，不得进行下一步骤的试运转。

设备试运转前，电动机应单独试验，以判断电力拖动部分是否良好，并确定其正确的回转方向；其他如电磁制动器、电磁阀限位开关等各种电气设备，都必须提前做好试验调整工作。

试运转时，能手动的部件先手动后再机动。对于大型设备，可利用盘车器或吊车转动两圈以上，没有卡阻等异常现象时，方可通电运转。

试运转程序一般如下。

1. 单机试运转

对每一台机器分别单独启动试运转。其步骤是：手动盘车—电动机点动—电动机空转—带减速机点动—带减速机空转—带机构点动—按机构顺序逐步带动，直至带动整个机组空转。

在此期间必须检验润滑是否正常，轴承及其他摩擦表面的发热是否在允许范围之内，齿的啮合及其传动装置的工作是否平稳有无冲击，各种连接是否正确，动作是否正确、灵活，行程、速度、定点、定时是否准确，整个机器有无振动。如果发现异常，应立即停车检查，排除后，再从头开始试车。

2. 联合试运转

单机试运转合格后，各机组按生产工艺流程全部启动联合运转，按设计和生产工艺要求，检查各机组相互协调动作是否正确，有无相互干涉现象。

3. 负荷试运转

负荷试运转的目的是为了检验设备能否达到正式生产的要求。此时，设备带上工作负荷，在与生产情况相似的条件下进行。除按额定负荷试运转外，某些设备还要做超载试运转（如起重机等）。

六、无垫板安装技术简介

无垫板安装技术即是设备安装不用垫板的技术。过去安装设备必用垫板，而垫板埋于二次灌浆层里不能回收，且耗量不少。以1700热连轧机为例，一台轧机的底座就用了6.4t经机械加工的垫板，粗略估计，在正常建设年份，全国一年用于垫板的钢材近10000t！无垫板安装技术的关键是采用了新开发的早强高标号微膨胀且能自流灌浆的浇筑料，将此浇筑料填充到二次灌浆层后，由于浇筑料的微膨胀，使二次灌浆层与设备底座下平面贴实，从而起到承载作用，因此垫板的承载作用便可被代替。

垫板的另一找平、找标高作用，则可以用微调千斤顶或斜铁器来代替，将它们放在原来该放垫板之处，用以调整机器的空间位置。调整完毕，紧固地脚螺栓，在它们的周围搭设木模板再进行二次灌浆，3天后脱去木模板，取出微调千斤顶或斜铁器，以便回收利用，将它们遗留的空穴以普通混凝土填充，再将二次灌浆层周边用水泥砂浆抹平。

第六章 桥式起重机的修理

机器制造厂常用的起重机有桥式、门式、回臂式、塔式以及电葫芦等，以桥式起重机使用最为广泛。按起重机的用途，桥式起重机又有冶金、锻造、热处理、机械加工及仓库用之分。这些桥式起重机的金属结构、起升机构、大小运行机构基本相同。本章以机械加工用桥式起重机为代表，简要介绍其状态检查和负荷试验，着重介绍桥架变形和车轮"啃轨"的检修方法。桥式起重机传动机构的主要修理内容是检查更换磨损的传动零件，其修理方法在本章中从略。

第一节 起重机的状态检查及负荷试验

桥式起重机属于"危险设备"，必须按照 GB 6067—85《起重机械安全规程》的规定，做到合理使用，适时维修，以确保安全运行。

桥式起重机的预防维修工作主要包括以下内容：日常检查；定期检查；定期负荷试验；按检查结果进行预防性修理。

正常的预防性修理内容是：按起重机械零件报废标准更换磨损且接近失效的机械零件；更换老化和接近失效的电器元件及线路，并调整电气系统；检查、调整及修复安全防护装置；必要时对金属结构进行涂漆防锈蚀。

一、日常检查和定期检查

（一）日常检查

起重机技术状态的日常检查由操作工人负责，每天检查一次。发现异常现象应及时通知检修工人加以排除。日常检查的内容和要求见表 6-1。

（二）定期检查

定期检查是在日常检查的基础上，对起重机的金属结构和各传动系统的工作状态和零件磨损状况进一步检查，以判定其技术状态是否正常和存在的缺陷，并根据定期检查结果，制定预防修理计划，组织实施。

定期检查由专业维修人员负责，操作工人配合进行。检查时不仅靠人的感官观察，还要用仪器、量具进行必要的测量，准确地查清磨损量，并认真作好记录。

桥式起重机定期检查的内容及要求可参见表 6-2。

二、起重机的负荷试验

（一）试验前的准备工作

① 关闭电源，检查所有连接部位的紧固情况。

② 检查钢丝绳在卷筒、滑轮组中的围绕情况。

③ 用兆欧表检查电路系统和所有电气设备的绝缘电阻。

④ 检查各减速器的油位，必要时加油，各润滑点加注润滑油脂。

⑤ 清除大车运行轨道上、起重机上及试验区域内有碍负荷试验的一切物品。

表 6-1　桥式起重机日常检查的内容和要求

序号	检查部位	技术要求	检查周期	处理意见
1	由司机室登上桥架的舱口开关	打开舱口,起重机不能开动	每班	如失灵,应立即通知检修
2	制动器	制动轮表面无油污	每班	如有油污,及时用煤油清洗
		制动瓦的退距合适		如不合要求,及时调整
		弹簧有足够的压缩力		
		制动垫片的铆钉不与制动轮接触		如发现问题,通知检修
3	小车轨道及走台	轨道上无油污	每班	如有油污,及时清擦
		无障碍物影响小车运行		排除障碍物
4	起升构件(作升降试验)	极限限位开关灵敏可靠	每班	如失灵,应及时通知检修
		制动动作可靠		调整或通知检修
5	小车运行机构(开动小车,往返运行几次)	运行平稳,无异常现象	每班	如有问题,查明原因后处理
		制动动作可靠,无冲击现象		
6	大车运行机构(开动大车,往返运行几次)	运行平稳,无异常现象	每班	如有问题,查明原因后处理
		制动动作可靠,无冲击现象		
7	钢丝绳	润滑正常	每周	发现缺润滑脂,及时加油
		两端固定可靠		发现转动,及时紧固
8	各减速箱润滑油	油位达到规定	每周	低于规定油位,及时补充加油
		油料清洁		油料污染,通知清洗换油
		无渗漏油		如有渗漏,通知检修
9	大车轮	轮缘及踏面磨损正常无啃轨	每周	如有啃轨现象,通知检修
10	小车轮	轮缘及踏面磨损正常无啃轨现象	每周	如有啃轨现象,通知检修
11	定滑轮组	平衡滑轮能正常摆动	每周	如平衡滑轮已卡住,通知检修
		给平衡滑轮轴加油		

表 6-2　桥式起重机定期检查的内容及要求

部件名称	零件名称	检查内容及判断标准	检查周期	处理方法
大车架	车架	1. 测量主梁上拱度与旁弯,记录数据	12个月	由专业工程师分析提出处理方法
		2. 小车轨道的磨损量,有无啃轨现象,记录数据		由专业工程师分析提出处理方法
		3. 端梁连接螺栓是否松动,用手锤敲击,声音应一致		有松动现象立即紧固
车轮	车轮	1. 轮缘厚度磨损量不超过原厚度的 50%	12个月	更换
		2. 轮缘弯曲变形量不超过原厚度的 20%		更换
		3. 踏面磨损量不超过原厚度的 15%		更换
		4. 如有啃轨现象,检查车轮安装的偏斜量:在水平方向不超过 $L/1000$;在垂直方向不超过 $L/400$(L 为测量长度)		调整

部件名称	零件名称	检查内容及判断标准	检查周期	处理方法
大小车传动减速器	箱体	1. 箱体剖分面是否漏油	12个月	修理
		2. 输入输出轴端部是否漏油		更换密封圈
	传动齿轮	1. 第一级啮合齿厚磨损不超过原齿厚15%，齿面点蚀不超过30%		更换
		2. 其他级啮合齿厚磨损不超过原齿厚25%，齿面点蚀不超过30%		更换
齿轮联轴器	起升机构用	齿厚磨损量不超过原齿厚的15%	12个月	更换
	其他机构用	齿厚磨损量不超过原齿厚的20%		更换
起升传动减速器	箱体	1. 箱体剖分面是否漏油	12个月	修理
		2. 输入输出轴端部是否漏油		更换密封圈
	传动齿轮	1. 第一级啮合齿厚磨损不超过原齿厚10%，齿面点蚀不超过30%		更换
		2. 其他级啮合齿厚磨损不超过原齿厚20%，齿面点蚀不超过30%		更换
制动器	摩擦衬带	磨损量不超过原厚度50%，铆钉头不得凸出	3个月	更换
	小轴	与孔的配合间隙不超过直径的5%		更换小轴
	制动轮	1. 轮面无裂纹轮缘磨损不超过原厚度20%		更换
		2. 轮面凹凸不平不超过1.5mm		修平
卷筒		筒壁磨损量不超过原壁厚的20%	12个月	更换
吊钩部件	吊钩	1. 探伤检查无裂纹	12个月	更换
		2. 开口度比原尺寸增大不超过10%		更换
		3. 危险断面磨损不超过原尺寸的10%		更换
	滑轮	槽壁无裂纹，磨损量不超过原厚度的20%		更换
	推力球轴承	球及滚道应无擦伤或疲劳点蚀		更换

注：本标准不适用冶金用桥式起重机。

⑥ 与试验无关的人员，必须离开起重机和现场。

⑦ 采取措施防止在起重机上参加负荷试验的人员触及带电的设备。

⑧ 准备好负荷试验的重物，重物可用比重比较大的钢锭、钢坯、型材、生铁和大型铸件毛坯或标准砝码。

（二）无负荷试验

① 用手转动各机构的制动轮，使最后一根轴转动一周，所有传动机构的运动平稳且无卡住现象。

② 分别开动各机构，先慢速试转，再以额定速度运行，观察各机构应平稳地运转，没有冲击和振动现象。

③ 大、小车沿全行程往返运行三次，检查运行机构的工况。双梁起重机主动小车轮应在轨道全长上接触，被动轮与轨道的间隙不超过1mm，间隙区间不大于1m，有间隙区间累积长度不大于2m。

④ 进行各种开关的试验，包括吊具的上升开关和大、小车运行开关，舱口盖和栏杆门

上的开关以及操作室的紧急开关等。

（三）静负荷试验

① 先起升较小的负荷（可为额定负荷的 0.5 倍或 0.75 倍）运行几次，然后起升额定负荷，在桥架全长上往返运行数次后，将小车停在桥架中间，起升 1.25 倍额定负荷，离开地面约 100mm，悬停 10min，卸去负荷，分别检查起升负荷前后量柱上的刻度（在桥架中部或厂房的房架上悬挂测量下挠度用的线锤，相应的在地面或主梁上安设一根量柱），反复试验，最多三次，桥架应无永久变形（即前后两次所检查的刻度值相同）。

② 上述试验完后，对于桥式起重机将小车开到桥架端部，测量主梁的上拱度，应在 $L_Q/1000 \pm 0.3 L_Q/1000$ 范围内（L_Q 为起重机的跨度，上拱度的测量方法见本章第二节）。

③ 最后测量主梁的挠度（弹性变形）。桥式起重机的小车仍应位于端部，在桥架中点测准地面或主梁上量柱刻度，并以此为零点。然后将小车开到桥架中部，起升额定负荷，离地面 100mm 左右停住，测量主梁的挠度。桥式起重机的挠度不应超过 $L_Q/700$。

④ 静负荷试验后，应检查金属结构的焊接质量和机械连接的质量，并检查电动机、制动器、卷筒轴承座及各减速器等的固定螺钉有无松动现象。如发现松动，应紧固。

（四）动负荷试验

以 1.1 倍额定负荷，分别开动各机构（也可同时开动两个机构），做反复运转试验。各机构每次连续运转时间不宜太长，防止电动机过热，但累计开动时间不应少于 10min。各机构的运动应平稳；制动装置、安全装置、限位装置的工作应灵敏、准确、可靠；各轴承及电器设备的温升应不超过规定。

动负荷试验后，应再次检查金属结构的焊接质量及机械连接的质量。

第二节 起重机桥架变形的分析及检测方法

桥架变形的主要表现形式是：主梁拱度减小，甚至消失而出现下挠；主梁出现横向弯曲即所谓的侧弯；桥架对角线超差以及主梁腹板出现严重的波浪形等。

一、桥架变形的原因分析

起重机桥架（主梁）上拱度指自水平线向上拱起的高度。它是起重机桥架结构的主要技术参数。为使负载小车在运行中的上坡度和下坡度达到最小值，通用桥式起重机技术条件（JB 1036—82）中规定起重机空载时（小车位于一端），主梁中间部位应具有的上拱度为：

$$h = L_Q/1000 \pm^{0.4}_{0.1} L_Q/1000 \tag{6-1}$$

式中 h——主梁中间部位的上拱度，mm；

L_Q——起重机跨度，mm。

如图 6-1 所示，整个主梁沿全长的上拱曲线，应基本符合抛物线形状。跨度中任意一点的上拱值，按下式求得：

$$h_X = h\left[1 - \left(\frac{2X}{L_Q}\right)^2\right] \tag{6-2}$$

式中 h_X——测量点的拱度值，mm；

X——测量点距跨度中心的距离，mm。

桥式起重机的主梁上拱度值达不到标准规定要求，有的甚至在无负荷时已在水平线之下，即出现主梁下挠。主梁下挠变形常伴随发生主梁侧弯和腹板波浪形，统称为桥架变形。

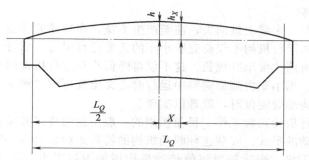

图 6-1　主梁上拱示意图

其中主梁下挠变形影响最大。产生桥架变形原因主要如下：

1. 结构内应力的影响

（1）焊接内应力　目前广泛生产的箱形结构桥架是一种典型的焊接结构，由于在焊接过程中局部金属的不均匀受热造成焊缝及其附近金属的收缩，导致主梁内部产生残余内应力。上、下盖板焊缝处附近产生拉应力，中间及其附近区产生压应力，腹板焊缝附近区为压应力，在同一部位的内应力又会产生叠加，这些叠加的内应力有时会超过金属的屈服极限而使桥架构件发生变形。随着使用时间的增长，结构的内应力就会逐渐消失，进而使原来几何精度合格的桥架产生相应的变形，而出现主梁下挠、侧弯等现象。

（2）装配内应力　桥架是由主梁、端梁等主要构件强行装配拼焊成桥架几何体，这必然要产生装配的内应力，当结构受力时，使内应力增大而产生过大的变形。

2. 不合理的起吊、存放、运输和安装的影响

起重机桥架是一种细长的大型构件，弹性较大，刚度较差，又因在制造中已经存在较大的内应力，不合理存放、运输、捆绑、起吊和安装都能引起桥架结构的变形。

3. 高温热辐射作用的影响

工作在高温环境下的桥式起重机桥架，由于热辐射的长期作用，会逐渐使金属材料的屈服极限降低，导致其抵抗外载荷作用的能力降低，以致使变形会逐渐发展和扩大。凡工作在热加工车间的桥架主梁上、下盖板温度差一般较大，下盖板受热烘烤屈服极限降低，纤维热胀伸长，在负载和自重的作用下会加剧其向下弯曲变形。

4. 不合理使用的影响

有些单位不严格执行起重机安全操作规程，为了单纯提高生产率而经常超载起吊，使起重机金属结构呈现疲劳状态，承载能力显著下降而增大结构的塑性变形。

起重机超载运行的另一种表现形式是：实际使用状况往往超出了起重机设计的工作类型范围，如轻型起重机当做重型起重机来使用，这样长期工作的结果，势必造成起重机金属结构塑性变形的发展。

5. 不合理修理工艺的影响

由于没有掌握在起重机金属结构上加热引起结构变形的规律，也没有采取防止变形的相应措施，就在桥架上气割或焊接从而造成了主梁的严重变形。如在更换小车轨道时，不预先把主梁顶起来，而在主梁盖板上气割焊缝，焊接轨道，这样就会使主梁产生较严重的向下弯曲变形。有时为了加宽走台，在主梁侧向气割焊接，结果会导致主梁向内弯曲等。诸如这类不合理的工艺方法均会使桥架产生各种相应的变形。

二、主梁变形对起重机使用性能的影响

起重机主梁变形对使用性能的影响可分为以下几方面。

1. 主梁下挠的影响

（1）影响小车运行　主梁上拱消失，甚至产生下挠，在这样的状态下，起重机小车由跨中开往端部时，小车的运行机构不仅要克服小车的正常运行阻力，而且还要克服在轨道上爬坡的附加阻力，产生所谓"留车"现象。这不仅将降低小车运行机构的使用寿命，甚至造成运行机构损坏的事故。当小车由端部向跨中运行时，又出现所谓"滞车"自行滑移现象，这对于在使用中需要吊钩准确定位时，就难以实现。

（2）影响大车运行机构正常工作　目前使用的一般用途的桥式起重机中尚有一些大车运行机构是采用集中驱动的形式。安装这种驱动机构的桥架走台板具有一定的上拱度，如果传动机构随主梁大幅度下挠，则运转时将使传动机构增加附加阻力，造成齿轮联轴器齿部折断，传动轴扭弯或联轴器螺栓折断。

（3）影响小车轮与轨道接触　由于两根主梁内外侧结构不对称，因而下挠的程度也不相同，致使小车的四个车轮不能同时与轨道接触，出现小车"三条腿"现象，影响小车架受力不均。

2. 主梁侧弯的影响

主梁发生侧弯时，特别是主梁向内弯曲，将使小车跨距明显减小，致使小车运行状况变坏，对比轮缘的小车轮将产生夹轨现象，对外侧单轮缘小车将发生小车脱轨事故。个别情形也有主梁向外弯曲的，会使小车轨距增大，当大到一定程度上，不论双轮缘还是单轮缘车轮都有可能出现夹轨现象。

3. 桥架对角线相对差超差的影响

桥架对角线相对差超差将使大车跨距发生变化，使桥架由矩形变为菱形，偏差较大时将会发生大车啃道现象。

4. 腹板波浪形的影响

腹板产生凸凹不平的波浪形超过标准规定，预示腹板将要失去稳定，这必将进一步导致主梁承载能力降低，加剧主梁下挠变形的发展。

三、主梁下挠应修界限的建议

如前所述，起重机主梁下挠后，将使主梁受力状况进一步恶化，承载能力降低，大、小车的运行性能都受到不同程度的影响。但起重机主梁究竟下挠到什么程度就不允许再使用呢？对于这个问题目前尚无明确规定。有的单位只要发现下挠就立即着手予以修复，但也有的单位在主梁下挠到相当严重的程度时仍照常使用。笔者认为主梁下挠的应修界限不宜定得太宽，以免影响起重机的安全运行。在不影响使用的条件下，为了避免浪费，减少修理量，故修理界限也不宜定得太严。下面是根据有些制造厂和使用单位的建议，提出的主梁下挠修复界限：

起升额定负荷的小车位于跨中，主梁在水平线下超过 $L_Q/700$ 或无负荷的小车位于桥架一端，主梁在水平线以下超过 $L_Q/1500$ 时，建议修复。

上述两种界限只是作为桥式起重机主梁下挠是否该修理的一般参考值，在实际工作中，应结合起重机主梁下挠的发展变化情况以及起重机的实际工作类型酌情而定。对虽未达到上述应修界限值，但工作比较频繁，载荷率较大的重工作制的起重机，以及对那些主梁下挠发展变化快的起重机，为了确保生产安全可靠，可考虑提前修理，以免发生危险事故；对于工作使用频率低，载荷率又比较小的轻型起重机，两个界限值可放宽些。这样既能保证生产不受影响，又能确保安全，是比较经济合理的。

四、桥架变形的检查与测量

（一）大车跨度与大车轨道跨度的测量

测量跨度时，需要一个测量长度大于跨度值的钢盘尺，夹紧盘尺用平尺（见图6-2，自制）及100～150N（或10～15公斤力）的弹簧秤。夹紧钢盘尺时，应使盘尺上的刻度与平尺的测量边对齐，并应使盘尺与平尺测量边垂直。测量跨度时（见图6-3），由一人把平尺靠紧在轨道（或车轮）的外侧，另一人把弹簧秤挂在盘尺的端环上，按表6-3中规定的拉力把盘尺拉紧，然后用钢板尺在轨道或车轮内侧准确地读出测量数值。测量时允许盘尺因自重下挠，下必扶起。考虑到盘尺受拉力后会伸长，对实测读数值加上表6-3的修正值，即为轨道（或大车）的实际跨度值。

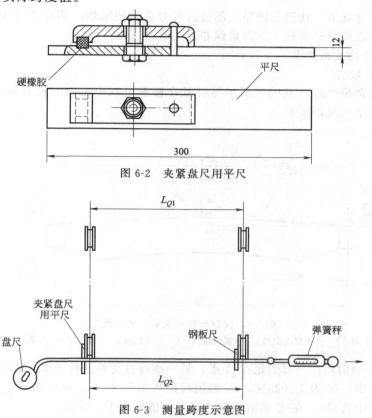

图6-2　夹紧盘尺用平尺

图6-3　测量跨度示意图

表6-3　测量跨度拉力值和修正值/mm

跨度/m	拉力/N	盘尺截面尺寸				
		0.2×9	0.25×10	0.2×13	0.2×15	0.25×15
10.5	100	3	2	2	1	1
13.5		3	2	2	2	1
16.5		4	2	2	2	0
19.5		4	3	2	2	0
22.5	150	9	6	5	4	2
25.5		9	6	6	4	2
28.5		10	7	6	4	2
31.5		11	7	6	4	1

注：1. 测量所得钢尺上的读数加上修正值，为起重机轨道（大车）跨度。

2. 测量时钢尺不应受风力影响。

3. 本表摘自 JB 1036—74。

（二）轨道标高的测量

用水平仪来测量轨道（大车、小车）顶面的标高是普遍应用的方法，既方便又准确。水平仪可架设在房梁架上（或起重机桥架端梁上）。将两轨道各对应点做上标志并编号，逐点立标杆测量，依据所测得的数据分析判断是否符合技术要求，也可绘出两根轨道的标高曲线图，可明了地反映出轨道在垂直方向的波浪曲线，并可判断出大车（小车）四个车轮范围内的平面性。

也可采用"连通器"法进行测量，不过这种方法比较麻烦。测量前必须放尽"连通器"管道中的空气，否则将产生较大的测量误差。

（三）拱度与挠度的测量

1. 拉钢丝测量法

用拉钢丝法测量拱度，其因其简单易行且在修理过程中可随时检查拱度值，故普遍应用。具体方法如下（见图 6-4）。

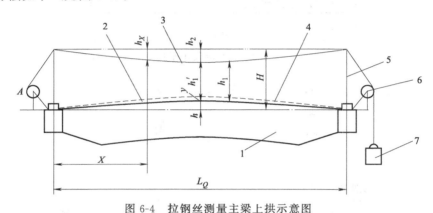

图 6-4　拉钢丝测量主梁上拱示意图

1—主梁；2—主梁拱度曲线；3—钢丝曲线；4—日照拱度；5—支杆；6—滑轮；7—重锤

用 $\phi 0.5\text{mm}$ 的钢丝，一端固定在 A 点，另一端通过滑轮悬挂 $100\sim150\text{N}$ 的锤重 Q 来张紧钢丝。图 6-4 中，H 为支杆高度，h_1 为钢尺测得的尺寸，h_2 为在跨度中点钢丝自重下挠值（可从表 6-4 中查得）。在 X 点的钢丝自重下挠值可用下式计算：

$$h_X = \frac{xq}{2Q}(L_Q - X) \tag{6-3}$$

式中　h_X——X 点钢丝自重下挠值，cm；

$\qquad X$——测点至支杆的距离，cm；

$\qquad q$——钢丝单位长度的重力，N/cm，如钢丝直径为 0.5mm，$q = 0.00015\text{N/cm}$；

$\qquad Q$——重锤的重力，N；

$\qquad L_Q$——起重机的跨度，m。

表 6-4　钢丝（直径 $\phi 0.5$）下挠值/mm

跨度 L_Q/m		10.5	13.5	16.5	19.5	22.5	25.5	28.5	31.5
Q/N	100	2	3.5	5.0	7.5	9.5	12.5	15.5	19
	150	1.5	2.5	3.5	5.0	6.5	8.5	10.5	12.5

由于日照的影响，使主梁的上下盖板产生温度差，而产生"日照拱度"，其数值见表6-5。测量上下盖板温度时应注意以下几点：

① 点温度计的触头要避免风吹；

② 测上盖板温度时，测点在主梁中段两筋板之间，受日光照射面的小车轨道旁；

③ 测量下盖板时，测点在主梁中段两筋板之间的盖板中心线。

表 6-5　日照温度影响拱度值 y/mm

L_Q/m	Δt/℃																
	1	2	3	4	5	6	7	8	9	10	11	12	13	14	15	16	17
10.5	0.35	0.70	1.05	1.40	1.75	2.10	2.45	2.80	3.15	3.50	3.85	4.20	4.55	4.90	5.25	5.70	5.95
13.5	0.45	0.90	1.35	1.80	2.25	2.70	3.15	3.60	4.05	4.50	4.95	5.40	5.85	6.30	6.75	7.20	7.65
16.5	0.53	1.06	1.59	2.12	2.65	3.18	3.71	4.24	4.77	5.30	5.83	6.36	6.89	7.42	7.85	8.48	9.01
19.5	0.67	1.34	2.01	2.68	3.35	4.02	4.69	5.46	6.03	6.70	7.37	8.04	8.71	9.38	10.00	10.72	11.39
22.5	0.80	1.60	2.40	3.20	4.00	4.80	5.60	6.40	7.20	8.00	8.30	9.60	10.40	11.20	12.00	12.80	13.60
25.5	0.90	1.80	2.70	3.60	4.50	5.40	6.30	7.20	8.10	9.00	9.90	10.80	11.70	12.60	13.50	14.40	15.80
28.5	1.00	2.00	3.00	4.00	5.00	6.00	7.00	8.00	9.00	10.00	11.00	12.00	13.00	14.00	15.00	16.00	17.00
31.5	1.10	2.20	3.30	4.40	5.50	6.60	7.70	8.80	9.90	11.00	12.10	13.20	14.30	15.40	16.50	17.60	18.70

注：1. 本表根据 JB 1036—74。

2. Δt 为上盖板与下盖板的温度差。

3. 大于 30t 起重机的主梁的日照影响值为表中数值乘 0.85。

4. 非标准跨可用比例插入法计算。

如图 6-4 所示，没有日光照射影响的拱度值按下式求得：

$$h = H - (h_1 + h_2) \text{（mm）}$$　　　　　　　(6-4)

有日光照射影响的拱度值，按下式求得：

$$h = H - (h_1' + h_2 + y) \text{（mm）}$$　　　　　　　(6-5)

当 $h > 0$ 时表示主梁还有上拱，$h < 0$ 时表示主梁已有下挠。

示例：一台桥式起重机的跨度为 22.5m。用拉钢丝法测量主梁上拱度。钢丝直径为 0.5mm，支杆高为 200mm，重锤为 150N。用钢板尺测量得 h_1' 为 166mm。实测上下盖板温度差 Δt 为 8℃。从表 6-4 中查得 h_2 为 6.5mm，从表 6-5 中查得 y 为 6.4mm，求主梁实际拱度。

$$\begin{aligned} h &= H - (h_1' + h_2 + y) \\ &= 200 - (166 + 6.5 + 6.4) \\ &= 21.1 \text{（mm）} \end{aligned}$$

按通用桥式起重机技术条件规定，主梁的上拱值应控制在 $\left(\dfrac{L_Q}{1000} \pm^{0.4}_{0.1} \dfrac{L_Q}{1000}\right)$。则该起重机的主梁上拱值上限为 31.9mm，下限为 20.25mm。现实测拱度为 21.1mm，在上、下限之间，符合规定要求。

2. 水平仪测量法

用水平仪测量起重机桥架拱度也是方便和准确的。水平仪可以架在起重机承轨梁上或同跨度另一台起重机主梁或端梁上，沿所测主梁上盖板筋板处所作标志逐点测量，亦可将水平仪支在较平的水泥地面上，沿重机主梁上盖板放下带有刻度的标尺，同样可测得主梁各点的拱度值。依据测得各点的标高绘制两条主梁拱度曲线图。

（四）主梁水平侧弯的测量

用拉钢丝测量法测定拱度后，将支杆拆去，使钢丝与主梁上盖板紧贴，两端取对上盖板边缘等距（一般取 50mm），如图 6-5 所示。以钢丝为测量基准，用钢板尺分段测出主梁水平侧弯值。按通用桥式起重机技术条件的规定，主梁在跨中的最大水平侧弯曲 $f \leqslant \dfrac{L_Q}{2000}$ mm，起重量小于 50t 的起重机，主梁只允许向外弯曲。

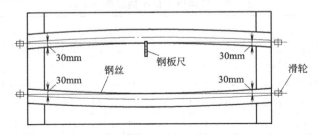

图 6-5　测量主梁水平侧弯示意图

（五）小车轨道高低差的测量

小车轨道在垂直方向同桥架上盖板一样要求有均匀的抛物线上拱度，除此之外，还应特别重视在同一截面上两根轨道的高低差，标准规定：

$L_x \leqslant 2.5$m，$d \leqslant 3$mm；

$L_x \geqslant 2.5$m，$d \leqslant 5$mm；

式中，L_x 为小车跨度；d 为同一截面高低差。

实践证明，d 愈小愈好，这样才能保证小车无论在任何位置上不出现"三条腿"引起的小车扭摆现象。建议小车四个车轮在任何一个平面内接触轨道时，其中一个车轮与轨顶间隙不超过 1mm。为此，在测量两轨道的高低差时，可用-工形平尺（或用工字钢将其上、下面刨成平行面）担在两轨道上，平尺上面放一水平仪，根据需要可在任一轨道上加塞尺，来调整平尺，使水平仪的水泡在中间位置，塞尺的厚度既为两轨道的高低差，这种方法简便可行，如图 6-6 所示。

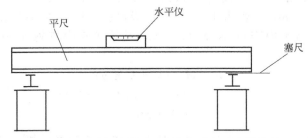

图 6-6　用水平仪测量小车轨道相对高低差

（六）小车轨距偏差测量

用钢卷尺和钢尺逐段测量，其偏差不得超过标准规定（见表 6-6）。

（七）桥架对角线相对差的测量

已安装完毕或大修后的桥架，可用测量四个车轮在轨道上的接触点间距离的间接方法测得对角线的相对差，如图 6-7 所示。其方法是首先在预定位置的轨道上涂上白粉，将大车开到预定位置。用涂粉画线法找出各车轮踏面中心线 A'、B'、C'、D'，打下冲头孔以便辨认。作 A'、B' 和 C'、D' 的连线并以车轮半径尺寸分别截出 A、B、C、D 各点，用前述测量大车轨道跨距相似的方法测出 AD 和 BC 的尺寸，即可求出大车桥架对角线相对差 ΔL。按规定：

表 6-6 桥式起重机桥架矫修后的检查标准

序号	名称及代号			偏差不超过/mm
1	主梁跨中上拱度 $h=\dfrac{L_Q}{1000}$			$+0.4h$ $-0.1h$
2	大车跨度偏差 ΔL			± 6
3	大车轮跨度相对差 $L_{Q1}-L_{Q2}$			6
4	大车对角线相对差 L_1-L_2			6
5	主梁向走台侧水平弯曲 f			$\dfrac{L_Q}{2000}$
6	主梁腹板水平侧斜 Δb			$\dfrac{b}{150}$
7	主梁腹板垂直侧斜 Δh			$\dfrac{H}{150}$
8	同一截面小车轨道标高差 Δd			4
9	小车轨距	跨端		± 1
		跨中	$L_Q \leqslant 19.5$	$+6$ $+1$
			$L_Q > 19.5$	$+8$ $+1$
10	小车轨道向走台方向弯曲 小车轨道接头处高低差 小车轨道的接头处的侧向错位			4 1.5 1.5

箱形梁　　　　$\Delta L \leqslant 5mm$

单腹板或桁架结构梁　　　$\Delta L \leqslant 10mm$

桥架对角线相对差超差，是造成大车车轮啃道的主要原因之一，测出超差数值目的在于校正和修复。

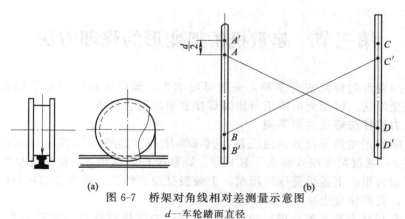

图 6-7 桥架对角线相对差测量示意图

d—车轮踏面直径

（八）主梁上盖板水平度的测量

沿上盖板横向放一平尺，其上放一块水平仪，并在平尺与上盖板间加调整垫，使水平仪保持水平，如图 6-8 所示。测得垫片的厚度即为上盖板的水平度偏差 Δb。按规定 $\Delta b \leqslant \dfrac{b}{200}$

（b 为上盖板宽度）。

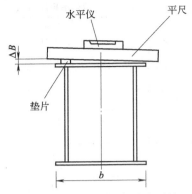

图 6-8　主梁上盖板水平度测量

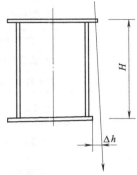

图 6-9　主梁垂直度测量

（九）主梁垂直度偏差测量

如图 6-9 所示，用线锤可测得主梁垂直度偏差 Δh。按规定 $\Delta h \leqslant \dfrac{H}{200}$。

（十）腹板波浪形的测量

腹板波浪形有凹下和凸起两种形式。凹下的测量方法如图 6-10 所示，用一平尺和钢板尺即可测出凹下值 Δh，用图 6-11 所示方法即可测出凸起值 $\Delta h = \dfrac{\Delta h_1 + \Delta h_2}{2}$，以上凹下和凸起必须控制在规定范围内，否则可能引起主梁失去稳定。

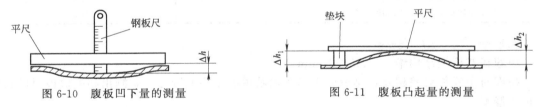

图 6-10　腹板凹下量的测量

图 6-11　腹板凸起量的测量

第三节　起重机桥架变形的修理方法

起重机桥架变形的修复法有多种，一般可归纳为：预应力拉杆矫正下挠法、火焰矫正法、加固焊接变形法，以及火焰矫正与加固焊接变形法结合应用。

一、预应力拉杆法矫正主梁下挠

此方法只能矫正主梁下挠并恢复上拱。其基本原理（如图 6-12 所示，在主梁下盖板两端焊接上支座 3，通过两支座安装若干拉杆 2，旋紧拉杆的螺母 4，使拉杆受预加负荷，由此主梁受到弯曲力矩，下盖板受压而压缩，上盖板受拉而伸长。继续旋紧拉杆螺母，主梁的下挠逐渐消失，直至恢复上拱度）。

由江西省专利技术开发服务部发明的"应用预应力张拉器修复改造起重机主梁的方法"（获国家专利），就是按这一基本原理设计发明的。它是修复主梁上拱的新技术。该技术通过安装在主梁上的预应力张拉器系统产生均匀同步的张拉力来克服主梁下挠，其技术特点是：

① 张拉器系列化、标准化，适用于 1～75t 箱形、桁架主梁桥式起重机和门式起重机，跨度不限。

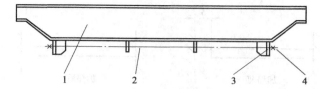

图 6-12　预应力拉杆修复主梁上拱示意图

1—主梁；2—拉杆；3—支座；4—螺母

② 施工时起重机的桁架保持原位，不落车，不占场地。

③ 张拉器系统制造容易，张拉工艺性好、施工方便。

④ 设备停机时间短（一般不超过 24h），修复费用低。

⑤ 修后可靠性好，并能增加原结构的强度和刚度。在使用过程中，如预应力减少，可随时调整张拉器，保持上供度的要求。

使用上述专利技术时，应注意以下两点：

① 主梁水平侧弯值未超过 $L_Q/2000mm$ 时，应用预应力张拉器修复主梁上拱后，不会使主梁水平侧弯比修前增大。

② 如主梁水平侧弯超过 $L_Q/2000mm$ 时，腹板波浪形超过规定允许值，应先修复主梁侧弯及腹板波浪形，才可应用预应力张拉器来修复上拱，或采用其他修理方法，综合考虑修复桥架变形。

二、火焰矫正法修复桥架变形

此方法采用氧-乙炔火焰加热主梁腹板及下盖板某一部位，使加热部位产生塑性变形，达到矫正的目的。采用火焰矫正修理桥架变形，灵活性大，可以矫正桥架的各种错综复杂的变形，如主梁整体下挠，主梁局部下挠、主梁侧弯，对角线相对差超差，端梁变形以及腹板波浪形等。

（一）火焰矫正和加固焊接变形法的机理

为了弄清楚火焰矫正、加固焊接变形的原理，首先用图 6-13 所示的试验加以说明。

试验过程是：杆件一端固定在刚性较强的试验架上，杆件的另一端与试验架之间留有 5mm 的间隙［图 6-13（a）］，杆件在自由状态下用氧-乙炔火焰加热杆件。当加热至某一温度时，杆件自由膨胀伸长，当温度不断增高时，杆件与试验架之间的间隙逐渐变小，但加热至某一温度时，杆件不再伸长，此时，测量杆件与试验架间的间隙为 2mm，说明此杆件在加热过程中只能伸长 3mm。随后冷却，杆件自由收缩，测得杆件与试验架间的间隙仍为 5mm，恢复到原来的长度，即杆件没有伸长和缩短。

再选一根同样材质、相同规格的杆件，将杆件一端也固定在试验架上，另一端与试验架留有 1mm 的间隙，如图 6-13（b）所示。采用与上述试验相同的规范加热，加热后，杆件开始自由伸长，继续加热时杆件与试验架间的间隙逐渐缩减小，以至与试验架接触，当加热至一定温度后，停止加热开始冷却。待杆件完全冷却后，测量杆件与试验架间的间隙则为 3mm。这说明杆件受热后，因无法自由伸长而被压缩了 2mm。

上述试验说明，金属杆件加热到一定温度时，开始热膨胀而自由伸长，当加热至一定温度时不再伸长，且这种伸长无外界阻碍时，冷却后仍能恢复原来的长度。然而当加热膨胀过程中受到外界的限制阻碍其自由伸长时，则冷却后其原来的长度必将变短，这种比原来长度变短的现象，称为"压缩塑性变形"。

加固焊接过程，对整个结构来说是不均匀加热过程，焊接区域的加热过程与图 6-13（b）的过程相似。因为这一区域在焊接时的高温作用下，热自由膨胀受到周围金属的牵制，

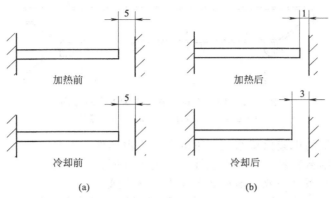

图 6-13　金属杆件均匀加热和冷却的变形

于是产生了压缩塑性变形，所以焊后这一区域的金属就要收缩。这种收缩也是不自由的，也受到焊件其他部分的牵制，结果在产生收缩和变形的同时，也产生一定的焊接残余应力。

焊接变形在一定的情况下是坏事，但任何事物都是一分为二的，掌握了焊接变形的机理和规律后就可以限制变形或利用它来矫正变形。利用对金属构件进行局部的、不均匀加热和冷却所产生的收缩来补偿和矫正已经产生的永久变形，这就是火焰矫正与加固焊接变形法修复起重机桥架的基本原理。

在一般情况下，用火焰矫正桥架变形时，必须考虑被加热区的应力状态。若加热区为拉应力，则不但达不到预期矫正的效果，反而会产生相反的后果。所以，加热前应人为地采用撑、压、拉或利用结构本身的自重等办法来造成加热区的应力为压变力状态，这样才能达到矫正变形的目的。

（二）火焰矫正的原则

如前所述，火焰矫正法有可能使桥架内部残余应力增大，特别是在加热区冷却后会存在较大的拉应力，故采用火焰矫正桥架结构变形时应遵循如下原则：

① 切忌在结构的同一部位反复多次矫正。因为某部位一次加热冷却后会存在一定的拉应力，再次重复加热时，其变形量必然很小，矫正效果不大；另一方面重复多次加热可能引起加热部位金相组织的变化或屈服强度的降低。

② 对于重要的结构件，应避免使变形相互抵消的矫正，如不应在主梁的同一截面的上、下部位布置对称的加热区。

③ 对于重要的受力部件或杆件，火焰矫正后不许用浇水急冷的方法，以免使材料变脆，裂纹。

④ 加热烘烧低碳钢时，应严格掌握烘烤温度，避免在 $300 \sim 500℃$ 的兰脆温度下进行，以防产生裂纹。

⑤ 避免烘烤重要构件的危险断面，如主梁跨度中间部位。

⑥ 在制定桥架变形修理工艺时，应根据桥架变形的实际情况，在修理矫正一种主要变形的同时，要兼顾其他变形的修理，制定综合修理工艺，以期收到事半功倍的效果。

（三）火焰矫正温度的确定

合理选择火焰矫正的温度是十分重要的。它既能提高矫正的效果，又不致使材料的金相组织发生变化，不降低材料的机械性能。

目前生产和使用的桥式起重机和门式起重机的金属结构，基本上是采用低碳钢和少量的16Mn 钢制造的，其材料的屈服点 σ_s 与温度之间的关系如图 6-14 所示。

由图 6-14 中曲线可见，温度低于500℃时，材料的屈服点变化不大；而在500～700℃之间时，屈服点的变化较大；当温度超过 700℃时屈服点开始趋于零。为了得到加热的"热塑性区"，其加热温度应取为 700～800℃最为适宜。

矫正温度可用测温笔或点温度计等进行测定。

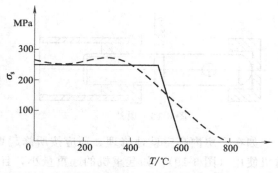

图 6-14　低碳钢、16Mn 的屈服点 σ_s 与温度关系

（四）火焰矫正部位的选择

合理地选择火焰矫正部位，是达到火焰矫正目的的关键。桥架主梁的变形往往是错综复杂的，常常是几种变形同时存在。因此，如何减少火焰矫正区的数量和矫正次数使加热某一部位能够同时矫正几个方面的变形是努力的方向。单一地逐项分别矫正，不仅增加了不必要的矫正工作量，也使主梁结构内应力变得复杂。在一般情况下，首先应考虑矫正主梁的下挠。在选择矫正下挠部位及面积大小的同时，应考虑主梁侧弯的矫正；在选择矫正腹板波浪形部位的同时，也应重视侧弯的矫正。

箱形主梁火焰矫正的变形规律是：加热主梁的上盖板会使主梁向下挠曲，加热主梁的下部会使主梁向上拱起；加热桥架走台会使主梁向内弯曲；加热主梁的内侧会使主梁向走台侧弯曲；上盖板上进行带状加热，同时在某一侧的腹板上相应的进行一个三角形加热时，则箱形梁将向下及向左两个方向产生"合向"变形如图 6-15 所示。

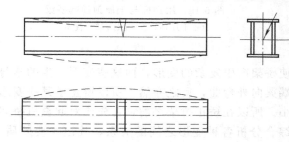

图 6-15　箱形主梁火焰矫正合向变形

当只在主梁的上盖板上进行带状加热时，因有走台，整个结构的纵向重心线偏向走台侧，因而整个结构的变形除向下弯曲外又有向走台方向弯曲的趋向。在掌握了上述变形规律的基础上就可以采用火焰矫正法，将一个变形错综复杂的结构矫正成符合要求的外形尺寸。

（五）修理场地的选择及工具准备

1. 修理场地的选择

起重机的修理是一项十分复杂的工艺过程。应根据现场的条件、生产情况、起重机桥架变形和各传动机构损坏情况综合考虑，按照修理费用和停产损失之和为最小的原则，具体分析选择在厂房轨道上面就地修理或是落地修理。

如车间无其他起重机可以代用，在高空就地修理，修理周期比落地修理短，停产损失小，对企业经济效益明显有利。如车间有其他起重机可代用，车间内或附近有场地可供修车使用，采取落地修理，在修理过程中车间可以照常生产，虽然落车和再安装时对生产会带来一定影响，对生产损失也可能较小，但修理费用则较多，综合起来也可能有利于企业经济效益。

2. 工具准备

除了准备电焊机、氧-乙炔焰气割工具（除用 7# 或 8# 喷嘴），以及常用铆工工具外，根据矫正内容，尚应准备一些专用工具，如修理主梁内弯的顶具（图 6-16）、修理主梁外弯的拉具（图 6-17）以及图 6-18 所示的夹具。

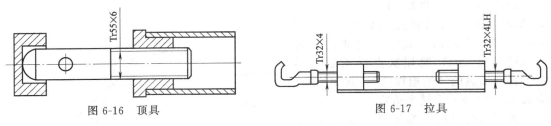

图 6-16　顶具　　　　　　　　　　图 6-17　拉具

如在厂房内高空就地修理，还应按所修起重机的重量准备相应的千斤顶和抱杆，供顶起重机使用（图 6-19）。如起重机的起重量小，且厂房结构的强度允许，也可以利用房架和手动葫芦把起重机的一端吊起来进行桥架矫正。

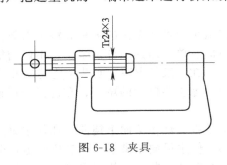

图 6-18　夹具

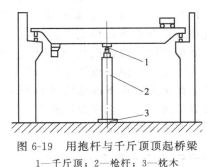

图 6-19　用抱杆与千斤顶顶起桥梁
1—千斤顶；2—枪杆；3—枕木

（六）桥架各种变形的修理

起重机在经常的、繁重的负载作用下会使桥架产生复杂的变形，而这些变形产生的本身就是相互联系的，如主梁向内弯曲就会造成端梁向外弯曲，反之亦然。所以矫正了某一变形以后，又必然会引起其他变形量的增大或减小。所以在矫正桥架之前，首先应对起重机桥架各部分几何形状做一全面检查，做好记录，综合分析各种变形之间的关系，找出主要矛盾，制订矫正的工艺方案。在一般情况下，应优先考虑主梁下挠的矫正，在选择下挠的矫正部位及烘烤面积时，应适当考虑同时解决的问题。

1. 主梁上拱的修复

为了修复主梁的上拱，可应用前面所述的检查测量方法，测出主梁各点的标高，并分别

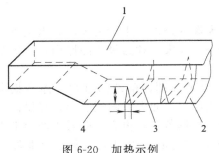

图 6-20　加热示例
1—上盖板；2—下盖板；3—加热带；4—腹板

画出传动侧梁，导电侧梁的上拱或下挠曲线图，来确定在主梁下盖板上进行带状加热点及烘烤面积的大小。同时在相应部位的腹板上进行三角形加热如图6-20所示。

选择加热区的位置时，若主梁下挠变形曲线是一条近似平滑的弧线，则加热区应从主梁中心向两端对称分布。按前述火焰矫正原则应尽量避免在跨中 2～3m 的范围内布置加热区，尽管加热区越靠近主梁跨中会获得明显的矫正效果。当主梁下挠变形曲线不规则时，则应在主梁局部凹陷处多布置加热区域加大该

区的加热面积。通常情况下，下盖板的带状加热面宽度在 80～100mm 之间为宜。因为太宽操作有困难，且很难使整个加热区在短时间内均匀加热到所需要的温度。反之，若加热面太窄，虽操作方便，但变形量小，矫正效果也差。在相应位置上的腹板三角形加热面，其底边

与下盖板加热面宽度一致，其高度一般取腹板高度的 1/3～1/4，绝不可越过腹板高的 1/2。

在火焰烘烤前，首先将小车固定在驾驶室对面的端梁一端，并用千斤顶将主梁中间顶起，使一端的大车轮离开轨道，利用起重机的自重使下盖板加热区处于受压状态，以期增大矫正效果。

若初步确定矫正拱度的加热区的数量、位置和面积大小如图 6-21 所示，则矫正时可先加热 1、8 和 3、6 四个部位，待冷却后松开千斤顶，测量主梁矫正的效果。若拱度与要求相差较大，可再加热 4、5 部位，若相差较小，则可加热 2、7 部位，加热之前仍需用千斤顶顶起主梁，然后再根据矫正后实测数据确定是否增加或改变加热部位。对经验不足的操作人员要防止矫正量超限，多观测是必要的。

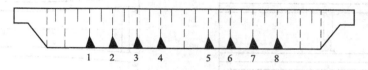

图 6-21　矫正拱度示例

加热下盖板时，通常由两名气焊工先在加热宽度的中央由梁的两端同时向梁中心加热，加热一窄条，然后由窄向两边扩展。在下盖板带状加热区均匀加热至 $700～800℃$ 以后，两个烤嘴可同时移动到两侧腹板的三角形加热区。

火焰矫正后主梁的上拱度应满足原始要求，即：

$$h = L_Q/1000 \pm^{0.4}_{0.1} L_Q/1000 \ (\text{mm}) \tag{6-6}$$

如需要更换小车轨道，轨道压板的焊缝尽量不用气割，最好用风铲铲掉，否则主梁会加大下挠。同时应考虑因焊接轨道压板，会使主梁拱度减小，故烘烤矫正上拱的最应适当加大。焊接轨道压板造成主梁拱度的减少量一般为 3～10mm。对大跨度的起重机取上限，小跨度起重机取下限，大吨位起重机变形小，小吨位起重机变形大。

2. 主梁及端梁水平弯曲的修理

起重机的主梁与端梁的水平弯曲变形是多样的，应根据变形的具体情况分析产生的原因，再决定修理方案。

① 对由于起重机主梁的下挠而造成主梁向内侧水平弯曲，不必单独矫正，可在矫正主梁上拱时一并进行。其方法是在布置主梁上拱度加热面时，将下盖板加热成梯形面，且内侧腹板的三角形加热面，应比外侧适当加大些，加热面的展开如图 6-22 所示。

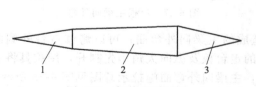

图 6-22　加热面展开图
1—外侧腹板加热面；2—下盖板
加热面；3—内侧腹板加热面

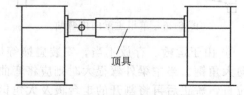

图 6-23　主梁中间施顶示意图

矫正时，为了增大矫正效果，可用顶具施加外力，依测出的侧弯数值在内弯较大部位筋板处施顶具（图 6-23）。跨度较大时亦可采用两个顶具。

② 对由于修理的加宽走台及增加走台外侧拉筋而造成主梁向内侧水平弯曲变形，考虑

到走台方向尺寸较大，抗弯模数大，一般应在修理主梁下挠变形之前，将弯曲最大处的走台板和走台边的纵向大角钢割开一处或几处。并在主梁内侧加顶具，将主梁向外顶出（见图6-24），然后加热矫正，矫正量可稍过一些，最后将割断处焊接牢固。

③ 对由于加固主梁与端梁的连接刚性，而在主梁端部沿端梁内侧焊接大角钢或钢板所造成的端梁向外弯曲，以致造成主梁水平内弯变形，不宜首先烘烤主梁，因它会使整个结构内应力复杂化。应该先矫正端梁，消除其内弯变形后即可解决主梁的向内水平弯曲变形。矫正方法是在端梁外侧的腹板上，进行带状加热，然后在上、下盖板的相应位置上进行三角形加热（见图6-25）。为了增大矫正效果，亦可在主梁的中部加顶。

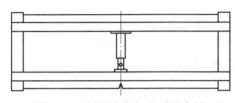

图 6-24　割开走台板施顶示意图

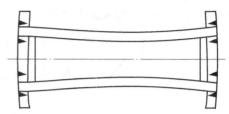

图 6-25　端梁弯曲导致主梁弯曲

④ 由于起重运输、吊装作业时碰撞而造成的主梁向内水平弯曲变形多数是局部变形，一般要单独考虑修理。在局部弯曲处的腹板上进行带状加热，在相应的上、下盖板上进行三角形加热。为防止主梁自重而产生下挠，腹板上应布置一个上小下大的梯形加热面，且下盖板加热面略大于上盖板加热面。根据需要亦可在局部变形处加顶具或拉具。

⑤ 对由于主梁与端梁不垂直而造成的主梁弯曲，若主梁一端与端梁的内侧夹角小于90°，则应矫正主梁端部外侧，在主梁外侧腹板上进行带状加热，在相应的上、下盖板上进行三角形加热，如图6-26所示。若主梁一端与端梁的内侧夹角大于90°，则应矫正主梁端部内侧，即在主梁的端部内侧腹板上进行带状加热，在相应的上、下盖板上进行三角形加热，如图6-27所示。这种变形的矫正必须注意加热部位应尽量靠近端梁，若远离端梁会产生相反的效果。因这类矫正远离主梁跨度中心，所以对主梁拱度没有影响，因而不必加热成梯形面积。

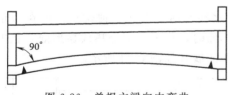

图 6-26　单根主梁向内弯曲

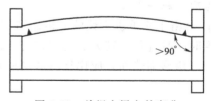

图 6-27　单根主梁向外弯曲

⑥ 由于运输、存放不当，安装碰撞等原因造成的主梁向外弯曲；可以烤修走台外侧的纵向大角钢。当主梁外弯很大时则应将弯曲较大的走台板及纵向大角钢先割开，用拉具将主梁拉直，矫正后再将割开的走台板及大角钢焊好，主梁向外弯曲施拉示意图见图6-28所示。

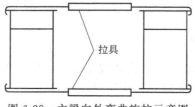

图 6-28　主梁向外弯曲施拉示意图

在矫正过程中，加顶具或拉具的目的在于造成加热部位的压缩应力，增大火焰矫正的效果。加顶具或拉具时产生的变形量应适当大些，因松开顶具或拉具后会回弹一些。

3. 腹板波浪形的修理

主梁腹板波浪形会加快主梁的下挠，而主梁的下挠又往往会发生主梁腹板波浪形的增大。因此，为阻止主梁下挠变形的持续发展，当腹板波浪形超过通用桥式起重机技术条件规定时应予修理，这一点往往未引起有关人员的应有重视。

修理腹板波浪变形时，会引起主梁水平弯曲的变化，所以对于轻微的水平弯曲可以不必单独矫正，而在矫正腹板波浪形时一起进行。

修理腹板波浪变形时，应首先修理凸峰，当凸峰完全修好后，凹峰也可能随之减轻。对于凸峰多用圆点加热配合锤击，圆点加热直径一般取 60～100mm，烤嘴移动轨迹呈螺旋形，如图 6-29 所示。当加热至 700～800℃时，立即用平锤进行锤击，先锤击加热区的边缘，然后再击中间如图 6-30 所示。将凸峰锤击至略带凸起就停止，因冷却后还要收缩。对于没有消除的凹峰，也必须沿凹峰周围的边缘处加热烘烤，并用特制拉具配合（见图 6-31），以便增大矫正效果。

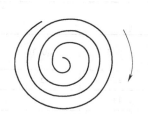

图 6-29　螺旋形加热路线

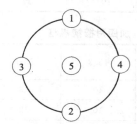

图 6-30　锤击顺序

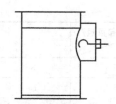

图 6-31　腹板凹陷施拉示意图

4. 桥架对角线相对差超差的修理

桥架对角线相对差较差，即桥架由矩形变成平行四边形，可能引起大车运行时啃轨。当遇到这种情况时，首先检查主梁与端梁夹角是否垂直。当某一夹角大于 90°且对角线偏小时，加热主梁与端梁的连接处，并用拉具配合矫正，如图 6-32 所示。

当主梁与端梁垂直时，则应设法修理端梁。修理前分别检查传动侧和导电侧的大车跨度，若跨度偏大应矫正端梁内侧，如图 6-33 所示；若跨度偏小，则应矫正端梁外侧，如图 6-34 所示。

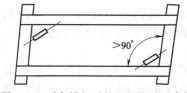

图 6-32　对角线相对差超差施工示意图

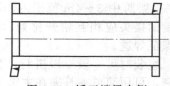

图 6-33　矫正端梁内侧

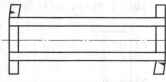

图 6-34　矫正端梁外侧

矫正时，在端梁的腹板上进行带状加热，在对应的端梁上，下盖板处进行三角形加热。若对角线差过大时，亦可按图 6-33、图 6-34 两种方法同时矫正。

三、加固焊接变形法修复主梁变形

一般情况下，起重机的合理设计及制造工艺是能够保证起重机的强度和刚度的，火焰矫正后并不一定要加固，上拱度基本上保持稳定，并能保证使用要求。但是，由于火焰矫正增加了残余应力，这些复杂的内应力在起重机使用过程中将逐渐趋于均匀化或消失，这就有可能导致主梁再次出现下挠或产生其他变形。特别是经常满负荷甚至超载使用的起重机，再次出现主梁下挠的可能性更大。在企业生产中，不乏这样的实例。对经常满负荷并使用频繁的起重机，为了保证长期稳定地使用，在主梁变形火焰矫正后，有必要适当加固。

（一）加固方案的建议

制定加固方案时，应考虑加固体的重量尽可能轻些，既能稳定主梁上拱，又要便于施工。根据上述原则，建议采用以下加固方案。

在原主梁的下盖板下面，满焊上一对槽钢，其上覆盖一块通常为满焊的盖板，如图 6-35 所示。盖板的宽度与主梁下盖板相同。对于 ≤50t 的起重机，建议盖板的厚度按表 6-7 选用，槽钢的规格按照表 6-8 选用。按这一方案，小跨度的起重机重量只增加 4% 左右，大跨度起重机的重量增加 10% 左右，主梁断面惯性矩增大 20% 左右。一些企业采用上述加固方案的实践证明，使用效果良好，外形也较美观。

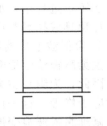

图 6-35 主梁下盖板处加固示意图

表 6-7 加固用盖板厚度

起重量/t	5	10	15/3	20/5	30/5	50/10
下盖板厚度/mm	6	8	10	12	14	16

表 6-8 加固用槽钢规格

跨度/m ＼ 起重量/t	5	10	15/3	20/5	30/5	50/10
10.5	8	10	10	12	12	14
13.5	10	10	10	12	14	16
16.5	10	12	12	14	16	18
19.5	12	12	14	16	18	20
22.5	12	14	16	18	20	22
25.5	14	16	18	20	22	24
28.5	16	18	20	22	24	26
31.5	18	20	22	24	28	30

（二）加固的工艺方法

槽钢下料时，应尽量考虑在主梁跨中 3~4m 范围内，不要有槽钢的对接接头，对两侧槽钢的接头应相互错开排列，各段槽钢接头处应先刨出坡口，并保证焊透。

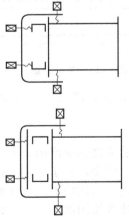

图 6-36 组装槽钢及盖板示意图

组装时可一段一段进行，为了保证槽钢与下盖板之间结合紧密，可用简单夹具夹在主梁上如图 6-36 所示。应注意使槽钢的腹板与主梁的腹板对齐，槽钢两端割出的斜坡应与主梁两端的斜坡相吻合。

若主梁上拱度偏小，则应在焊接前将主梁中间顶起，使大车轮离开轨道面，即利用桥架自重增大主梁上拱；若主梁上拱度偏大则可在主梁上适当"压重"后焊接，使上拱度减小。因为焊接变形与焊角高，焊接长的平方成正比。因此，适当的增大或减小焊缝高，焊接长，会明显地增大或减小主梁上拱度。

焊接槽钢或盖板时，由两名焊工从中间往两头焊，要求有相同的电流，相同的焊接速度和相同的走向，可较好地达到变形一致的要求。

四、桥架修复后的检查与验收

起重机桥架修复后，对于主梁的上拱度、主梁的水平弯曲度以及对角线相对差等重要几何精度，可按表 6-6"桥式起重机桥架矫修后的检验标准"检查。检查核校后，应对起重机桥架的焊接质量、安装质量，电气线路及机械传动部件等进行全面检查，符合要求后方可进行试车验收。试车的程序、方法及技术要求见本章第一节。

第四节　车轮啃轨与小车"三条腿"的修理

一、车轮啃轨的修理

车轮啃轨又称咬道，它是起重机较常见的一种故障。啃轨是指起重机大车或小车的车轮轮缘与轨道的侧面严重抵触，在运行过程中摩擦阻力过大，往往发生振动和响声，造成车轮过早损坏，而不是指轮缘与轨道靠行和轻微摩擦。

通常起重机的车轮轮缘与轨道间设计有 30～40mm 的间隙，在正常情况下，轮缘与轨道侧面不会接触。但由于种种原因，使车轮不在踏面中间运行，从而造成啃轨现象。轻微的啃轨，在轮缘与轨道侧面有明显的磨损痕迹，而严重的啃轨，轮缘与轨道侧面的金属呈现"削落"状态且有时轮缘向外弯曲变形。起重机的车轮啃轨不但影响正常运行，甚至导致大、小车的车轮脱轨。因此，如发现车轮啃轨，应及时修复。

（一）车轮啃轨的影响

1. 增加大车或小车的运行阻力

严重啃轨的起重机的大车或小车运行阻力很大，惯性运行路程短，控制器放在低挡时启不动车。据测定，严重啃轨的起重机运行阻力为正常运行阻力的 2～3.5 倍，因此出现电机烧坏，传动齿轮断齿等故障。

2. 给房架结构带来不良影响

大车轮啃轨必然产生垂直于轨道的水平方向力，再加上啃轨和运行的振动，可能使固定轨道的螺栓松动，导致轨道横向位移。此外，啃轨产生的水平方向力对厂房的承轨梁也产生不良影响。

3. 缩短车轮的使用寿命

在正常使用条件下，经索氏体淬火处理的车轮可使用十多年，而有严重啃轨现象的车轮寿命只有一两年。这不仅影响生产，并给企业造成不应有的经济损失。

（二）车轮啃轨的原因分析

车轮啃轨有两方面的主要原因：一是轨道侧弯超过跨度允差；二是车轮偏斜超过规定。多数情况是由于车轮偏斜引起的。

1. 轨道侧弯

由于大车轨道安装质量不良，轨道的水平弯曲过大，超过跨度允差，将引起大车轮啃轨。这种啃轨现象的特征往往是出现在跨度全长上的某一区段。只要把轨道侧弯调直，即可消除啃轨。小车轨道侧弯过大多由于桥架变形造成的。

2. 车轮偏斜

由于桥架变形或小车架变形，必将导致车轮歪斜和跨度变化，当变形严重时，产生车轮啃轨现象。由于桥架变形引起的车轮啃轨占很大比重。

（1）因桥架变形使端梁产生水平弯曲，造成车轮水平偏斜，这是引起啃轨的主要原因之一。按通用技术条件的规定，车轮安装时水平偏斜允差为 $\dfrac{L}{1000}$（L 为测量长度）。当车轮水平偏斜后，车轮宽度中心线与轨道中心线形成一个 α 夹角，如图 6-37 所示。如果两个主动轮同时偏斜如图 6-38 所示，起重机运行时，必然啃轨。其特征是车体运行时向一个方向啃。

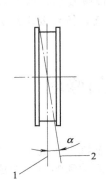 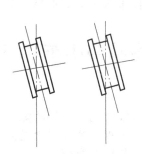 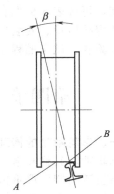

图 6-37　车轮水平偏斜　　　图 6-38　两主动轮同向水平偏斜　　　图 6-39　车轮垂直偏斜

1—车轮踏面中心线；2—轨道中心线

（2）因桥架变形造成主动轮垂直偏斜也会引起啃轨。按标准规定，车轮端面的垂直偏斜应不大于 $L/400$（L 为测量长度）。如图 6-39 所示，当车轮垂直偏斜量大时，踏面与轨道的接触点由 A 转到 B，因而增大了车轮的运转半径。如车轮的正常运转半径为 R，产生垂直偏斜后，其运转半径增大为 R_1，则车轮运转一周所走过的路程差为 $2\pi(R_1-R)$。如两个主动轮中有一个垂直偏斜，则该偏斜的车轮每转一周将超前 $2\pi(R_1-R)$。但因有轮缘限制，偏斜的车轮超前量也受到限制，从而产生啃轨。

当一对主动车轮的垂直偏斜方向相同，且两车轮的垂直偏斜量也相等时，空载时 A、B 两轮的运行半径增大值是一样的，因此，不会产生啃轨现象（如图 6-40 所示）。但当承载后 A 轮的垂直偏斜将进一步增大，运行半径也进一步增大，而 B 轮垂直偏斜将减小，运行半径也将减小，从而产生行程差，即承载后将产生啃轨。

同一对主动车轮的垂直偏斜若相反时，且两车轮垂直偏斜量相等，在这种情况下桥架承载后，将减小车轮的垂直偏差量，而不产生行程差，故不会产生承载后的啃轨，如图 6-41 所示。

被动车轮运行一周不存在路程差的问题，因而也不会引起啃轨。但从车轮轴承应均匀受力及车轮踏面与轨道接触面积大小考虑，也不允许被动车轮的垂直偏斜超出规定。

（3）因桥架变形而引起跨度或对角线的超差，也会引起运行机构的啃轨。

（4）锥形踏面车轮的锥度方向安装错误造成啃轨。为了自行调整大车两端运行速度的相互超前或滞后，避免车轮运行时啃轨，目前设计和生产的桥式起重机大车运行机构的主动车轮多数采用 1：10 锥形踏面的结构形式，这种车轮的正确安装是锥面的小头朝外，大头向里（图 6-42）。

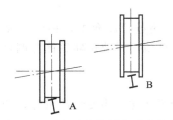

图 6-40　两主动车轮同向垂直偏斜　　　　图 6-41　两主动车轮垂直偏方向相反

如因某种原因，车轮 A 超前于车轮 B 时，则车轮 A 将以较小的直径与轨道接触而运行，而车轮 B 将以较大的直径与轨道接触运行。当车轮 A、B 同时运行一周时，车轮 A 运行的路程少，而车轮 B 运行的路程多，这样运行一段时间后车轮 B 就会自行赶上车轮 A，从而达到两主动轮一齐向前运行的目的，而避免啃轨。

若两主动车轮锥度方向装反，则超前的车轮更超前，滞后的更滞后，不仅达不到一齐运行的目的，相反会更加啃轨，因此，锥度踏面的车轮不得装错。

（5）大车运行啃轨除上述的一些原因外，还有两主动车轮直径不等会使大车两端运行产生速度差，致使车轮啃轨；分别驱动的大车运行机构中两电机不同步或两制动器调整的松紧不一致产生速度差而使大车运行啃轨；运行机

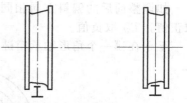

图 6-42 锥形踏面车轮的安装

构两端联轴器间隙差过大，致使大车两端起步不同而造成啃轨等。尚需指出，有时是几种原因同时存在。

（三）车轮啃轨的修理

可能产生啃轨的原因是多方面的，因此，必须仔细检查，认真听取起重机司机和车间维修工人反映的使用情况，进行分析，找出产生啃轨的主要原因，以便采取针对性的修理或改善措施。

① 因主梁下挠和侧弯使小车轨距发生变化所引起的小车轮啃轨，不应采取移动小车轨道的修理方法，因为割、焊小车轨道会使主梁进一步下挠和侧弯。采用移动小车车轮来改变小车轮跨距以适应轨距的方法虽然简单，但这一方法不能从根本上解决问题。应采取修复主梁，使小车轨距恢复正常，小车啃轨的现象就自然消除了。

② 由于桥架变形造成的大车车轮水平、垂直偏斜，对角线相对差超差过大所引起的啃轨，应矫正桥架，使其符合技术要求，然后再检查大车轮的水平、垂直偏斜量是否超过规定，以及偏斜方向是否合理，如有必要再加以调整。

③ 如桥架和传动机构基本符合要求，主要由于车轨偏斜所引起的啃轨，应调整车轮。不但要调整两主动轮的水平、垂直偏斜量，使其符合规定并力求两车轮的偏斜量相同，而且要注意两车轮的偏斜方向，在负载运行时不会产生超前现象。两主动轮的垂直偏斜方向应相反且如图 6-41 所示，其理由在前面已经分析了。两主动轮的水平偏斜方向也应该相反，图 6-43 所示的（a）、（b）两种情形均可应用。

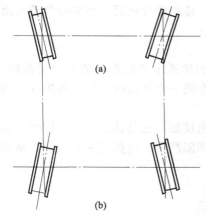

图 6-43 两主动轮水平偏斜方向相反

下面介绍调整车轮水平或垂直偏斜的方法，如两种偏斜均须调整，应同时进行。调整车轮偏斜时，应先用千斤顶把端梁一头顶起，使需调整的车轮悬空，然后松开角形轴承箱的紧固螺栓，进行调整。如图 6-44 所示，调整水平偏斜时，应加厚垂直方向一个键板的厚度；而调整垂直偏斜时，应加厚水平方向一个键板的厚度。微量调整时，在角形轴承箱的键槽内加垫片即可。当需要调整量较大时，应将键板（水平或垂直）铲开，在端梁弯板与键板之间加垫。

假设调整前车轮的偏斜量为 $T_{前}/L$，调整后预期达到的车轮偏斜量为 $T_{后}/L$，则在键板处应加垫片的厚度 t 可用下列计算：

$$t = \frac{D}{L}(T_{前} - T_{后}) \tag{6-7}$$

式中　　L——车轮偏斜的测量长度；

　　　　D——两角形轴承箱键板的中心距。

如调整前后的偏斜方向相同，$T_前$ 及 $T_后$ 均取正值，如调整前后的偏斜方向相反，$T_前$ 取正值，$T_后$ 取负值。

至于在哪一个角形轴承箱键板处加垫片，取决于要求的偏斜方向，不难分析确定。

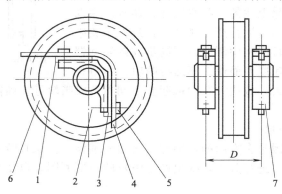

图 6-44　车轮组

1—水平键板；2—紧固螺栓；3—垂直键板；4—端梁弯板；

5—固定板；6—车轮；7—角型轴承箱

二、小车"三条腿"的修理

通常所说的小车"三条腿"是指小车的四个车轮中，只有三个车轮接触轨道运行，而另一个车轮是悬空的或轮压甚小。

小车"三条腿"会造成小车在启动、制动时车体扭晃，特别在反向运行时更为严重。由于扭晃致使车体运行不稳，小车运行啃轨或整台车振动等。

（一）小车"三条腿"的原因分析

如发现小车某一个车轮（主动或被动车轮）在一段较长轨道上运行都不能与轨道接触，这是小车车轮本身安装不合要求造成的，即四个小车轮不在同一个平面内，如能解决这一问题，小车"三条腿"的现象就会消除。

如发现同侧的两个车轮均在某一段轨道上分别不与轨道接触，这是轨道问题，即因主梁变形而造成这段轨道的局部凹陷，这时应加垫调整轨道，凹陷严重时应修复主梁变形，从根本上解决小车轨道的凹陷问题。

（二）小车"三条腿"的修理

调整四个小车轮的踏面在同一水平面上有以下两个方法。

方法一：将小车放在事先调整好平行的两根轨道上或桥架本身的两根小车轨道上，检查四个车轮是否在同一平面内，即四个车轮中的任何一个车轮的踏面与轨道是否有间隙。如某一车轮与轨道顶面有间隙，用塞尺测出间隙值。然后在角型轴承箱的水平键板槽中（或铲开水平键板），加上厚度等于上述间隙值的垫片，这样四个小车轮的踏面就调整到同一平面内，其允差为不超过 $0.5\sim1mm$。

方法二：用三块可调整垫铁来支承小车，使四个小车轮向上。调整垫铁，使其中三个车轮踏面标高基本相近。在同侧的两个车轮上放一根平尺，其上放一水平仪，再精调小车体下面的可调垫铁，使水平仪气泡位于零位，然后将平尺连同水平仪一起轻轻放在另一侧两个车轮上，观察水平仪的气泡，如不在零位，按水平仪的读数及轮距可以计算出两车轮踏面高低差的近似值。然后按近似值用塞尺插入平尺低端的车轮与平尺接触面之间，再观察水平仪的读数，如不超过 0.1/1000 即可。插入的塞尺总厚度就是车轮角型轴承箱水平键板处应增加垫片的厚度。调整时，应尽量调整被动车轮，这样可不必调整传动机构。用此法检查的示意图见图 6-45。

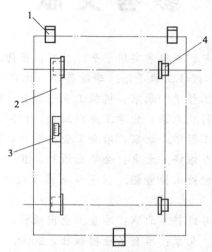

图 6-45　用水平仪检查四个车轮踏面是否在同一平面内
1—可调垫铁；2—平尺；3—水平仪；4—车轮

四个车轮调整好后，可将小车在桥架小车轨道上空负荷运行，检查是否有在轨道的某一区段仍出现小车"三条腿"现象。如有，是小车轨道在这一区段较低所引起的。对小车轨道存在问题的区段，可铲开轨道压板，在轨道下边有筋板处的上盖板上加垫调整轨道。这样小车"三条腿"问题就可以较好地解决了。

参 考 文 献

[1] 颜志光. 新型润滑材料与润滑技术实用手册. 北京：国防工业出版社，1999.

[2] 林得莱. R. 希金斯著. 维修工程手册. 李敏等译. 北京：机械工业出版社，1985.

[3] 李新和. 机械设备维修工程学. 北京：机械工业出版社，2002.

[4] 李国华等. 机械故障诊断. 北京：化学工业出版社，1999.

[5] 孙家骥. 矿冶机械维修工程学. 北京：冶金工业出版社，1994.

[6] 高忠民. 工程机械使用与维修. 北京：金盾出版社，2002.

[7] 中国机电装备维修与改造技术协会编. 实用设备修理技术. 长沙：湖南科学技术出版社，1995.

[8] 谷士强. 冶金机械安装与维护. 北京：冶金工业出版社，1995.

[9] 胡邦喜. 设备润滑基础. 北京：冶金工业出版社，2002.

[10] 周树等. 实用设备修理技术. 长沙：湖南科学技术出版社，1995.

[11] 宋克俭. 工业设备安装技术. 北京：化学工业出版社，2006.